全国信息技术职业能力培训指定教材

3ds Max 2010 基础教程

主　编　赵卫东
副主编　赵晓东

内容提要

本书作为3ds Max 2010快速入门的基础教程，注重实用与高效，力求在有限的篇幅中，让初学者迅速掌握3ds Max 2010中文版的基本使用方法与技巧。全书共有11章，主要由快速浏览，几何体建模，选择与变换，图形建模，修改器，复合建模，材质编辑器，贴图，摄影机、灯光及渲染，基础动画技术，粒子系统及特效等章节构成。

本书内容紧凑、实用性强，循序渐进、理论与使用操作相结合，既适合作为职业学校计算机相关专业教材使用，也适合三维动画爱好者自学使用。

图书在版编目(CIP)数据

3ds Max 2010基础教程/赵卫东主编. --上海：
同济大学出版社，2010.11(2016.7)
全国信息技术职业能力培训指定教材
ISBN 978-7-5608-4442-8

Ⅰ. ①3… Ⅱ. ①赵… Ⅲ. ①三维—动画—图形软件，
3ds Max 2010—教材 Ⅳ. ①TP391.41

中国版本图书馆CIP数据核字(2010)第204160号

3ds Max 2010 基础教程

赵卫东 主编

责任编辑 朱 勇 责任校对 徐春莲 封面设计 陈益平

出版发行 同济大学出版社 www.tongjipress.com.cn
(地址：上海市四平路1239号 邮编：200092 电话：021－65985622)

经 销 全国各地新华书店

印 刷 同济大学印刷厂

开 本 787mm×1092mm 1/16

印 张 14.75

印 数 8301—10400

字 数 368000

版 次 2010年11月第1版 2016年7月第4次印刷

书 号 ISBN 978-7-5608-4442-8

定 价 27.00元

人有一技之长，则可以立身；国有百技所成，则民有所养。教育乃国之大计，然回顾我国千年之教育，皆以“传道授业解惑”为本，“技”之传播游离于外，致使近代我国科技远远落后于列强，成为侵略挨打之对象。洋务运动以来，随着“师夷之长技以制夷”口号的提出，我国职业教育才逐步兴起。

职业教育“意在使全国人民具有各种谋生之才智技艺，必为富国富民之本”。近年来，随着改革开发的逐步深入，职业教育在我国受到空前重视，迎来了历史上最好的发展阶段，为我国的现代化建设输送了大量的人才，为国家的富强、兴盛做出了巨大贡献。然而，目前在生产一线的劳动者素质偏低、技能型人才紧缺等问题依然十分突出，大力发展职业教育，培养专业技能型人才，仍是我国当前一项重要方针。近年来，偶有所闻的大学生“回炉”，凸显出广大民众、企业对个人职业技能培养的认识正逐步加深，职业教育已成为我国教育系统的重要组成部分，是助力我国经济腾飞不可或缺的一翼。

纵观全球，西方各国的强盛，离不开其职业教育的发展。西方职业教育伴随着工业化进程产生、发展和壮大，在德、法、日等国家，职业教育已得到完善的发展。尤其在德国，职业教育被誉为其经济发展的“秘密武器”，已经形成了完整的体系，其培养的人才活跃在各行各业生产第一线，成为德国现代工业体系的中坚力量。在日本，职业专修学校已与大学、短期大学形成三足鼎立之势，成为高中生接受高等教育的第三条渠道。

在西方国家，职业教育的终身化和全民化趋势越来越明显。职业教育不再是终结性教育而是一种阶段性教育。“加强技术和职业教育与培训，将其作为终身教育的一个重要的内在组成部分；提供全民技术和职业教育与培训”已成为联合国教科文组织两项重要战略目标。

职业教育是科学技术转化为生产力的核心环节，与时代技术的发展结合紧密。进入21世纪，信息技术已经成为推动世界经济社会变革的重要力量。信息技术应用于企业设计、制造、销售、服务的各个环节，大大提高了其创新能力和生产效率；信息技术广泛运用于通讯、娱乐、购物等，极大地改变了个人的生活方式。信息技术渗透到现代社会生产、生活的每一个环节，成为这个时代最伟大的标志之一。信息技术已成为人们所必须掌握的一项基本技能，对提高个人就业能力、职业前景、生活质量有着极大的帮助。从国家战略出发，大力推进信息技术应用能力的培训已成为当务之急。我国职业教育应紧随历史的步伐，充当技术应用的桥梁，积极推进信息技术应用能力的培训，为国家培养社会紧缺型人才。

“十年树木，百年树人”，人才的培养不在一朝一夕。“工欲善其事，必先利其器”，做好人才培养工作，师资、教材、环境的建设都不可缺少。积极寻求掌握先进技术的合作伙伴，建立现代培训体系，实施系统的培养模式，编写切合实际的教材都是目前可取的手段。

为了更好地推进信息技术人才培养这项工作，作为主管部门，教育部于2009年11月与全球二维和三维设计、工程及娱乐软件公司Autodesk在北京签署《支持中国工程技术教育创新的合作备忘录》。备忘录签署以来，教育部有关部门委托企业数字化技术教育部工程研究中心，联合Autodesk公司开展了面向职业院校的培训体系建设、专业软件赠送、专业师资培养、培训课程建设等工作，为信息技术人才培养工作的开展打下良好的基础。

本系列教材正是这项工作的一部分。本系列教材包括部分专业软件的操作，与业务结合的应用技能，上机指导等。教材针对软件的特点，根据职业学校学生的理解程度，以软件的具体操作为主，通过“做中学”的方式，帮助学生掌握软件的特点，并能灵活使用。本系列教材的出版将对信息技术职业能力培训体系的建设，职业学校相关课程的教学，专业人才的培养有切实的帮助。

吴启迪

2010.10

前 言

2009年11月，教育部与全球二维和三维设计、工程及娱乐软件公司Autodesk在北京签署《支持中国工程技术教育创新的合作备忘录》。根据该备忘录，双方将通过开展一系列全面而深入的合作，进一步提升中国工程技术领域教学和师资水平，促进新一代设计创新人才成长，推动中国设计创新领域可持续发展，借此为国家由"中国制造"向"中国设计"发展战略的实现贡献力量。根据该备忘录，双方共同建立全国信息技术职业能力培训网络，面向全国中等职业学校开展信息技术培训。

为了统一教学标准，提高教学质量，全国信息技术职业能力培训网络统一制定了各课程的教学大纲及考核大纲，并编写了统一教材，本书就是这套系列教材的一部分。本套教材将根据软件的特点和中等职业学校师生的特点，采用循序渐进的方式，使初学者能由浅入深掌握软件的使用；坚持与应用相结合，通过实例的讲解，使学员能够举一反三，学以致用掌握软件的实际操作。

作为当前最为流行的三维动画软件之一，3ds Max自推出以来，就被广泛地应用于工业产品设计、建筑室内设计、广告包装设计、影视制作、动漫游戏设计制作等多个领域。

3ds Max作为一个功能、界面丰富的三维动画软件，在让人感慨强大的同时，也为其难于掌握而头痛。本着实用、高效的宗旨，本书采用理论与操作相结合的方式组织内容，能够帮助初学者迅速上手、快速入门。本书既适合作为职业学校计算机相关专业教材使用，又适合三维动画爱好者自学使用。

全书通过11个章节，有所侧重地介绍了软件常用的建模、材质、渲染、基础动画等实用技术，使读者能在较短的时间内掌握3ds Max的基本要领，为今后进一步地深入实践打下良好的基础。

本书由全国信息技术职业能力培训网络组织教师编写，赵卫东主编。参加编写的有：赵晓东、袁洁、潘成贤、王俊丽、陈宇飞。在编写的过程中得到了同济大学的多位师生，以及全国信息技术职业能力培训网络各培训中心老师的关心与支持，在此表示衷心的感谢。

由于作者水平有限，编写时间仓促，本书必有不足之处，欢迎广大读者批评指正，为本书下次改版提供宝贵的意见和建议。

编者

2010年11月

目　录

第 1 章　快速浏览

学习目标

☆　了解 3ds Max 软件的界面组成，软件使用的主要流程。
☆　理解面向对象的参数化软件的操作方式。
☆　掌握打开、保存文件的操作。
☆　快速浏览 3ds Max 软件使用流程，为以后章节深入学习建立全局概念的基础。

1.1　概　述

1.1.1　软件的主要特点

3ds Max 是一款目前应用极为广泛的三维动画软件，其应用领域遍及建筑、广告、影视制作、游戏开发、工业设计等多方面。从 2009 版开始，3ds Max 被分为两个产品。3ds Max 主要应用于游戏及影视制作；3ds Max Design 主要应用于工业、建筑以及视觉效果设计等方面。3ds Max Design 少了 3ds Max 中的 SDK 功能，增加了光照分析，其他主要内容基本相同。

在刚开始学习使用软件的时候，应该注意到，3ds Max 作为一种面向对象的参数化软件，其操作界面会随着对象的不同而发生变化。选择对象后，只有可使用的命令才处于可被选择状态，不可使用的命令呈灰色状态，这样可以减少不必要的操作，大大提高工作的效率。3ds Max 提供了强大的定义和修改对象参数的功能，这种参数化特性增强了建模及制作动画的功能。在一般情况下，建议尽量保留对象的参数属性，这样能够方便地调整这些参数改变对象。在使用软件时，多数工作都是在三维空间中进行的，因此，理解空间概念，掌握三维坐标系统非常重要。

Autodesk 3ds Max 2010 在以前版本的基础上，增加了大量新工具，同时对常用命令进行了重新设计，使软件功能更强大且简单易用。基本文件操作可通过单击新标题栏上的按钮进行访问，其余控件在“应用程序”菜单中的组织方式也更加简单明了。“石墨建模工具”集将熟悉的功能与富有创意的动态“Ribbon”界面中的大量新功能结合在一起。第三代“查看”技术提供的视口支持包括 Ambient Occlusion、基于高动态范围图像（HDRI）的照明、软阴影等。

1.1.2　软件的主要工作流程

1. 建立模型

在 3ds Max 中，可以使用创建面板中的几何体和二维图形功能直接创建对象模型，也可以通过修改命令面板中的功能编辑基本对象，形成丰富多样的场景模型。

除了软件本身具有多种建模方式，3ds Max 也可以接受如 AutoCAD 等其他软件创建的二维及三维模型，然后对这些模型进行编辑、组合，生成所需的场景模型。

2. 添加材质

添加材质是软件中重要的内容，它主要是给已建好的模型分配相应的颜色、肌理、质感等特性。一个逼真的效果，很大一部分取决于对象材质的设置。对于初学者来说，可能会觉得3ds Max 的材质编辑器比较复杂。相信经过耐心和努力，能够掌握常用的材质编辑功能。

3. 设置灯光和摄像机

现实世界中，光是可视的基础，因此通过计算机进行模拟仿真时，相应的灯光设定必不可少。3ds Max 2010 中文版提供了先进的光照模拟系统，可以实现高质量的仿真效果。缺省状态下，系统提供了一盏泛光灯照亮场景，如果用户添加了新的光源，则缺省灯光关闭。

现实世界中的对象是立体的，具有空间透视效果。软件提供了摄像机视点来建立空间透视视图，直观地表现空间效果。

4. 制作动画

动画制作是 3ds Max 的主要功能之一。制作动画的方式多种多样，可以在完成前面的步骤后制作动画，也可以把动画制作贯穿于整个工作过程当中。在 3ds Max 2010 中文版中，许多变换、编辑过程都可以被记录为动画，制作动画变得简单起来了。

5. 渲染效果

根据设置的材质、灯光以及其他环境条件，将场景中的对象以实体的方式显示出来，这就是渲染。通过渲染过程，可以将颜色、肌理、阴影、照明等效果呈现出来。

1.2 软件界面

启动 3ds Max 2010 中文版后，显示出的工作界面如图 1-1 所示。

1.2.1 标题栏

3ds Max 2010 将常用的控件独立出来，设置在状态栏上，进行文件管理以及查询等操作。

(1)“应用程序”菜单：包含新建、打开、保存、导入、导出、首选项、管理等文件管理操作。

(2) 快速访问工具栏：对一些常用命令可进行快速访问，并可自定义该工具栏。

(3) 信息中心：可访问有关 3ds Max Design 和其他 Autodesk 产品的信息。

1.2.2 菜单栏

菜单栏位于主窗口的标题栏下面，包含了 3ds Max 的各类菜单项。每个菜单的标题表明该菜单上命令的用途，每个菜单均使用标准 Microsoft Windows 约定。

(1) 编辑：用于选择和编辑对象。

(2) 工具：显示多种管理对象、特别是对象集合的对话框。

(3) 组：包含将场景中的对象成组和解组的功能。

(4) 视图：该菜单包含用于设置和控制视口的命令。

(5) 创建：该菜单提供了一个创建某种几何体、灯光、摄影机和辅助对象的方法。

(6) 修改器：该菜单提供了常用修改器的快速应用方式。

(7) 动画：该菜单提供一组有关动画、约束和控制器以及反向运动学解算器的命令。

(8) 图表编辑器：通过该菜单可以访问用于管理场景及其层次和动画的图表子窗口。

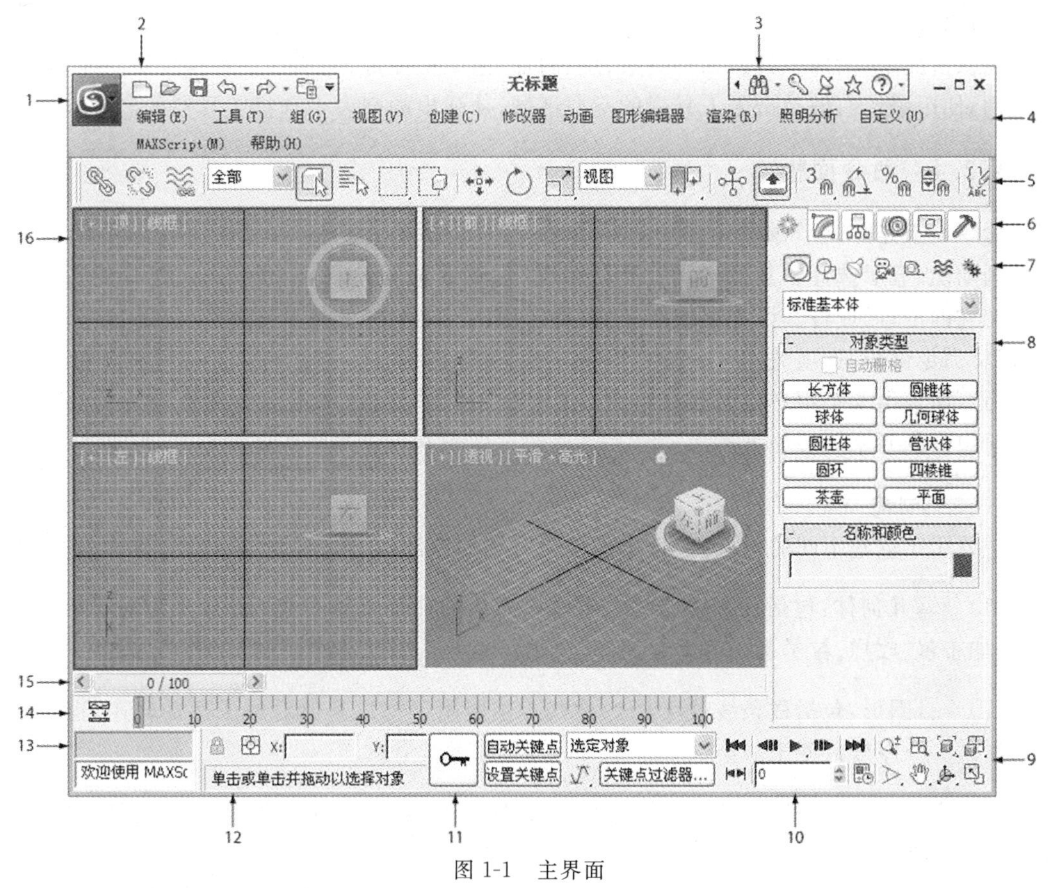

图 1-1　主界面

1—"应用程序"按钮；2—快速访问工具栏；3—InfoCenter；4—菜单栏；5—主工具栏；6—命令面板选项卡；7—对象类别；8—卷展栏；9—视口导航控件；10—动画播放控件；11—动画关键点控件；12—提示行和状态栏控件；13—MAXScript 迷你侦听器；14—轨迹栏；15—时间滑块；16—视口

(9) 渲染：该菜单包含用于渲染场景、设置环境和渲染效果、使用 Video Post 合成场景以及访问 RAM 播放器的命令。

(10) 照明分析：提供了调用"照明分析助手"功能以及添加灯光源和照明分析工具的命令。

(11) 自定义：该菜单包含用于自定义 3ds Max 用户界面的命令。

(12) MAXScript：该菜单包含用于处理脚本的命令。

(13) 帮助：提供用户手册、课程练习等相关帮助内容。

1.2.3　工具栏

3ds Max 中的很多命令均可由工具栏上的按钮来实现。默认情况下，窗口只显示主工具栏，位于界面的顶部，可以根据需要改变它们的位置。

工具栏上有许多按钮，当把光标停留在某一按钮上后，会出现此按钮的功能提示文字。右下角有黑色三角形标志的按钮表示包含扩展按钮，用鼠标左键按住该按钮不放，即弹出扩展按钮。

主工具栏是使用最频繁的区域，它包括选择类工具、变换类工具、坐标系工具、捕捉类工具、材质以及渲染类工具。

默认情况下，附加工具栏如轴约束、层、附加、渲染快捷键、笔刷预设和捕捉被隐藏，若要启用它们，使用鼠标右键单击主工具栏的空白区域，从弹出的列表中选择工具栏的名称。

1.2.4 命令面板

命令面板是3ds Max的主要功能区域之一，它包括了3ds Max大多数建模功能，以及一些动画功能、显示选择和其他工具。默认情况下，命令面板出现在3ds Max窗口的右侧。可以改变它的位置，或将其设为浮动面板，也可以用鼠标右键单击主工具栏空白处，在弹出菜单中取消“命令面板”选项关闭它。

命令面板由6个用户界面面板组成。要显示不同的面板，单击命令面板顶部的选项卡即可。所包含的6个面板如下。

1. 创建

主要用于创建不同的对象，包含用于创建对象的控件：几何体，图形，灯光，摄影机，等等。

(1) 几何体：包括长方体、球体、锥体等简单的几何物体对象，还包含其他复杂的建模方式，如布尔、放样、粒子系统等。

(2) 图形：包括样条线、NURBS曲线。主要用于构建其他对象或运动轨迹，也可以为图形指定一个厚度以便于渲染。

(3) 灯光：用来创建场景中的灯光，可以照亮场景，增加其逼真感。它包括标准和光度学两大类灯光。

(4) 摄影机：模拟现实世界中的摄影机，可以对摄影机位置设置动画。它包括目标摄影机和自由摄影机两种类型。

(5) 辅助对象：辅助对象有助于协助构建场景。它们可以帮助定位、测量场景的可渲染几何体以及设置其动画。

(6) 空间扭曲：提供了多种对物体产生影响的空间扭曲。空间扭曲在围绕其他对象的空间中产生各种不同的扭曲效果，能更好地帮助制作模型和动画。

(7) 系统：提供了多种系统形式，将对象、控制器和层次组合在一起。其中包含阳光和日光系统，可以更好地模仿现实世界中的日光效果。

2. 修改

将修改器应用于对象，可以使用多种功能编辑对象(如网格、面片)。当使用创建命令建立了对象后，这些对象具有了多重参数和特性，使用修改面板中的修改器命令可以改变这些参数与特性，也可以增加新的修改器特性和参数。

“修改”面板的主要功能如下。

(1) 改变一个已存在物体的创建参数。

(2) 使用修改命令改变物体的几何特性。

(3) 改变已存在的修改器命令的参数。

(4) 删除已应用的修改器命令。

(5) 把参数物体转换成可编辑物体，有效地减少存储空间。

3. 层次

包含用于管理层次、关节和反向运动学中链接的控件。用来创建物体的运动及反向运动动画的层级结构。通过链接方式可以建立物体间的父、子级关系，从而建立具有复杂的层级关系的场景。

“层次”面板的主要功能如下。

(1) 创建复杂的运动。

(2) 模拟关节结构。

(3) 提供反向动力学基础。

(4) 为“骨骼”设置旋转和滑动参数。

4. 运动

用于为物体设定动画控制器，并控制物体运动轨迹。

5. 显示

包含用于隐藏和显示对象的控件，以及其他显示选项。用于控制物体在视图中的显示、隐藏、冻结等功能。

6. 工具

包含其他工具程序，其中大多数是 3ds Max 的插件，协助完成其他功能。

1.2.5　视口

“视口”是创建场景以及制作动画的工作区域。默认时，它包含 4 个同样大小的视口，透视视图位于右下部，其他 3 个视图的相应为：顶部、前部、左部。

1. 活动视口

在多视口状态时，只有一个视口处于活动状态，活动视口的边框为亮黄色，为当前的工作视口。激活某一个视口的方式有 3 种。

(1) 在非活动视口的空白处单击鼠标右键。

(2) 用左键单击非活动视口的标签。

(3) 在非活动视口中的空白处单击鼠标左键也可以激活该视口，但可能会改变视口中对象的选择状态。

2. 视口标签

视口标签位于每个视口的左上角，除了标明该视口的名称外，它还具有改变视口特征的作用。鼠标右键单击视口标签，弹出快捷菜单，选择其中选项改变视口特性。

3. 视口布局控制

程序提供了多种视口布局方式，可以通过多种方法改变视口的布局。

1) 使用主菜单

(1) 选择菜单[视图]→[视口设置]，出现“视口配置”对话框，如图 1-2 所示。

(2) 单击“布局”选项卡，出现视口布局设置选项内容，上面一栏设置视口的布置方式，下

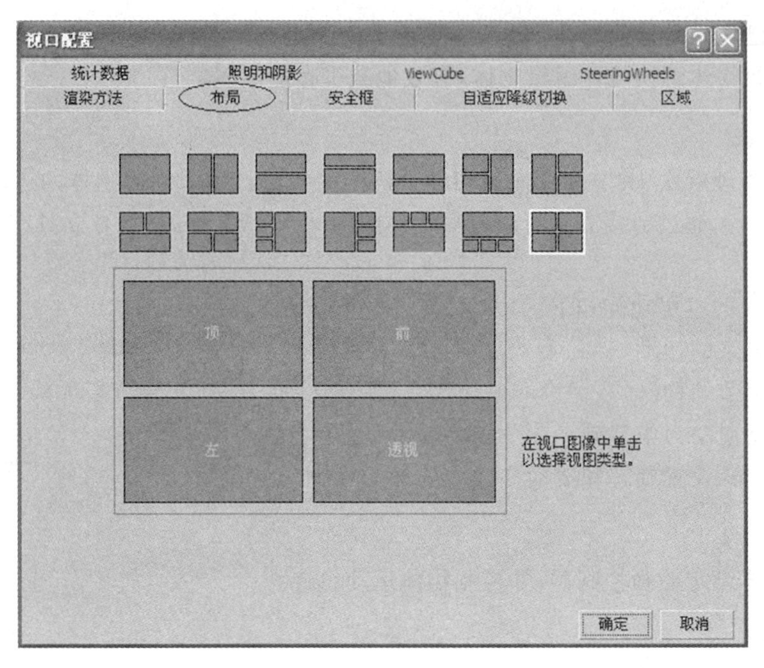

图 1-2 “视口配置”对话框

面部分设置各个视图的类别。

(3) 单击下面某个视口，弹出视图种类菜单，选择设置的种类。

(4) 单击确定，退出对话框。

2) 使用视图标签快捷菜单

(1) 鼠标右键单击视图标签[＋]，弹出一个快捷菜单，如图 1-3 所示。

(2) 选择“配置”选项，弹出“视口配置”对话框。也可以直接单击“视图”项，弹出又一层次的菜单，选择需要的视图。

最大化视口 Alt+W
活动视口 ▸
禁用视口 D
显示统计 7
✔ 显示栅格 G
ViewCube ▸
SteeringWheels ▸
配置...

图 1-3 视口标签设置快捷菜单

3) 改变视口大小

当使用多个视口时，可以通过下面方法调整各个视口的大小。

(1) 把鼠标光标放在视口水平、垂直或者中央交界处，光标形状改变。

(2) 按下左键并拖动光标到新位置，则视口大小发生改变。

(3) 把光标重新放回视口交界处，单击右键，出现“重置布局”按钮，选择恢复默认状态。

4) 单个视口与多视口的切换

在工作过程中，经常需要在单个视口与多视口之间进行切换。单击界面右下角的“最大化视口切换”按钮，当前激活视口可以完成单个视口与多视口之间切换。使用快捷键 Alt＋W 可以完成同样的操作。

4. 世界坐标轴

缺省状态下，在各个视图的左下角会显示出世界坐标的 X，Y，Z 的 3 个方向。X 轴为红色，Y 轴为绿色，Z 轴为蓝色。采用下面方法，可以打开或关闭世界坐标轴的显示。

(1) 选择菜单[自定义]→[首选项]，出现"首选项设置"对话框，如图 1-4 所示，选择"视口"选项卡。

(2) 在"视口参数"组中，选择或取消"显示世界坐标轴"选项，可以打开或关闭世界坐标轴显示。

(3) 单击"确定"按钮，退出对话框。

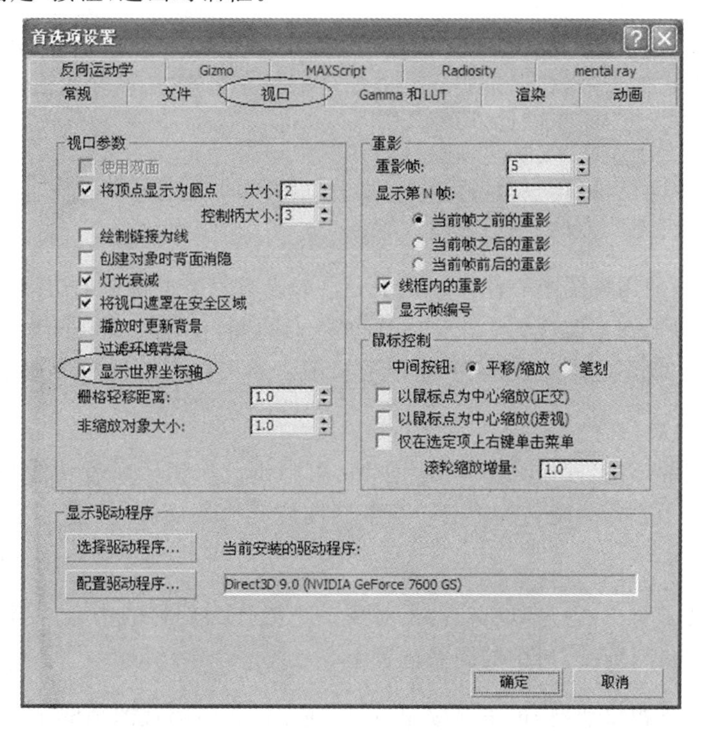

图 1-4　"首选项设置"对话框

1.2.6　视口导航控制

在 3ds Max 主界面图右下角为视口导航控制工具，如图 1-5 所示。这些工具主要用于控制视口的缩放、平移、旋转等操作。

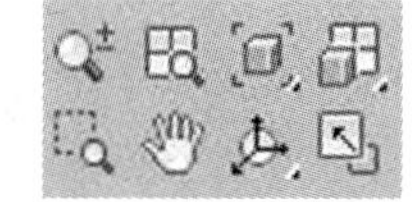

图 1-5　视图导航控制工具

(1) 缩放视口：激活此按钮，在"透视"或"正交"视口中按住左键上下拖动鼠标，可以放大、缩小活动视口。

(2) 缩放所有视图：激活此按钮，可以同时调整所有"透视"和"正交"视口中的视图放大值。

(3) 最大化显示：单击此按钮，可见对象在活动的"透视"或"正交"视口中居中最大化显示。

(4) 最大化显示选择对象：按住"最大化显示"按钮不放，弹出此按钮。选择它后，当前活动视口中被选中的物体居中最大显示。

(5) 所有视图最大化显示：单击此按钮，可见对象在所有视口中居中最大化显示。

(6) 所有视图最大化显示选择对象：按住"所有视图最大化显示"按钮不放，显示出此按钮。选择它后，选定的对象或对象集在所有视口中居中最大化显示。

(7) 缩放区域：仅当活动视口是正交或用户三向投影视图时，该工具才可用。激活此按钮，可放大在视口内拖动的矩形区域。

(8) 视野：当透视图或摄影机视图为活动视口时，"缩放区域"按钮变成此按钮。虽然"视野"的效果类似于缩放，但是实际上透视是不断变化的，从而导致视口中的扭曲增大或减小。

(9) 平移视图：可以在与当前视口平面平行的方向移动视图。激活此按钮后，在任意视图中按住鼠标左键不放拖动、平移视图。

(10) 环绕：使用视图中心作为旋转中心。如果对象靠近视口的边缘，则可能会旋转出视图。激活此按钮后，在当前视图中出现一个黄色的圆圈，按住左键在圈内、圈外或圈上的4个顶点上拖动鼠标，视图旋转，一般主要用于透视图。如果在正交视图中使用，会使视图变为"用户"视图。

(11) 选定的环绕：按住"环绕"按钮，可弹出此按钮。两者功能相似，不同之处是它使用当前选择的中心作为旋转的中心。当视图围绕其中心旋转时，选定对象将保持在视口中的同一位置上。

(12) 环绕子对象：它是以所选的子对象的中心作为旋转的中心。当视图围绕其中心旋转时，当前选择将保持在视口中的同一位置上。

(13) 最大化视口切换：单击该按钮，可以使当前激活的视图满屏显示，再单击该按钮，可以恢复原状态。

若当前激活视图是摄影机视图或聚光灯视图的时候，视图导航工具的前6个按钮的图标会发生改变，如图1-6和图1-7所示，它们的功能也有所改变，在以后的章节中会逐步介绍它们。

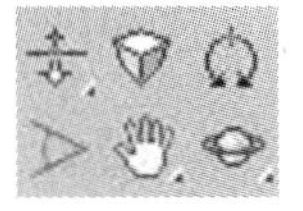

图 1-6　摄影机视图导航控制工具

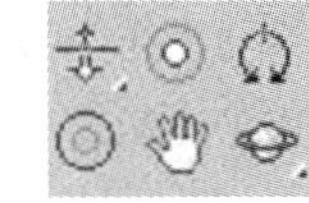

图 1-7　聚光灯视图导航控制工具

1.2.7　其他主要控件

(1) 动画及时间控制控件位于界面的右下角，如图1-8所示，主要用于动画制作控制。

图 1-8　动画及时间控制工具

(2) 提示及状态栏控件位于主界面的底部，如图1-9所示，主要用于显示当前所使用的命令的状态，并提示下一步该做什么。在状态栏的XYZ信息框中显示的是动态坐标信息。

选择锁定切换工具用于锁定已选择的物体，防止在操作中误选其他物体。锁定选择时，可以在屏幕上的任意位置拖动鼠标，而不会丢失该选择。绝对/相对模式变换输入工具用于控制在对物体进行变换时使用的是相对坐标还是绝对坐标。

图 1-9　状态及提示栏

1.3　快速浏览

本节通过一个简单动画的制作过程，初步展示 3ds Max 2010 的魅力。

1.3.1　设置系统

1. 启动程序

第 1 次启动程序：

(1) 双击桌面快捷图标，或单击"开始"→"所有程序"→"Autodesk"→"Autodesk 3ds Max 2010"，启动程序。第 1 次启动程序后，会出现一个"学习影片"窗口，其中是 3ds Max 2010 功能的动画演示。缺省状态下，每次启动都会首先出现这个窗口。如果下次启动时不想打开该窗口，可以取消"启动时现实该对话框"勾选。

(2) 关闭"学习影片"窗口，进入程序主界面。初次启动程序时使用的默认界面是深暗色的，可以设定不同色调的界面。

(3) 选择[自定义]→[加载自定义用户界面方案]，出现"加载自定义用户界面方案"对话框，如图 1-10 所示。

(4) 在"Program Files\Autodesk\3ds Max 2010\ui"文件夹中，双击选择"ame-light. ui"，回到程序主界面，这时界面色调变成比较亮的模式。

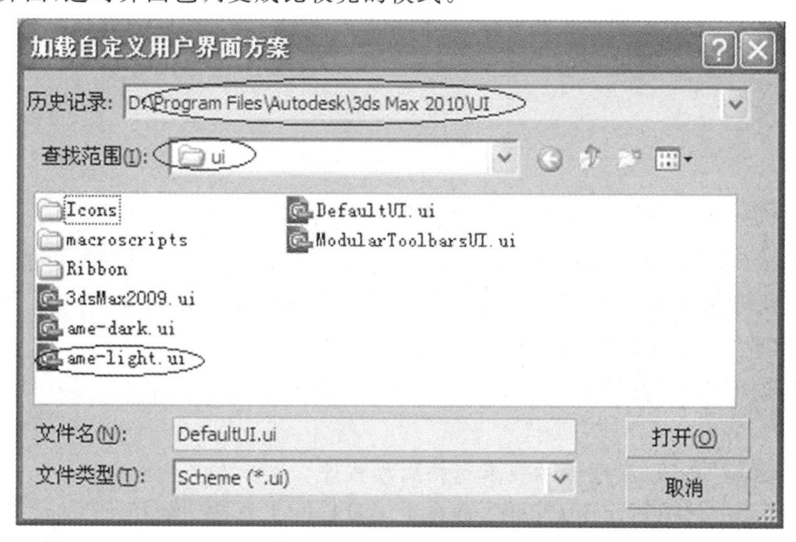

图 1-10　加载自定义用户界面方案

2. 重置系统

在使用程序过程中，我们经常会在完成某个工作后开始新的工作，这时可以不需退出系统而重置程序，操作方式如下。

(1) 选择"应用程序"菜单→[重置]。如果场景中作过新的改动，系统会出现保存提示对话框，如图 1-11 所示。

(2) 当前不需要保存，单击"否"按钮，随后出现警示对话框，如图 1-12 所示，单击"是"按钮，确认重置系统。

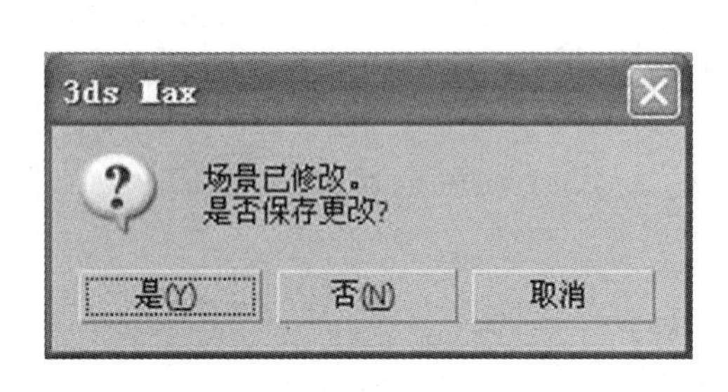

图 1-11　保存提示

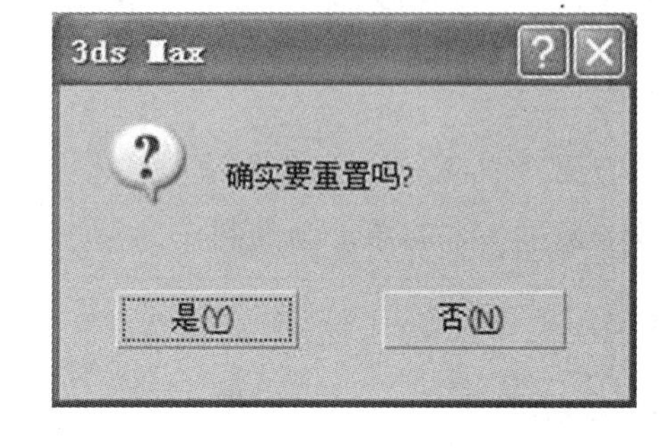

图 1-12　重置警示

3. 调整界面

(1) 在主工具栏的空白处单击右键，在弹出的快捷菜单中，如图 1-13 所示，根据需要打开或关闭相应的工具栏。

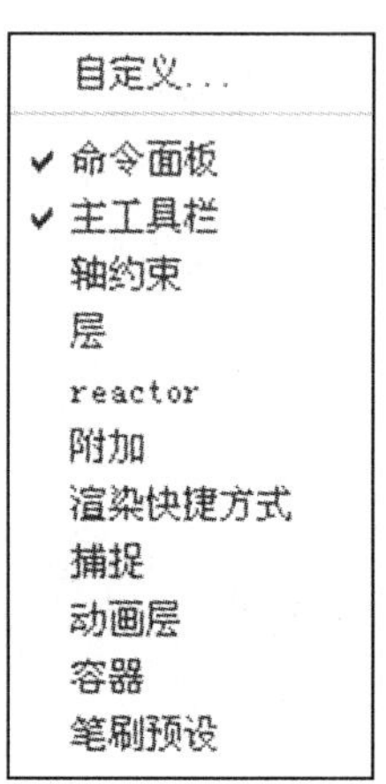

图 1-13　工具栏设置快捷菜单

(2) 如果显示器的分辨率小于 1 280×1 024 的话，主工具栏的工具图标可能显示不全，需要滚动才能看到被遮挡的按钮，可以通过设置它使用小图标来显示完整。选择菜单[自定义]→[首选项]，出现"首选项设置"对话框。

(3) 单击选择"常规"选项卡，在"用户界面显示"组中，取消"使用大工具栏按钮"选择，如图 1-14 所示。

(4) 单击"确定"按钮，出现提示要求重新启动程序。

(5) 关闭退出。然后再次启动程序，现在主工具栏的工具按钮使用小图标了。

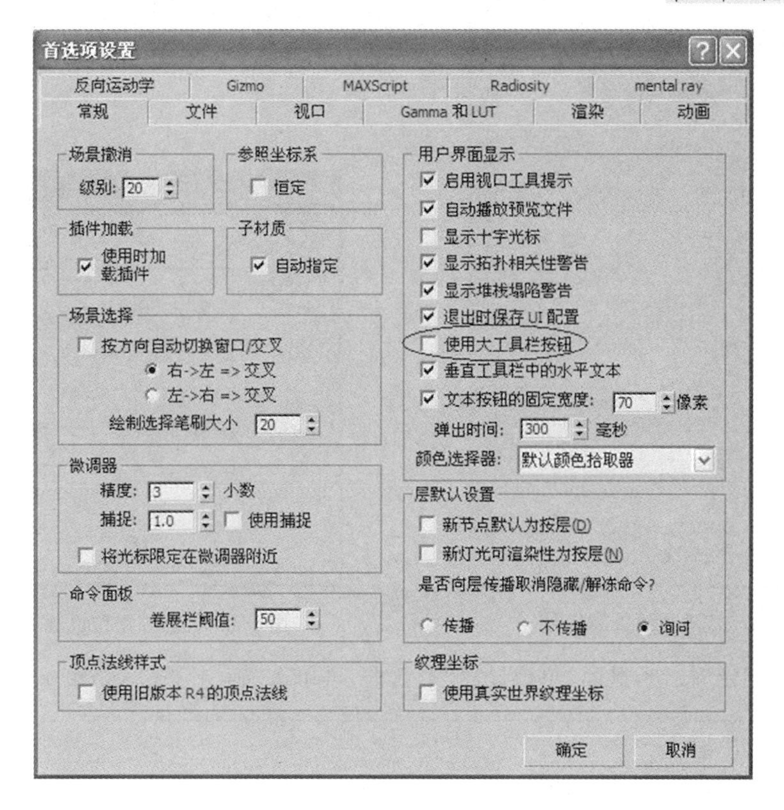

图 1-14 “首选项设置”对话框“常规”选项卡

提示:

当前主流设备的显示分辨率都可以达到 1280×1024,所以建议保留使用大工具栏设置。

4. 设置单位

在建模过程中常常需要使用数值,这些数值的单位到底是什么呢?

在默认状态下,3ds Max 使用“通用单位”(Generic Unit)作为显示单位。“通用单位”是一种无量单位,一个通用单位可以代表 1m(米)、1cm(厘米)或 1in(英寸),等等。

3ds Max 还包括一个“系统单位”。在多组员协同工作或多文件合并中,系统单位的统一非常重要,否则会产生混乱的结果。

无论是“显示单位”还是“系统单位”,用户都可以自定义它们。不同的是,当系统重置后,“显示单位”总会恢复到默认的“通用单位”。

“系统单位”一旦设定,直至下次用户改变之前会一直保持不变。

下面我们来设置一下单位。

(1) 选择菜单[自定义]→[单位设置],出现“单位设置”对话框,如图 1-15 所示。

(2) 在“显示单位比例”组中可以选择所需制式,缺省为“通用单位”选项。

(3) 单击对话框最上面的“系统单位设置”按钮,出现“系统单位设置”对话框,如图 1-16 所示。

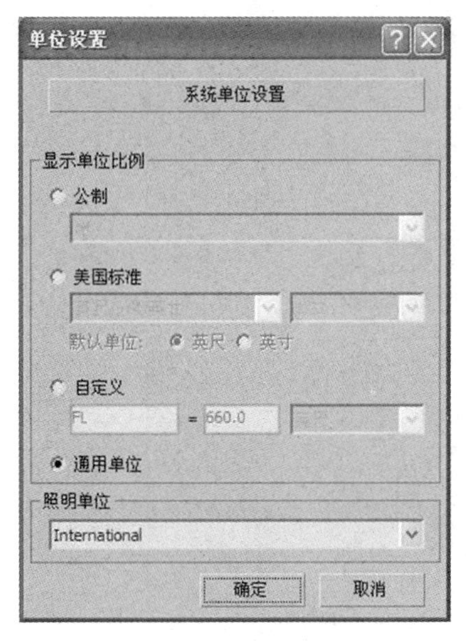

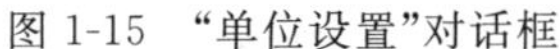
图 1-15 “单位设置”对话框

图 1-16 “系统单位设置”对话框

(4) 单击“确定”按钮，退回“单位设置”对话框，再单击“确定”按钮，结束单位设置。

提示：

“显示单位”只影响几何体在视口中的显示，而“系统单位”则决定几何体实际的比例。例如，如果导入一个含有 1×1×1 的长方体的 DXF 文件(无单位)，那么 3ds Max 可能以 m(米)、in(英寸)或是 mile(英里)的单位导入长方体的尺寸，具体情况取决于“系统单位”。

“系统单位”的不同将会对场景产生重要的影响，这也是要在导入或创建几何体之前设置系统单位的原因。

1.3.2 制作长方体

1. 建立长方体

(1) 单击命令面板中“对象类型”卷展栏下的“长方体”按钮，面板下部出现创建长方体的控制选项。

(2) 在“顶”视图的左上角按下左键并拖曳鼠标到右下角，释放左键，视图中出现一个矩形。

(3) 向上移动鼠标并单击左键，一个长方体建立了。

2. 调整尺寸并增加细节

现在来调整尺寸数值并增加细节，为后面制作起伏的水面做准备。

(1) 在命令面板中的“参数”栏中，用鼠标左键调整“长度”编辑栏后的微调按钮，发现视图中长方体的长度随着编辑栏中的数据变化。按住左键并上下拖曳鼠标，尺寸变化得更加迅速，单击右键即取消改变。

(2) 在“长度”编辑栏直接输入 200，将“宽度”设置为 200，“高度”为 10。设置“长度分段”和“宽度分段”均为 20。现在，长方体就根据精确的尺寸建立好了，如图 1-17 所示。

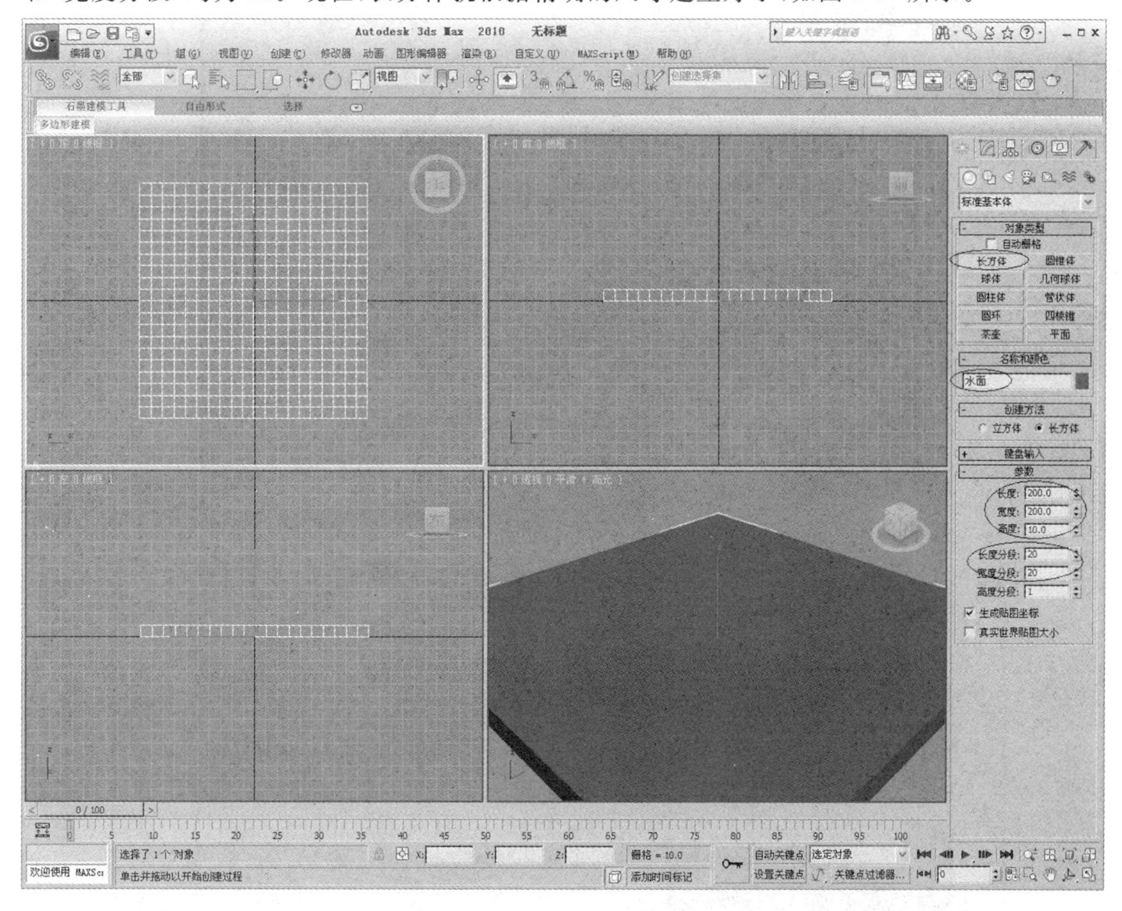

图 1-17　创建长方体

3. 设定颜色和名称

(1) 双击“名称和颜色”卷展栏下的编辑栏使之亮显，使用中文输入法输入“水面”。

(2) 单击名称栏右侧的色块，出现“对象颜色”对话框，如图 1-18 所示。选择所需的颜色，如蓝色，则所选颜色显示在对话框下部的“当前颜色”栏中。

(3) 如果需要其他更多的颜色，可以单击“添加自定义颜色”按钮，出现“颜色选择器：添加颜色”对话框，如图 1-19 所示。

(4) 在此对话框中，调出所需的颜色，然后单击“添加颜色”按钮，最后关闭此对话框。此时添加的颜色显示在“对象颜色”对话框下部的方框中。

(5) 单击“对象颜色”对话框的“确定”按钮，回到工作视图，立方体以新颜色显示。

4. 切换视图显示方式

在默认的状态下，“透视”视口中的长方体是以实体方式显示的，其他视口则是以线框方式显示，如果需要可以改变显示方式。

(1) 右键单击“透视”视口标签，在快捷菜单上选择“线框”，视图以线框方式显示。

(2) 重复上面步骤，恢复透视图“平滑＋亮光”方式显示。

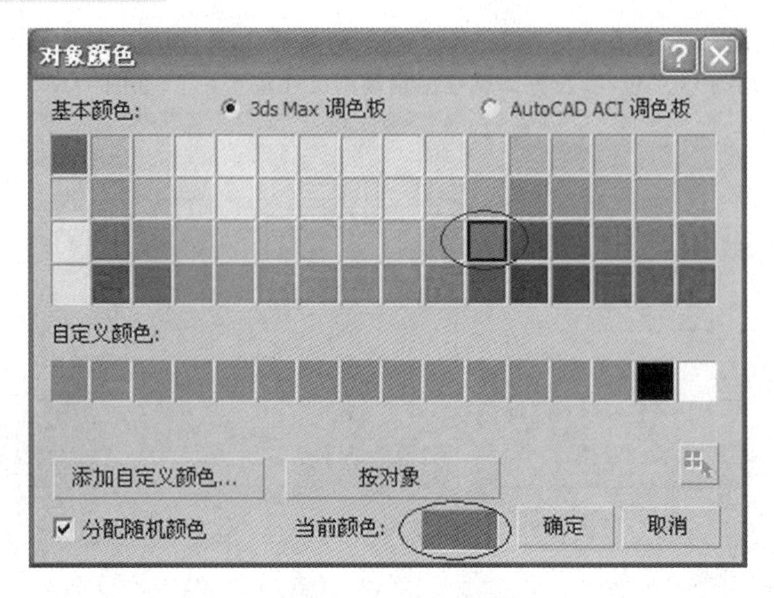

图 1-18 “对象颜色”对话框

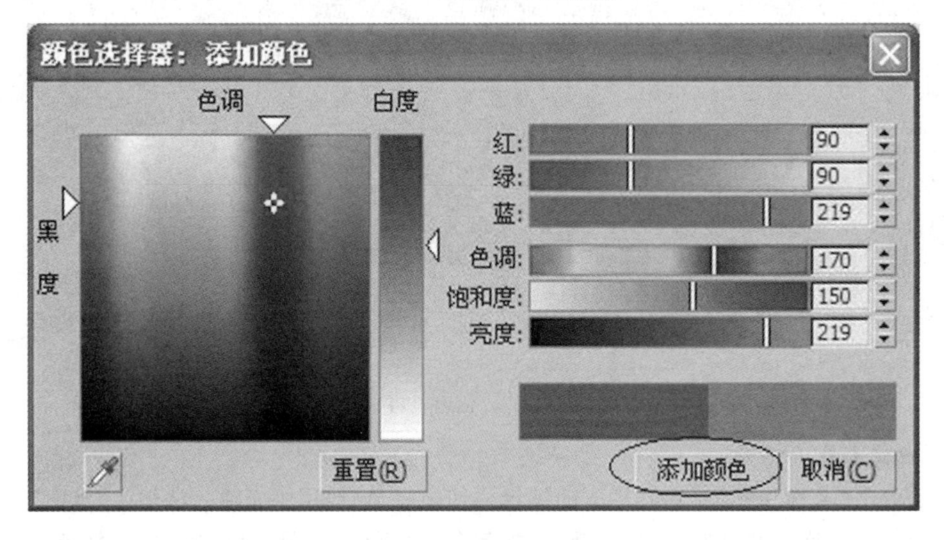

图 1-19 “颜色选择器:添加颜色”对话框

提示:

在做练习的过程中,有时可能会发现调整创建面板上的参数无法改变长方体的尺寸,这可能是因为创建好长方体后又执行了其他操作。这时需要使用“修改”面板来调整参数,以后的章节将会介绍这些功能。此处建议使用菜单[编辑]→[删除],删除长方体后重做。

在进行某个操作的过程当中,用户可以通过单击鼠标右键取消正在进行的操作。

1.3.3　制作水波

1. 制作涟漪

(1) 单击“创建”面板上的“空间扭曲”按钮，选择列表中的“几何/可变形”分类。

(2) 单击“对象类型”栏中的“涟漪”按钮，如图 1-20 所示。

(3) 在“顶”视口的长方体的中心按下左键并拖曳鼠标，出现一个圆，释放左键，随后再向上拖曳鼠标，此时出现涟漪的波浪，单击左键完成创建涟漪 Ripple01。

2. 绑定涟漪与长方体

(1) 单击主工具栏中的“绑定到空间扭曲”按钮，把鼠标移到“前”视口中的涟漪上，光标变成链接符号。

(2) 按下左键并拖曳光标到长方体上，此时光标拖出一条线；释放左键，长方体形状发生变化，因为涟漪对长方体产生了影响。

图 1-20　使用空间扭曲面板中的涟漪

3. 调整涟漪参数

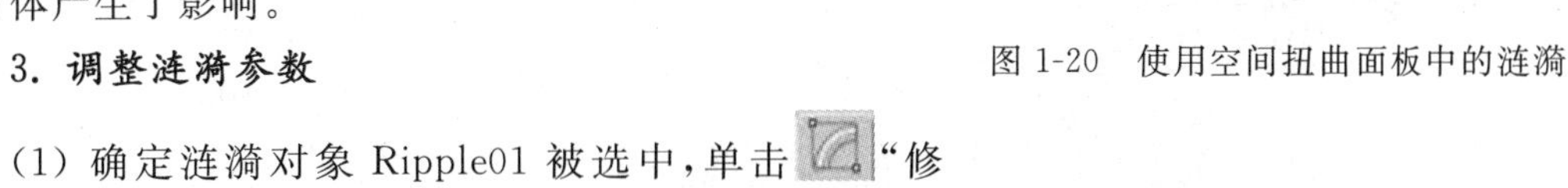

(1) 确定涟漪对象 Ripple01 被选中，单击“修改”按钮，打开修改面板。

(2) 在“参数”栏中，设置“振幅 1”为 2，“振幅 2”为 5，“波长”为 30，结果如图 1-21 所示。

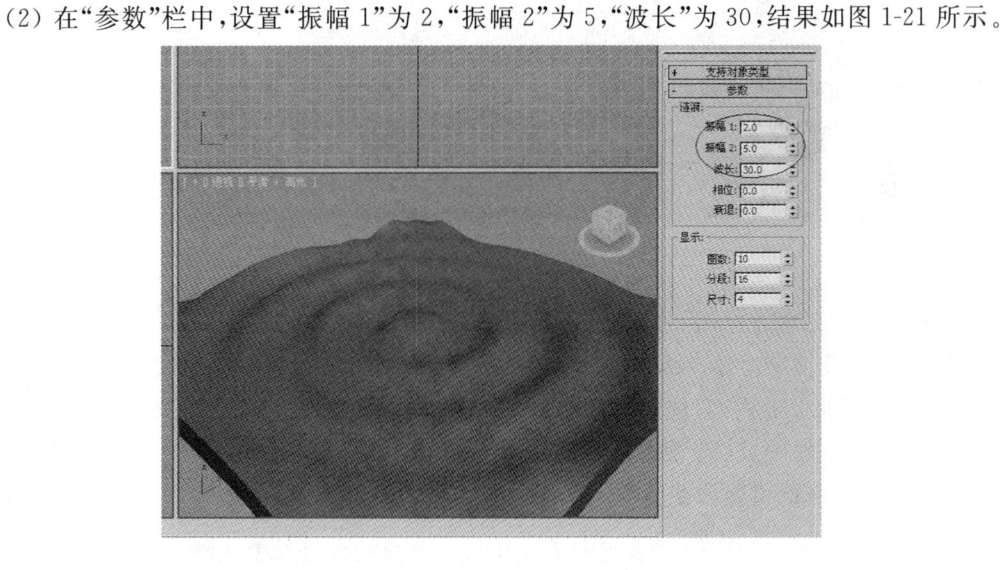

图 1-21　长方体具有了涟漪形态

1.3.4　制作三维文字

1. 建立二维文本

(1) 依次单击“创建”、“形状”按钮，命令面板变为创建二维图形面板。

(2) 单击“对象类型”栏中的“文本”按钮，出现创建文字面板。

(3) 在“参数”栏中，找到“文本”窗口并删除其中的文字，用中文输入“欢迎进入 MAX 世界!”。

(4) 设置“大小”为 15。

(5) 在“前”视口中单击鼠标左键，“欢迎进入 MAX 世界!”文本 Text01 出现在视图中，如图 1-22 所示。

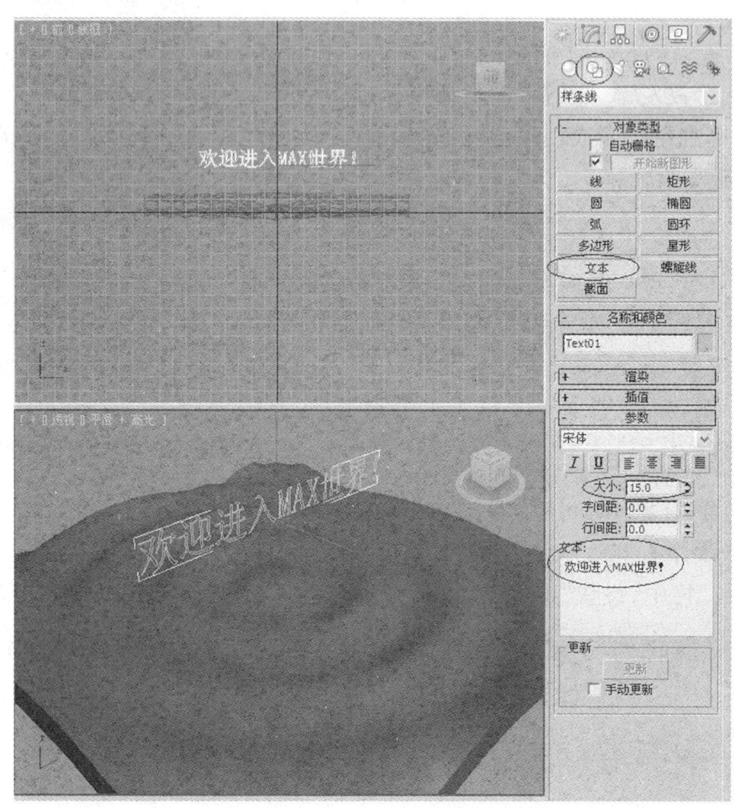

图 1-22　建立文本

2. 生成三维文字

(1) 确认当前文字对象 Text01 被选中，选择菜单[修改器]→[网络编辑]→[挤出]。命令面板变为“挤出”修改器内容，同时文字对象 Text01 具有了三维厚度。

(2) 在“参数”栏中，设置“数量”为 5，如图 1-23 所示，调整文本的厚度。

3. 使用视口导航控制调整视图

(1) 单击界面右下角“所有视图最大化显示”按钮，场景对象充满显示在视口中。

(2) 右键单击“透视”视口空白处，激活该视口，然后单击“环绕”按钮，“透视”视口出现一个黄色圆框。

(3) 将光标放在圆环外按下左键拖曳鼠标，观察场景发生的变化，单击右键取消改变。

(4) 将光标放在圆环内侧按下左键拖动鼠标，调整视图，使文字面对我们。

(5) 综合使用“缩放”、“平移视图”、“环绕”按钮，将视图调整到合适的视角，如

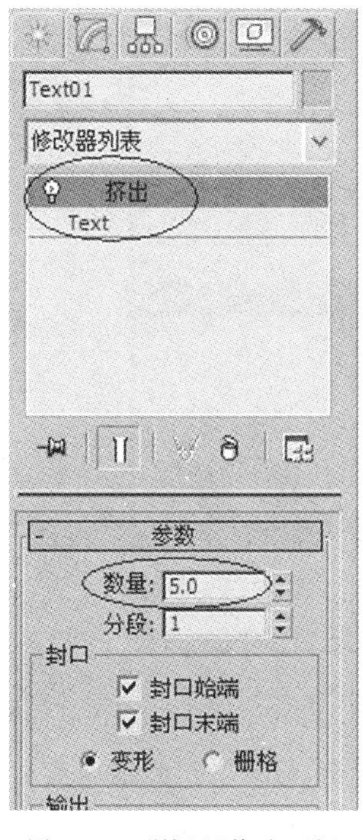

图 1-23　“挤压”修改面板

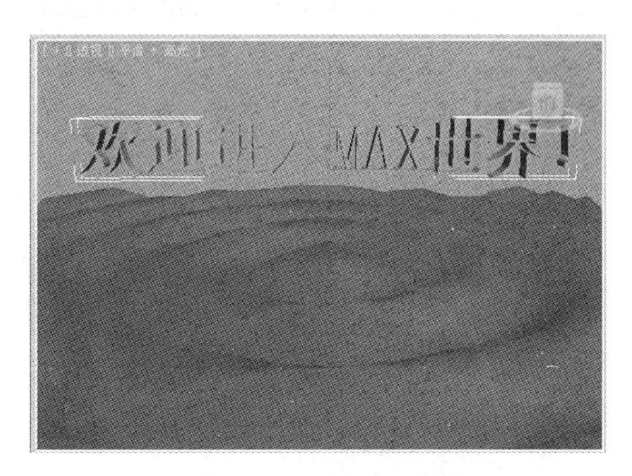

图 1-24　调整好的透视图

图 1-24 所示。

1.3.5　设置动画

1. 设置文字旋转动作

（1）单击工具栏上的“选择并移动”按钮，在“前”视口中把文字移动到水波下。

（2）单击激活动画控制栏的“自动关键点”按钮，拖动时间滑块到 100/100，然后在“前”视口中把文字移动到水面上面。

（3）右键单击激活“透视”图使其成为当前视口，然后单击工具栏上的“选择并旋转”按钮，视图出现一个球形标示，如图1-25 所示。

（4）单击激活工具栏上的“角度捕捉切换”按钮。

（5）把光标放到球形标志的赤道线上，按下左键并向右拖曳鼠标，到 Z 轴动态坐标显示为 360 时释放左键。

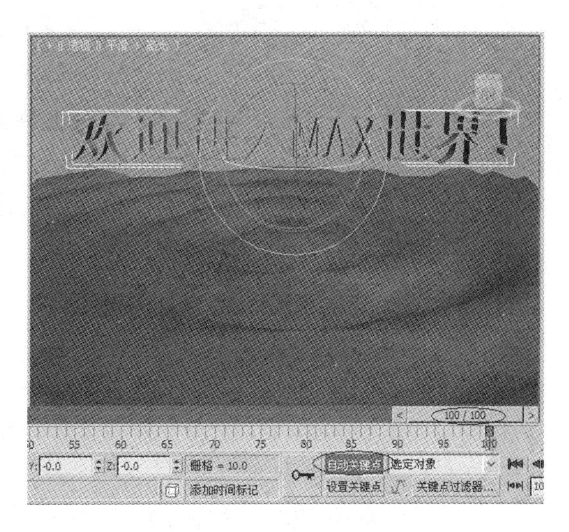

图 1-25　设置文字旋转动作

2. 设置涟漪动作

（1）单击工具栏中的“按名称选择”按钮，出现“从场景选择”对话框，如图 1-26 所示。

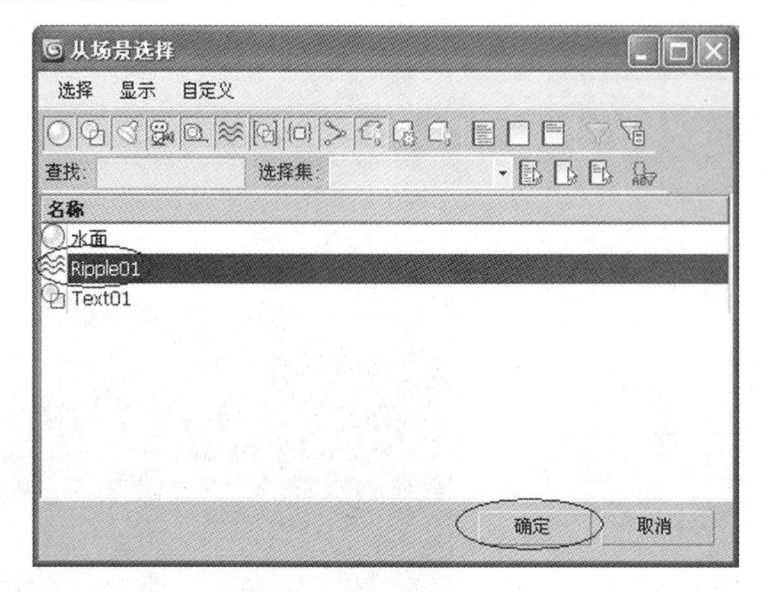

图 1-26 “从场景选择”对话框

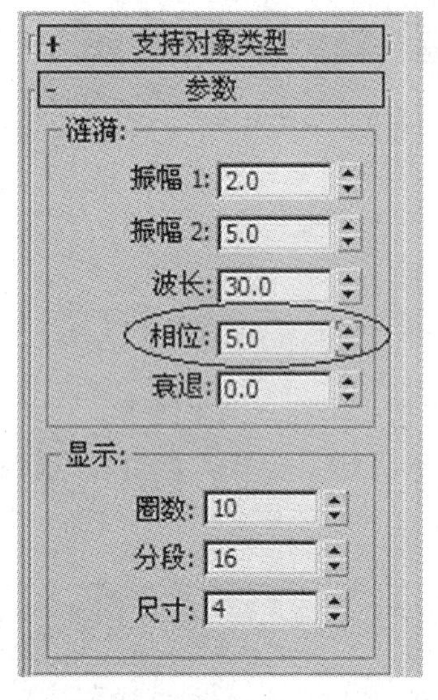

图 1-27 调整涟漪参数

(2) 选择 Ripple01,并单击“确定”按钮,退出对话框。

(3) 单击命令面板上的“修改”按钮,出现“涟漪”参数面板。

(4) 把“参数”栏中“相位”值设为 5,如图 1-27 所示。

3. 观看动画效果

(1) 关闭“自动关键点”按钮。

(2) 确认“透视”为当前视口,单击动画控制栏中“播放动画”按钮,视图中看到动画播放。单击“停止”按钮,动画停止播放。

1.3.6 制作材质动画

(1) 选中文字,单击工具栏中按钮,出现“材质编辑器”对话框,如图 1-28 所示。

(2) 选择第 1 个样板球,确认视图场景中的文字被选中,单击“将材质指定给选择对象”按钮,文字对象变成样本球的颜色。

(3) 单击“材质编辑器”对话框中“主要材质参数”栏中的“漫反色”标签右侧的颜色板,出现“颜色选择器”对话框。在“颜色选择器”对话框中可以设置文本材质的颜色。

(4) 将时间滑块移动到 0 帧,然后单击激活动画控件中“自动关键点”按钮,首先设置为红色,移动时间滑块到 20 帧,设置为黄色。然后依次移动时间滑块到 40,60,80,100 帧,并分别设置为绿、青、蓝、紫颜色。

(5) 关闭“自动关键点”按钮,关闭“材质编辑器”对话框,再次观看动画效果。

图 1-28　材质编辑器

1.3.7　制作动画预览

1. 制作动画预览文件

使用前面方式观看动画可能有时不够连贯，如果制作一个动画预览文件，效果会好一些。

(1) 激活“透视”视口。选择菜单[动画]→[生成预览]，出现“生成预览”对话框，如图 1-29 所示。

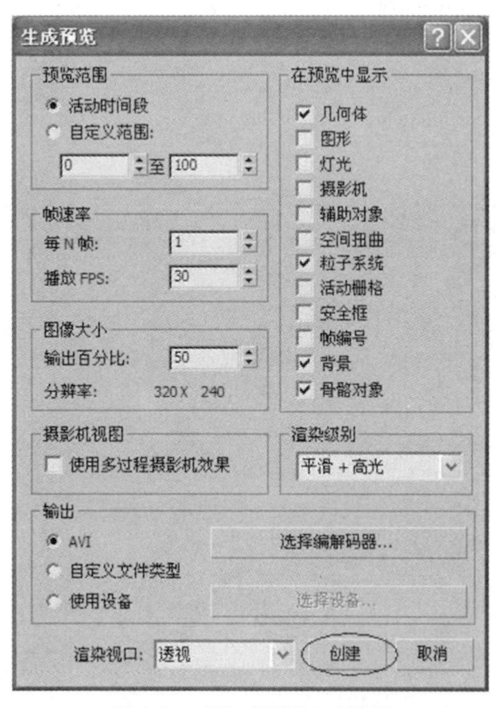

图 1-29　“生成预览”对话框

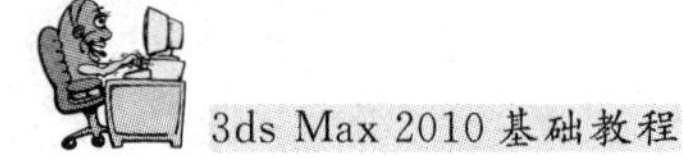

(2) 单击"创建"按钮，出现视频压缩对话框，单击确定按钮，电脑开始计算。计算完毕后，出现 Windows Media Player(视窗媒体播放器)窗口并放映动画。

2. 保存动画预览文件

每次生成的动画预览文件，系统默认以相同的名字保存，新文件总会把老文件覆盖。若想保留每次动画预览文件，必须更改当前预览文件名字。

(1) 单击菜单[动画]→[重命名预览]，出现"预览另存为"对话框。

(2) 命名为"动画 01_01.avi"，保存在指定的文件夹中。

3. 保存场景文件

现在已经完成了一个练习，需要保存该场景文件。

(1) 选择"应用程序"菜单→[保存]，出现"保存文件"对话框。

(2) 命名为"练习 01_01.max"，保存场景文件。

【思考与练习】

1. 使用 3ds Max 的主要工作流程是什么？
2. 用户怎样定制用户界面？
3. 如何设置系统单位及显示单位？

第 2 章　几何体建模

学习目标

☆　了解 3ds Max 几何体建模的过程。

☆　理解创建方式及参数控制。

☆　掌握标准几何体、扩展几何体等基本几何体创建方式。

☆　通过几何体建模的学习，进一步熟悉建模过程中的输入方式、参数控制。

建模是三维制作的基础。只有在有了模型之后，才能进行材质指定、动画制作以及渲染的工作。3ds Max 软件具有强大的建模功能，不论是简单的还是复杂的，几乎都可以通过 3ds Max 软件进行创建。

几何基本体是 3ds Max 直接建立的一些标准的 3D 模型，它们是一种参量对象。基本体分为标准基本体和扩展基本体两种类型。

2.1　标准基本体

在 3ds Max 初始默认状态下，命令面板为创建标准基本体，如图 2-1 所示。在"对象类型"栏中有 10 种标准基本体的类型：长方体、圆锥体、球体、几何球体、圆柱体、管状体、圆环、四棱锥、茶壶、平面。

2.1.1　长方体

1. 建立长方体

(1) 单击命令面板的"对象类型"栏中的"长方体"按钮。

(2) 在"顶"视口按下左键并拖曳鼠标，视图中出现一个矩形；释放左键，创建了长方体的底面(结合使用 Ctrl 可以建立一个正方形的底面)。

(3) 上下拖曳鼠标，长方体高度发生变化，合适后单击左键，一个长方体建立了。

(4) 在视图右侧的"长方体"创建面板上的参数栏中，调整"长度"、"宽度"、"高度"编辑框中的参数，可以改变长方体尺寸。

(5) 调整"长度分段"、"宽度分段"、"高度分段"中的参数，可以改变长方体构造细分数目。

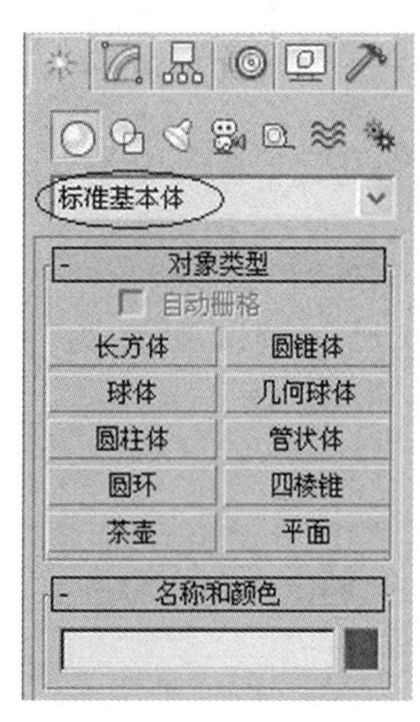

图 2-1　创建标准基本体面板

2. 建立立方体

如果要建立一个长、宽、高相等的立方体，可以把参数栏中的“长度”、“宽度”、“高度”设置为同一个值，也可以在开始创建时选择“创建方法”栏中的“立方体”选项，如图 2-2 所示，然后直接创建立方体。

(1) 选择菜单[创建]→[标准基本体]→[长方体]。

(2) 选择“创建方法”栏中的“立方体”选项。

(3) 在“透视”视口中按下左键并拖动鼠标，视图中出现一个立方体，释放左键创建出立方体。

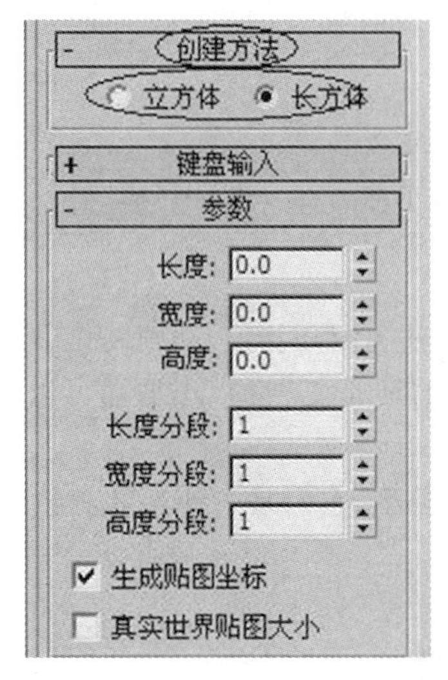

图 2-2 长方体创建面板及参数栏

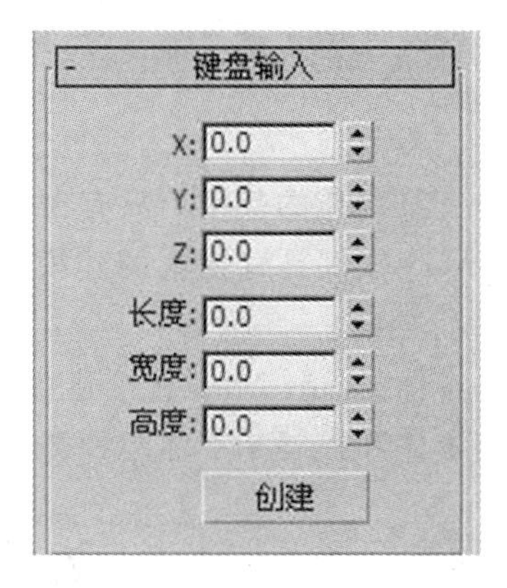

图 2-3 长方体的键盘输入栏内容

3. 键盘输入创建长方体

如果需要创建位置、大小精确的长方体，可以通过控制“键盘输入”栏中的参数完成。

(1) 单击展开“键盘输入”卷展栏，如图 2-3 所示。

(2) 在 X,Y,Z 编辑栏中输入长方体底面中心的坐标值。

(3) 在“长度”、“宽度”、“高度”编辑栏中分别输入长方体的长、宽、高值。

(4) 单击“创建”按钮，视图中准确地创建出指定位置和大小的长方体。

4. 指定名称和颜色

长方体的名称默认被自动命名为 Box01，颜色则是随机产生的，通过下面方法修改。

(1) 在创建“长方体”面板上“名称和颜色”卷展栏下，双击默认名称 Box01，输入新的名称，如图 2-4 所示。

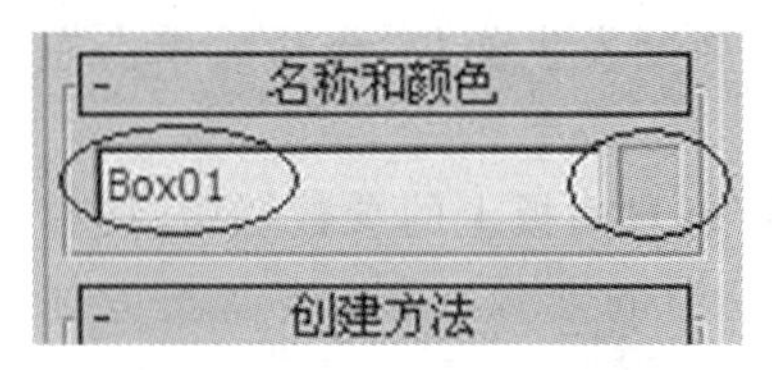

图 2-4 “名称和颜色”卷展栏

(2) 单击右侧的颜色块，出现“对象颜色”对话框，如图 2-5 所示，选取需要的颜色。

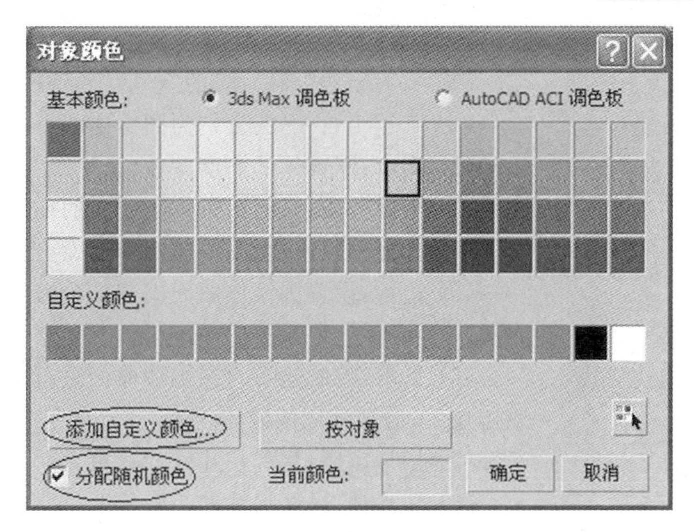

图 2-5 “对象颜色”对话框

(3) 单击“添加自定义颜色”按钮，打开“添加颜色”对话框，如图 2-6 所示，可设定所需的更多颜色。

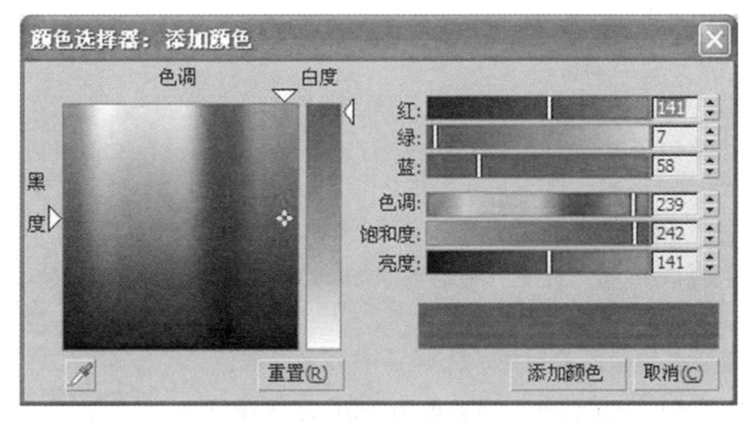

图 2-6 “添加颜色”对话框

提示：

“对象颜色”对话框中，若取消“分配随机颜色”选项，创建的对象将为同样的颜色。

2.1.2 圆锥体

1. 建立圆锥体

(1) 选择菜单[创建]→[标准基本体]→[圆锥体]。

(2) 在“透视”视口中，按下左键并拖曳鼠标，出现一个圆；释放鼠标建立锥体的底圆。

(3) 上下移动鼠标，视图中出现圆柱体造型，此时单击定义高度。

(4) 再次移动鼠标，锥体顶面圆的大小动态改变，合适后单击左键就建立了圆锥体。

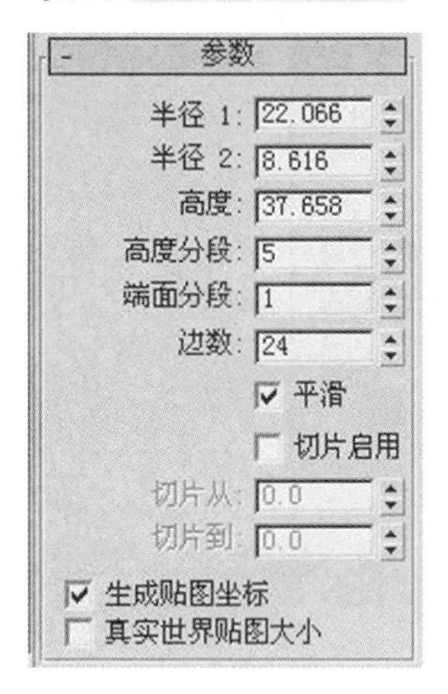

图 2-7 圆锥体的参数栏

2. 参数

图 2-7 为创建“圆锥体”的“参数”卷展栏内容。

(1) 半径 1、半径 2:分别为圆锥体两个底面圆的半径。

(2) 高度:圆锥体的高度参数。

(3) 高度分段:设置圆锥体高度上的细分段数。

(4) 端面分段:设置圆锥体两个端面上的细分段数。

(5) 边数:设置圆锥体曲面周边的分段数,值越高,曲面越光滑。

(6) 平滑:控制是否对圆锥体曲面进行光滑处理。当取消该选择后,造型变成棱锥体。

(7) 切片启用:局部切片处理开关。

(8) 切片从:局部切片的起始角度。

(9) 切片到:局部切片的终止角度。

(10) 生成贴图坐标:默认选中,标识物体创建时自动生成材质贴图坐标。

2.1.3 球体

1. 建立球体

(1) 选择“应用程序”菜单→[新建]→[新建全部],出现保存文件对话框,单击“否”不保存文件。

(2) 单击面板上“球体”按钮。

(3) 在“透视”视口中,按下左键并拖动鼠标,出现球体。释放左键即创建了一个球体。

2. 参数

图 2-8 为创建球体面板的参数栏,其中有一些新的参数。

(1) 半球:控制球体的完整性。当数值为 0 时,球体保持完整;随着数值的增加,球体趋向不完整;当数值为 0.5 时,球体成为标准的半球体;当数值为 1 时,球体完全消失。

(2) 切除:当半球系数不为 0 时,此选择使剩余球体的分段数减少,分段密度不变。

(3) 挤压:当半球系数不为 0 时,此选择使剩余球体的分段总数不变,分段密度增加。

(4) 轴心在底部:选择此项时,轴心位于球体的底部;不选时,轴心位于球体的中心。

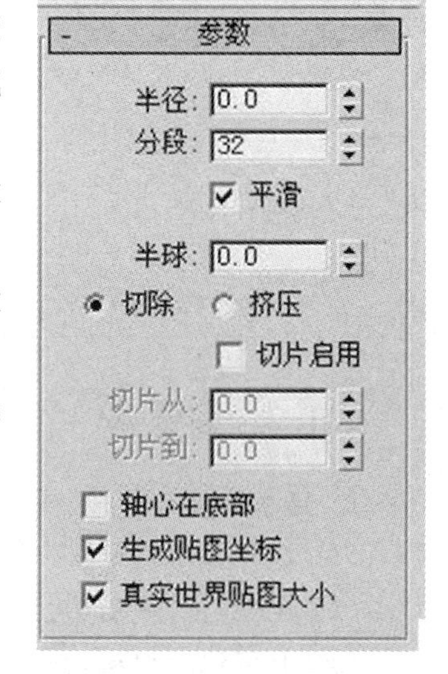

图 2-8 球体的参数栏

2.1.4 几何球体

1. 建立几何球体

几何球体是另一种球体造型,它表面的细分网格是由许多小三角面组合而成的。

（1）单击命令面板“对象类型”栏中的“几何球体”按钮。

（2）在“透视”视口中，按下左键并向外拖动鼠标即出现一个几何球体。

（3）释放鼠标，建立了几何球体。

2. 参数

图 2-9 是创建“几何球体”的“参数”栏内容。

“基点面类型”组——设定几何球体基本组成的类型。“四面体”、“八面体”、“十二面体”选项分别表示组成几何球体的基本点面。将“分段”数设为 1，可以比较清晰地看出区别。

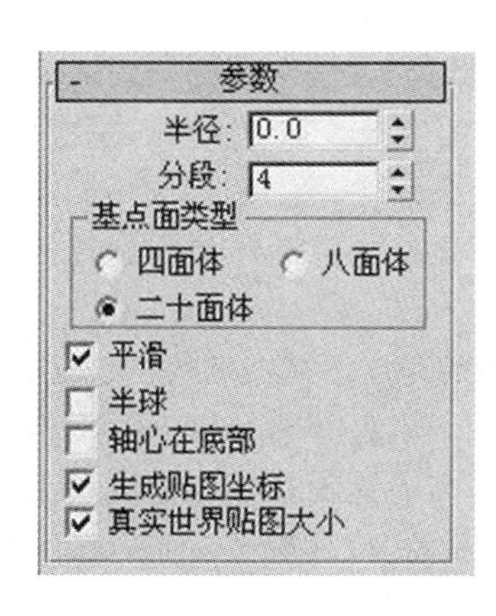

图 2-9　几何球体的参数栏

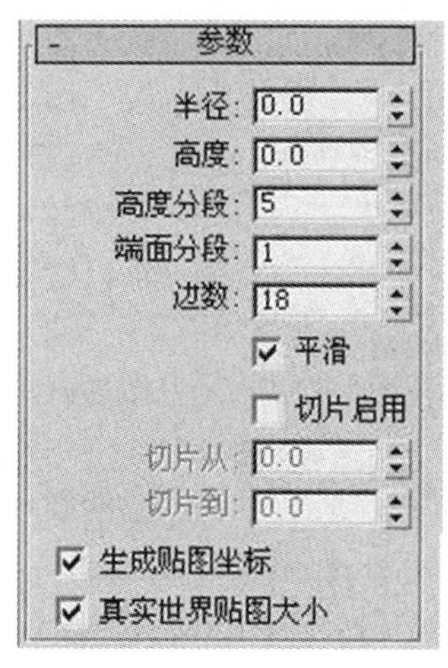

图 2-10　圆柱体参数栏

2.1.5　圆柱体

（1）单击“圆柱体”按钮，打开圆柱体创建面板，参数栏如图 2-10 所示。

（2）在“顶”视口中按下左键并拖动鼠标，出现一个圆形后释放鼠标完成圆柱的底面。

（3）移动鼠标，参照其他视图观察圆柱体的高度变化，移至合适的高度后单击左键建立了一个圆柱体。

2.1.6　管状体

（1）单击“管状体”按钮，打开管状体创建面板，参数栏如图 2-11 所示。其中“半径 1”、“半径 2”表示管状体内外圆的半径。

（2）在“顶”视图中按下左键并拖动鼠标，出现一个圆形后释放鼠标。

（3）继续移动鼠标，出现同心圆，单击左键完成管状体的底面创建。

（4）上下移动鼠标，到合适的高度后，单击左键建立了一个管状体。

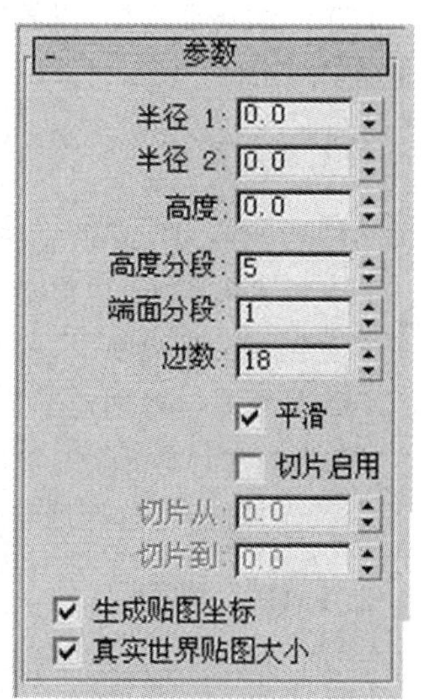

图 2-11　管状体参数栏

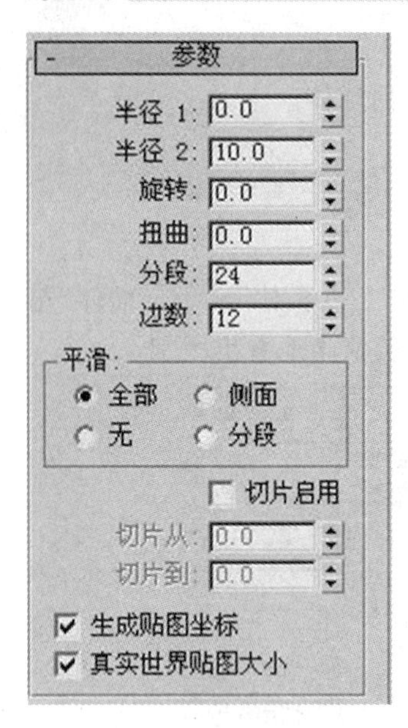

图 2-12　圆环参数栏

2.1.7　圆环

1. 建立圆环

(1) 单击“圆环”按钮，打开创建圆环面板，参数栏的内容如图 2-12 所示。

(2) 在“顶”视图按下左键并拖动，出现一个圆，释放左键。

(3) 继续移动鼠标，拉出另一个圆，单击左键建成圆环。

2. 参数

图 2-12 为创建圆环面板的参数栏。

(1) 半径 1：圆形环的半径。

(2) 半径 2：横截面圆形的半径。默认为 10，每次创建时都可以改变。

(3) 旋转：设置每一截面顶点围绕圆环圆周旋转的角度，制作动画可观察得较清楚。

(4) 扭曲：设置截面扭曲的角度。横截面将围绕通过环形中心的圆形逐渐旋转。

(5) 平滑组：控制平滑选项，有 4 个选项。“全部”是对所有表面作平滑处理；“无”是对所有表面不作平滑处理；“侧面”只对圆环截面作平滑处理；“分段”只对圆周表面作光滑处理。

2.1.8　四棱锥

(1) 单击“四棱锥”按钮，打开四棱锥创建面板，参数栏的内容如图 2-13 所示。“宽度”、“深度”、“高度”参数分别控制底面矩形的长、宽以及锥体的高度。

(2) 在“顶”视口按下左键拖曳鼠标，然后释放左键，视图中出现四棱锥的底面。

(3) 继续移动鼠标，设置“四棱锥”的高，单击左键后就建立了一个四棱锥。

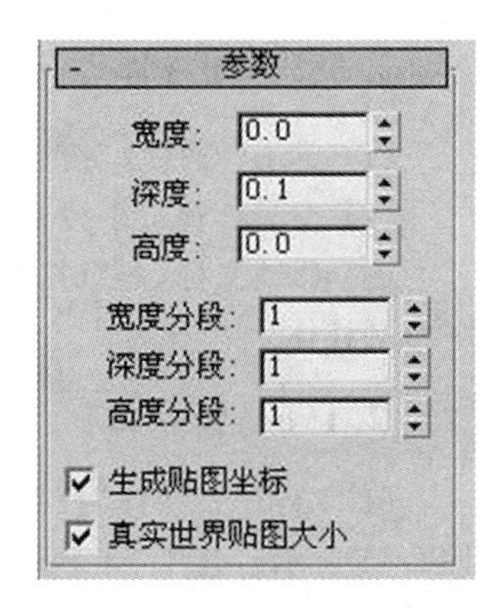

图 2-13　四棱锥参数栏

2.1.9　茶壶

在 3ds Max 中，茶壶是一个基本的几何体。

(1) 单击面板上的“茶壶”按钮，打开茶壶创建面板。

(2) 在“透视”视图中，按下左键并拖动鼠标，出现茶壶对象。

(3) 释放左键即创建了茶壶。

图 2-14 为创建茶壶的参数栏。在“茶壶部件”组中，包括“壶体”、“壶把”、“壶嘴”、“壶盖”等 4 个茶壶部件，可选择性建立部分茶壶体。

2.1.10　平面

(1) 单击“平面”按钮，打开平面创建面板，参数栏的内容如图 2-15 所示。

(2) 在“顶”视图拖动鼠标，然后释放左键，“平面”创建完成。

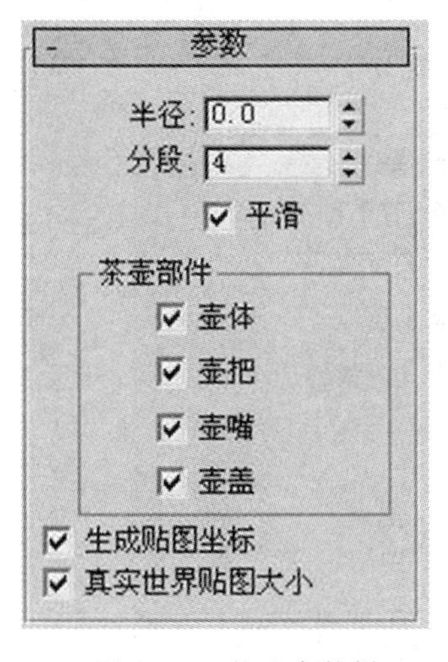

图 2-14　茶壶参数栏

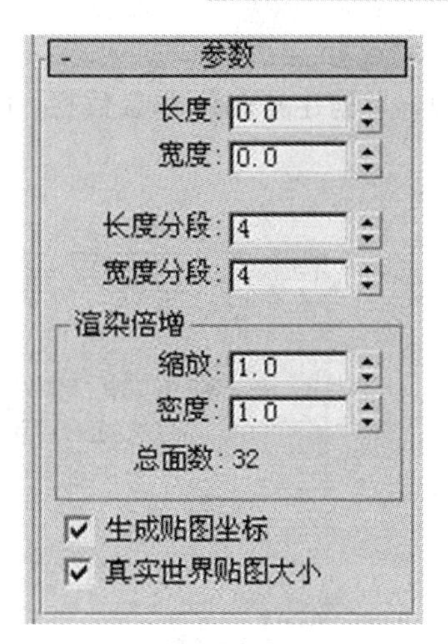

图 2-15　平面参数栏

图 2-15 为创建平面的参数栏。在“渲染倍增”组中，“缩放”设置在渲染时的长度和宽度的倍增因子。“密度”设置在渲染时的长度和宽度分段数的倍增因子。

2.2　扩展基本体

除了 10 种标准基本体外，3ds Max 还提供了多达 13 种扩展基本体的创建方法，图 2-16 为创建“扩展基本体”面板的“对象类型”卷展栏的内容。

对象类型
自动栅格
异面体　环形结
切角长方体　切角圆柱体
油罐　胶囊
纺锤　L-Ext
球棱柱　C-Ext
环形波　棱柱
软管

图 2-16　扩展基本体对象类型的内容

扩展基本体的类型分别为：异面体、环形结、切角立方体、切角圆柱体、油桶、胶囊、纺锤、L-Ext、球棱柱、C-Ext、环形波、棱柱、软管。

2.2.1　异面体

1. 创建异面体

(1) 单击选择“创建”面板中“几何体”次级面板下的“扩展基本体”列表。

(2) 单击“异面体”按钮，在“透视”视图中按下左键并拖动鼠标，出现一个逐渐变大的异面体，释放左键创建一个异面体。

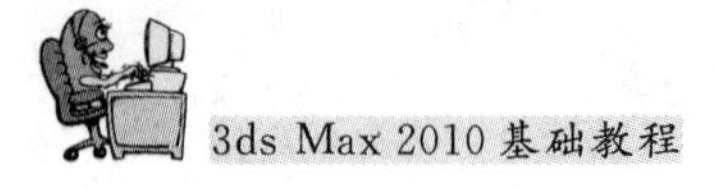

2. 参数

图 2-17 为创建异面体的参数栏，主要内容如下。

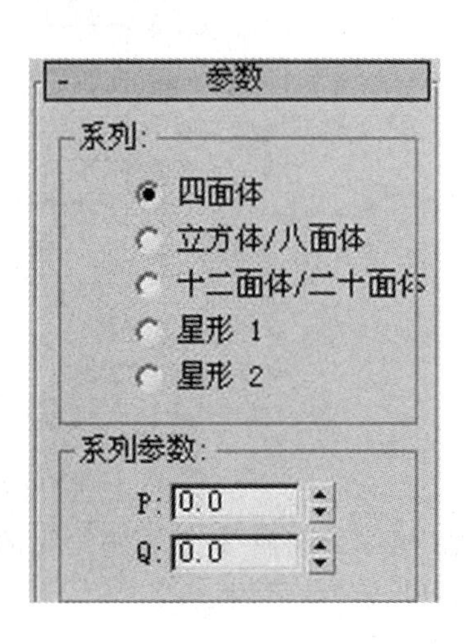

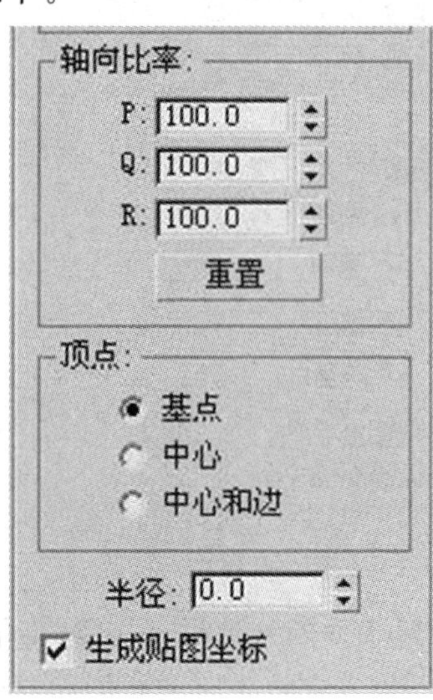

图 2-17　创建异面体的参数栏内容

(1) “系列”组：四面体、立方体/八面体、十二面体/二十面体、星形 1、星形 2 等分别为生成异面体的不同类型。

(2) “系列参数”组：P，Q 为多面体顶点和面之间提供两种方式变换的关联参数。范围从 0.0 到 1.0，二者之和小于或等于 1；当 P 和 Q 为均为 0 时会出现中点。

(3) “轴向比率”组：多面体可以拥有多达 3 种多面体的面，如三角形、方形或五角形。这些面可以是规则的，也可以是不规则的。如果多面体只有一种或两种面，则只有一个或两个轴向比率参数处于活动状态，不活动的参数不起作用。P，Q，R 用于调节 3 种类型面的轴向比例。“重置”按钮用于将轴返回为其默认设置。

(4) “顶点”组：该组参数决定多面体每个面的内部几何体。“基点”选项表示面的细分为最小值。“中心”、“中心和边”则会增加对象中的顶点数，从而增加面数。这些参数不可设置动画。

2.2.2　环形结

1. 建立环形结

创建环形结的设置参数比较多，不同的设置可以生成形态各异的造型。

(1) 选择“应用程序”菜单→[重置]，重置系统。

(2) 选择[创建]→[扩展基本体]→[环形结]，命令面板变为创建环形结内容。

(3) 在“顶”视图中按下左键并拖动鼠标，至合适大小后，释放左键确定环形结的半径。

(4) 继续移动鼠标至合适位置后单击左键，这样就生成环形结。

(5) 单击“缩放所有视图”按钮，结果如图 2-18 所示。

2. 参数

环形结的参数栏的内容较多，如图 2-19 所示。

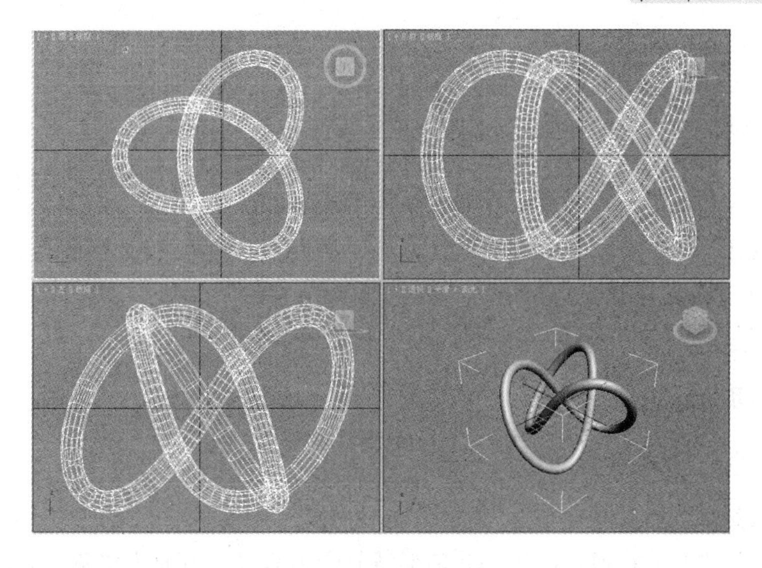

图 2-18　创建环形结

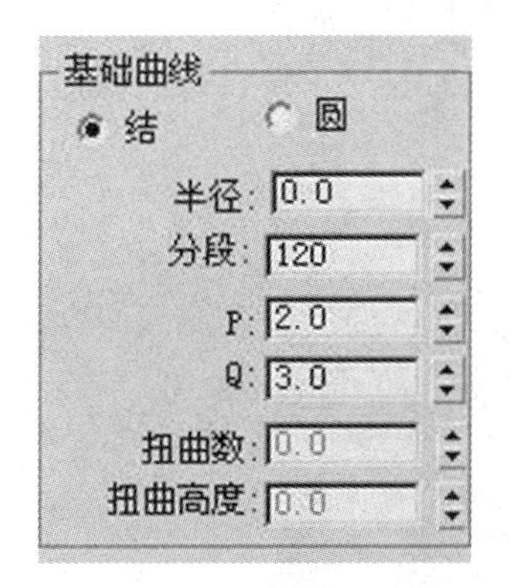

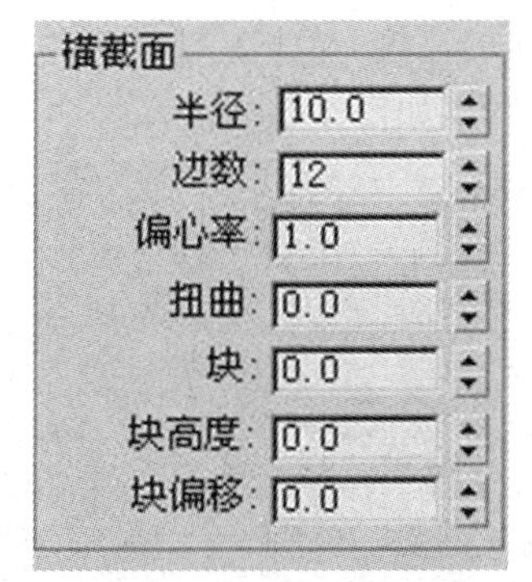

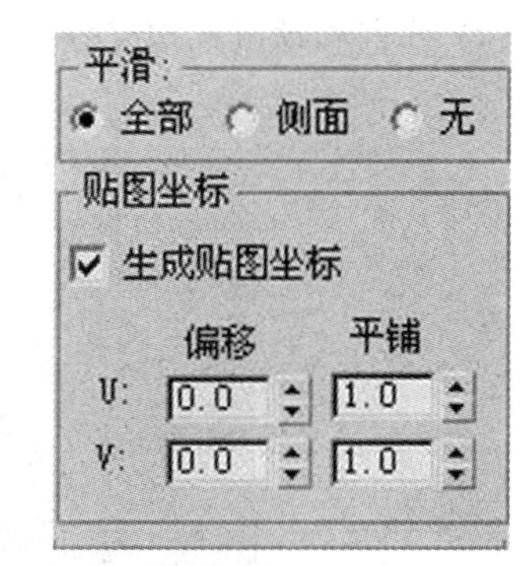

图 2-19　创建环形结的参数栏

1)“基础曲线”组

(1) 结:为系统默认选项,环形将基于其他各种参数自身交织,生成复杂的环形结。

(2) 圆:代表基础曲线是圆形。选择“圆”时,如果保留“扭曲”和“偏心率”为默认设置的参数,则会生成标准圆环。

(3) 半径:控制圆环的半径。

(4) 分段:控制圆环的细分段数。

选择“结”时,P,Q 才可用,分别控制上下(P)和围绕中心(Q)的缠绕数值。

选择“圆”时,“扭曲”和“偏心率”才可用。“扭曲”设置曲线周期星形中的点数;“偏心率”设置指定为基础曲线半径百分比的“点”的距离。

2)“横截面”组——设置形成环形结截面参数

(1) 半径:设置横截面的半径。

(2) 边数:设置横截面周围的边数。

(3) 偏心率:设置横截面主轴与副轴的比率,值为 1 将提供圆形横截面,其他值将创建椭圆形横截面。

(4) 扭曲:设置横截面围绕基础曲线扭曲的次数。

(5) 块:设置环形结中的凸出数量。

(6) 块的高度:设置块的高度,数值是与横截面半径的比,它必须大于 0 才能看到效果。

(7) 块偏移:设置块起点的偏移,单位是度数。它可以围绕环形设置块的动画。

3)"贴图坐标"组——提供指定和调整贴图坐标的方法

(1) 生成贴图坐标:表示基于环形结的几何体指定贴图坐标,默认设置为启用。

(2) 偏移 U/V:设置沿着 U 向和 V 向偏移贴图坐标。

(3) 平铺 U/V:设置沿着 U 向和 V 向平铺贴图坐标。

2.2.3 切角长方体

1. 建立切角长方体

(1) 选择"应用程序"菜单→[重置],重置系统。

(2) 选择[创建]→[扩展基本体]→[环形结],命令面板变为创建切角长方体内容。

(3) 在"顶"视图中拖动鼠标定义切角长方体的底面,释放鼠标建立底面。

(4) 垂直移动鼠标定义立方体的高度,单击左键确认。然后向左上角慢慢移动鼠标,单击确认倒角。调整"圆角分段"为 5,结果如图 2-20 所示。

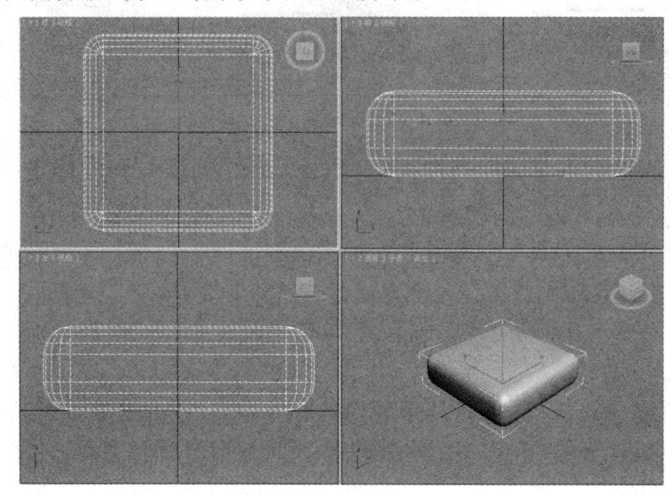

图 2-20 建立切角长方体

2. 参数

图 2-21 是创建切角长方体的参数栏,建立切角长方体的方式与创建长方体的方式接近,参数栏中有一些新内容。

(1) 圆角:设定长方体边圆角部分的高度。

(2) 圆角分段:设置长方体圆角部分的分段数。

2.2.4 切角圆柱体

(1) 选择"应用程序"菜单→[重置],重置系统。

(2) 选择[创建]→[扩展基本体]→[切角圆柱体],命令面板变为创建切角圆柱体内容,

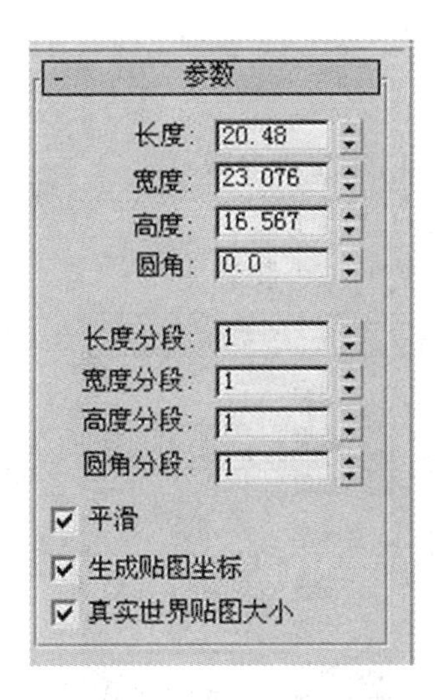

图 2-21　创建切角长方体的参数栏内容

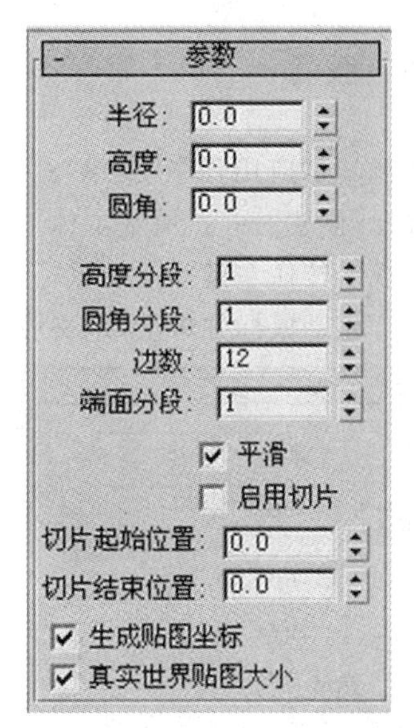

图 2-22　创建切角圆柱体参数栏

图 2-22为创建切角圆柱体参数栏。

(3) 在“顶”视图按住左键并拖动鼠标，释放左键，定义切角圆柱体的底圆。

(4) 上下移动鼠标并单击左键定义柱体的高度。

(5) 继续移动鼠标并单击，定义倒角高度，这样就建立了一个切角圆柱体。

2.2.5　油罐

1. 建立油罐

(1) 选择“应用程序”菜单→[重置]，重置系统。

(2) 选择[创建]→[扩展基本体]→[油罐]，命令面板变为创建油罐内容。

(3) 在视图按住左键并拖动鼠标，释放左键，定义油罐的底面半径。

(4) 垂直移动鼠标并单击左键，定义油罐的高度。

(5) 继续移动鼠标，定义油罐上下凸面封口的高度，单击左键就建立了一个油罐。

2. 参数

图 2-23 为创建油罐参数栏。

(1) 封口高度：控制油罐上下凸面封口的高度。最小值是“半径”的 2.5%，最大值不能超过“高度”的一半及“半径”值二者中的较小数值。

(2) 总体：表示“高度”值为整个油罐的高度。

(3) 中心：表示“高度”值为油罐圆柱体中部的高度，不包括其凸面封口。

(4) 混合：默认 0，表示不光滑过渡；大于 0 时，将在封口的边缘创建倒角。

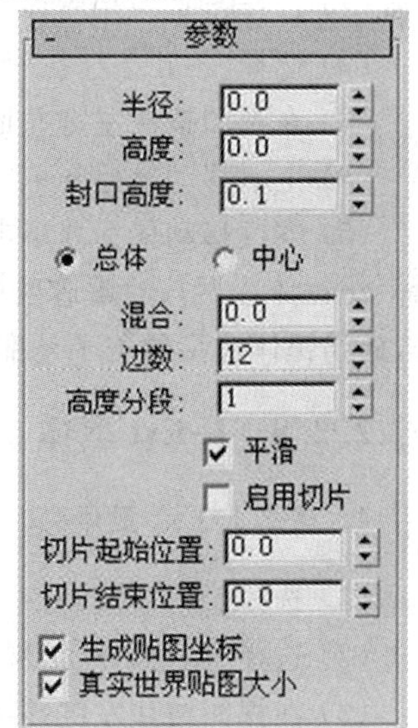

图 2-23　创建油罐参数栏

2.2.6 胶囊

(1) 选择“应用程序”菜单→[重置],重置系统。

(2) 选择[创建]→[扩展基本体]→[油罐]。图 2-24 为创建胶囊参数栏。

(3) 在视图按住左键并拖动鼠标,释放左键,定义胶囊的截面半径。

(4) 垂直移动鼠标并单击,定义胶囊的高度,这样就建立了一个胶囊。

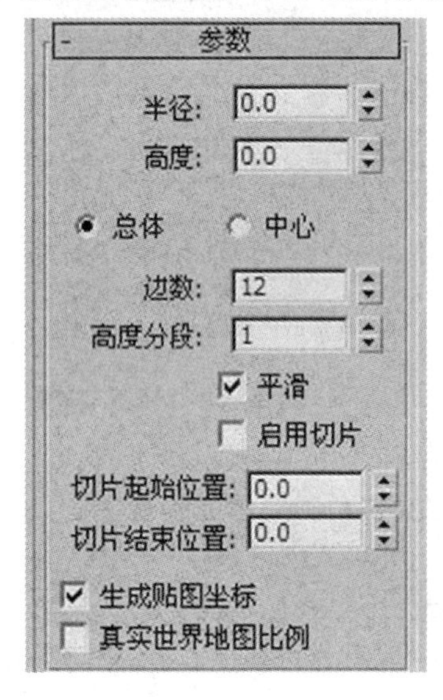

图 2-24 创建胶囊参数栏

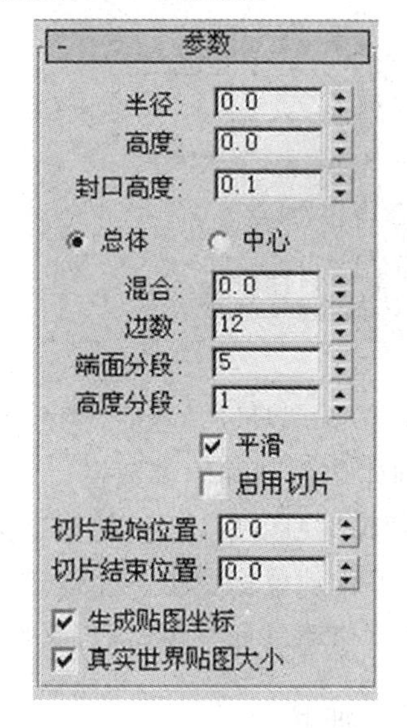

图 2-25 创建纺锤参数栏

2.2.7 纺锤

(1) 选择“应用程序”菜单→[重置],重置系统。

(2) 选择[创建]→[扩展基本体]→[纺锤]。图 2-25 为创建纺锤参数栏内容。

(3) 在视图按住左键并拖动鼠标,释放左键定义纺锤体的底面半径。

(4) 上下移动鼠标并单击,定义纺锤体的高度。

(5) 继续移动鼠标并单击,定义顶盖的高度,这样就建立了一个纺锤体。

纺锤体造型与油罐造型相似,只是盖子的构造略有不同,油罐的盖子造型是球体的一部分,而纺锤体造型的盖子是椎体。二者的创建参数面板内容则完全相同。

2.2.8 L-Ext 型体

1. 建立 L-Ext 型体

(1) 选择“应用程序”菜单→[重置],重置系统。

(2) 选择[创建]→[扩展基本体]→[L 型挤出]。图 2-26 为 L 型挤出体参数栏。

(3) 在视图按住左键并拖动鼠标,释放左键,定义 L 型挤出体的底面。

(4) 垂直移动鼠标并单击,定义 L 型挤出体的高度。

(5) 移动鼠标并单击,定义 L 型挤出体的厚度,这样就建立了一个 L 型挤出体。

2. **参数**

图 2-26 为创建 L-Ext 的参数栏。

“侧面长度”、“前面长度”分别指定 L 两个“脚”的长度。“侧面宽度”、“前面宽度”分别指定 L 两个“脚”的宽度。如果在“顶”视口或“透视”视口中创建对象，侧、前的识别就好像从世界空间的前方观看它一样区分的。

图 2-26　创建 L 型挤出体参数栏

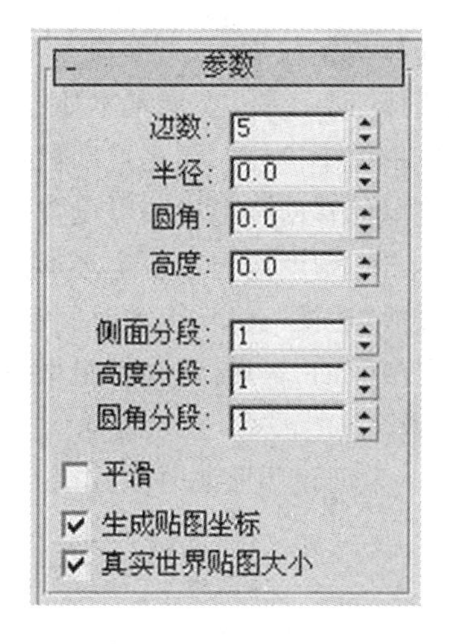

图 2-27　创建球棱柱参数栏

2.2.9　球棱柱

(1) 选择“应用程序”菜单→[重置]，重置系统。

(2) 选择[创建]→[扩展基本体]→[球棱柱]。图 2-27 为创建球棱柱参数栏。

(3) 在参数栏中设置“边”的数值。

(4) 在视图按住左键并拖动鼠标，释放左键，定义出球棱柱的底面。

(5) 垂直移动鼠标并单击，定义球棱柱的高度。

(6) 继续移动鼠标并单击，定义球棱柱的棱的倒角，这样就建立了球棱柱。

2.2.10　C-Ext 型体

(1) 选择“应用程序”菜单→[重置]，重置系统。

(2) 选择[创建]→[扩展基本体]→[C 型挤出]。图 2-28 为创建 C 型挤出体参数栏。

(3) 在视图中按住左键并拖动鼠标，释放左键，定义 C 型挤出体的底面。

(4) 垂直移动鼠标并单击，定义 C 型挤出体的高度。

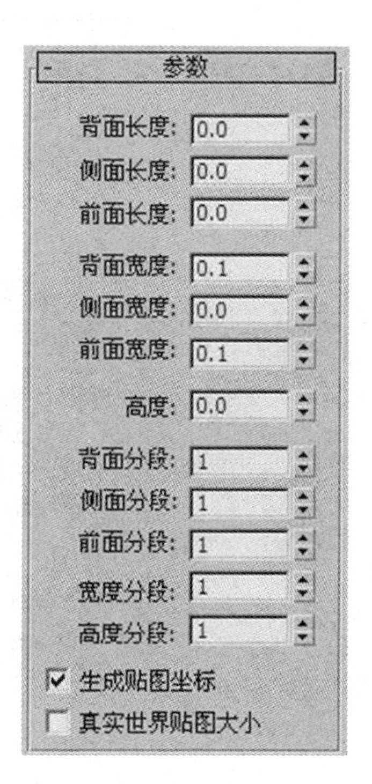

图 2-28　创建 C 型挤出体参数栏

(5) 继续移动鼠标并单击，定义C型挤出体的厚度，这样就建立了一个C型挤出体。

图2-28为创建C型挤出体的参数栏。在建立C型挤出体的参数栏中，参数比建立L型挤出体多了一组关于“背面”部分的内容。

2.2.11 环形波

1. 建立环形波

(1) 选择“应用程序”菜单→[重置]，重置系统。

(2) 选择[创建]→[扩展基本体]→[环形波]。图2-29为创建环形波参数栏。

(3) 在视图中按住左键并拖动鼠标，释放左键，定义环形波的外径。

(4) 将鼠标移回环形中心以设置环形内半径。

(5) 单击左键就建立了一个环形波。

(6) 激活“透视”视口，拖动时间滑块以查看基本动画。

(7) 在参数的“环形波计时”组中，选择“增长并保持”选项，再次观看动画。

2. 参数

图2-29为创建环形波的参数栏。

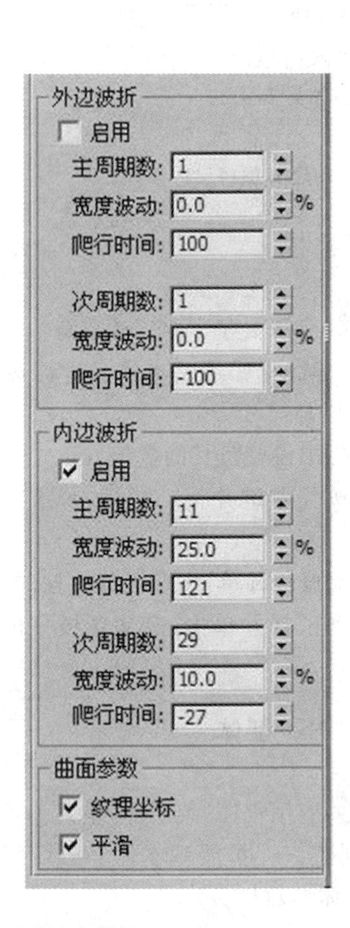

图2-29 创建环形波参数栏

1）“环形波大小”组

除了一些常见的参数外，“径向分段”是沿半径方向设置内外曲面之间的分段数目。“环形宽度”设置环形宽度。

2）“环形波计时”组

环形波从零增加到最大尺寸时，使用这些环形波动画的设置。

（1）无增长：选项设置了一个固定环形波，从“开始时间”显示，到“结束时间”消失。

（2）增长并保持：设置单个增长周期。环形波在“开始时间”开始增长，并在“开始时间”以及“增长时间”处达到最大尺寸，以后保持直至动画结束。

（3）循环增长：设置循环增长。环形波在“开始时间”开始增长，并在“开始时间”以及“增长时间”处达到最大尺寸，随后开始重复。

（4）开始时间：设置环形波出现的起始时间。

（5）增长时间：设置环形波从开始达到最大尺寸所需的帧数。

（6）结束时间：环形波消失的帧数。

3）“外环波折”组

使用这些设置来更改环形波外部边的形状。为获得类似冲击波的效果，通常，环形波在外部边上波峰很小或没有波峰，但在内部边上有大量的波峰。

（1）启用：选项打开后，外部边上的波峰才有效，此组中的参数才可用。

（2）主周期数：设置围绕外部边的主波数目。

（3）宽度波动：设置主波的大小，以调整宽度的百分比表示。

（4）爬行时间：设置每个主波绕“环形波”外周长移动一周所需帧数。

（5）次周期数：在每一主周期中设置随机尺寸小波的数目。

（6）宽度波动：设置小波的平均大小，以调整宽度的百分比表示。

（7）爬行时间：设置每一小波绕其主波移动一周所需帧数。“爬行时间”参数中的负值将更改波的方向。

4）“内环波折”组

使用这些设置来更改环形波内部边的形状，功能与“外环波折”组的选项类似。

2.2.12　棱柱

（1）选择“应用程序”菜单→［重置］，重置系统。

（2）选择［创建］→［扩展基本体］→［棱柱］。图 2-30 为创建棱柱参数栏。

（3）在视图按住左键并拖动鼠标，释放左键，定义棱柱的底面。

（4）移动鼠标并单击，定义棱柱的高度，这样就建立了一个三棱柱。

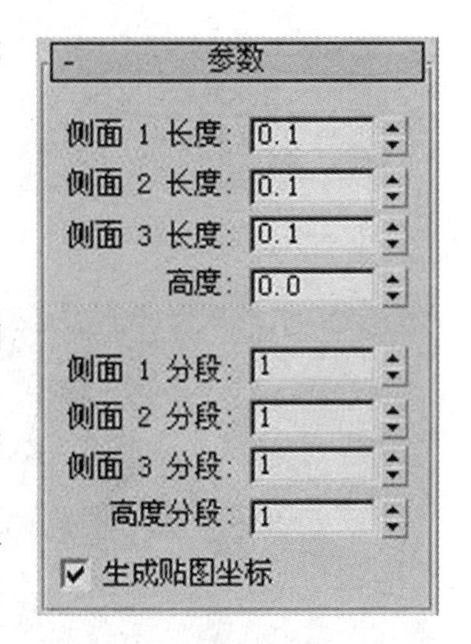

图 2-30　创建棱柱参数栏

2.2.13 软管

1. 建立软管

软管是非常有趣的扩展体，做下面的练习，了解软管的特性。

(1) 选择“应用程序”菜单→[重置]，重置系统。

(2) 选择[创建]→[标准基本体]→[长方体]。在“透视”视口中创建两个长方体。

(3) 然后选择[创建]→[扩展基本体]→[软管]。

(4) 在“透视”视口中按住左键并拖动鼠标，释放左键定义软管的外径。

(5) 继续移动鼠标并单击定义软管的长度。这样就建立了一个软管(类似创建圆柱)。

(6) 在面板上的“软管参数”卷展栏中，选择“结束点方式”组中“绑定到对象轴”选项，如图 2-31 左侧图所示。

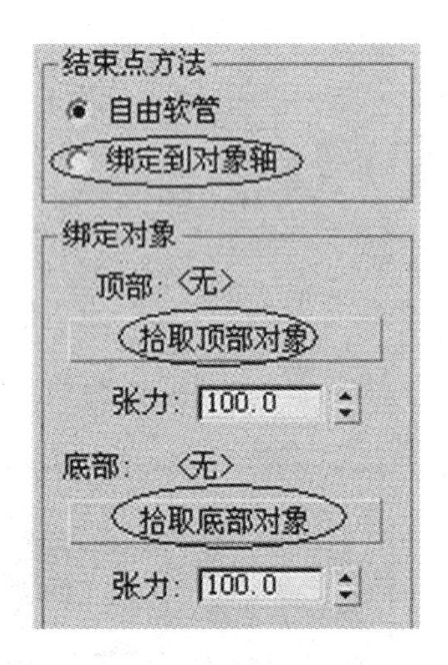

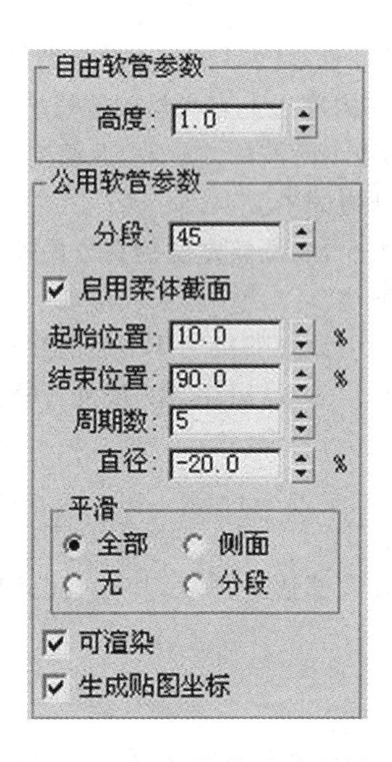

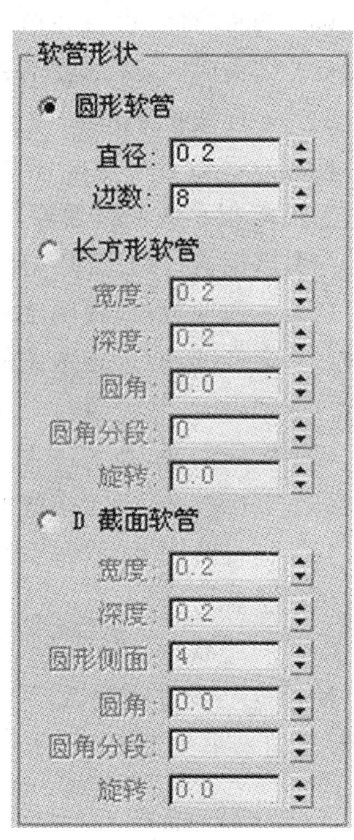

图 2-31 创建“软管”的参数栏

(7) 在“绑定对象”组中，单击“拾取顶部对象”按钮，然后选择视图中的一个长方体。

(8) 在“绑定对象”组中，单击“拾取底部对象”按钮，选择另一个长方体。软管的两端与两个长方体连接起来了，如图 2-32 所示。

(9) 尝试移动立方体，发现软管端部始终随立方体连接在一起。

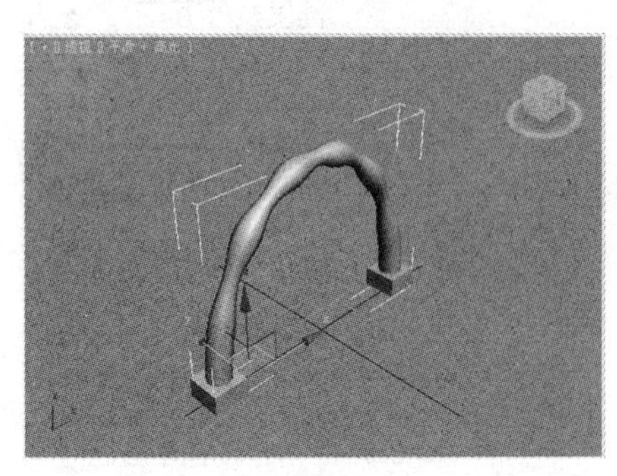

图 2-32 捆绑软管与物体

2. 参数

创建软管的参数比较多，如图 2-31 所示。

1)“结束点方法”组

(1) 自由软管：表明软管只是一个简单的对象，不被绑定到其他对象上。

(2) 绑定到对象轴：可以把软管与其他对象捆绑。

2)“绑定对象”组

当选择了“绑定到对象轴”选项时才可用。

(1) 顶部：显示软管“顶部”绑定对象的名称。

(2) 拾取顶部对象：选择“顶部”对象。

(3) 底部：显示软管“底部”绑定物体的名称。

(4) 拾取底部对象：用于选择“底部”对象。

(5) 张力：确定当软管靠近顶部对象时，底部对象附近的软管曲线的张力。减小张力，则底部对象附近将产生弯曲；增大张力，则远离底部对象的地方将产生弯曲。默认值为 100。

3)“自由软管参数”组

“高度”控制自由软管的垂直高度值，只有“自由软管”选项打开时才有用。

4)“公用软管参数”组

(1) 分段：设置软管长度中的总分段数。当软管弯曲时，增大该选项的值可使曲线更平滑。

(2) 启用柔体截面：选项可以为软管的中心柔体截面设置以下 4 个参数，如果关闭，则软管的直径沿软管长度不变。“起始位置”设置从软管起始端到柔体截面开始处占软管长度的百分比；“结束位置”设置从软管末端到柔体截面结束处占软管长度的百分比；“周期数”设置柔体截面中的起伏数目，周期的数目受限于分段的数目，如果分段数值不够大，不足以支持周期数目，则不会显示所有周期。“直径”可以设置起始位置和中止位置之间的直径尺寸。

(3) 可渲染：如果启用，则使用指定的设置对软管进行渲染。如果禁用，则不对软管进行渲染。

5)“软管形状”组

设置软管横截面的形状。在此组中，有 3 种软管截面造型，默认设置为“圆形软管”，还可以设置为“长方形软管”或“D 形截面软管”。

2.3　创建建筑对象

3ds Max 提供了一系列针对建筑对象的操作，包括 AEC 扩展对象(如植物、栏杆和墙)、门、窗和楼梯。

2.3.1　门、窗和楼梯

1. 门

(1) 选择“应用程序”菜单→[重置]，重置系统。

(2) 单击命令面板的“创建”面板→[几何体]→[门]→[枢轴门]。或者点击[创建]→

[AEC 对象]→[枢轴门]。出现创建枢轴门的参数面板，如图 2-33 所示。门的类型除了枢轴门外，还有折叠门、推拉门。

(3) 在视口中拖动鼠标可创建前两个点，用于定义门的宽度和门脚的角度。

(4) 释放鼠标并移动可调整门的深度，然后单击可完成设置。默认情况下，深度与前两个点之间的直线垂直，与活动栅格平行。

(5) 移动鼠标以调整高度，然后单击以完成设置。

可以在“参数”卷展栏上调整“高度”、“宽度”和“深度”值。在“创建方法”卷展栏上，可以将创建顺序从宽度—深度—高度更改为宽度—高度—深度。

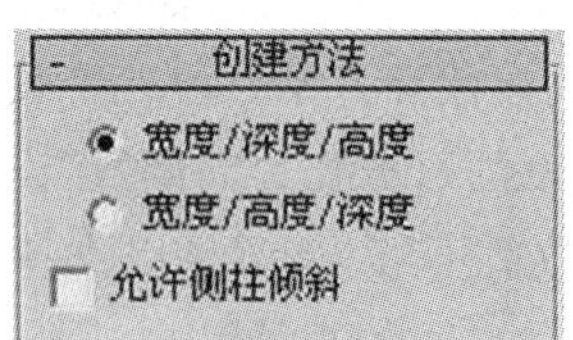

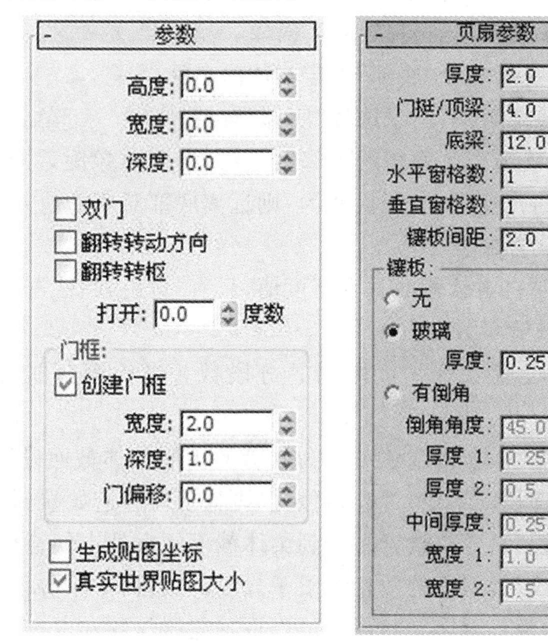

图 2-33　创建“门”的参数栏和页扇参数栏

2. 窗

(1) 选择“应用程序”菜单→[重置]，重置系统。

(2) 单击命令面板的“创建”面板→[几何体]→[窗]→[平开窗]。或者点击[创建]→[AEC 对象]→[平开窗]。出现创建平开窗的参数面板，如图 2-34 所示。窗的类型包括 6 种：平开窗、旋开窗、伸出式窗、推拉窗、固定式窗、遮篷式窗。

(3) 在视口中拖动鼠标以创建前两个点，用于定义窗底座的宽度和角度。

(4) 释放鼠标按钮并移动以调整窗的深度，然后单击进行设置。默认情况下，深度与前两个点之间的直线垂直，与活动栅格平行。

(5) 移动鼠标以调整高度，然后单击以完成设置。高度与由前 3 个点定义的平面垂直，并且与活动栅格垂直。

可以在“参数”卷展栏中调整“高度”、“宽度”和“深度”值。在“创建方法”卷展栏中，可以将创建顺序从宽度—深度—高度更改为宽度—高度—深度。图 2-34 为“窗”参数栏和页扇参数栏。

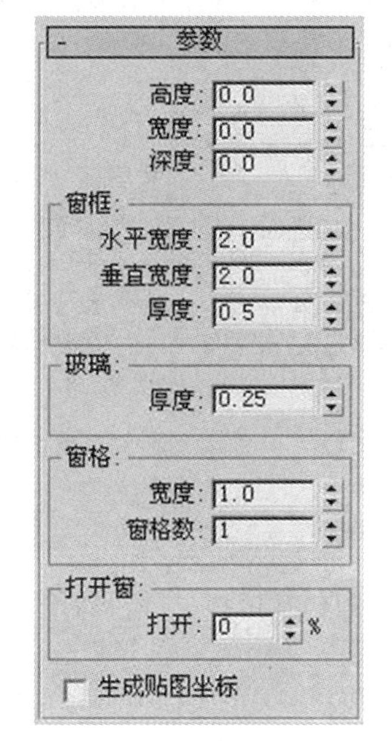

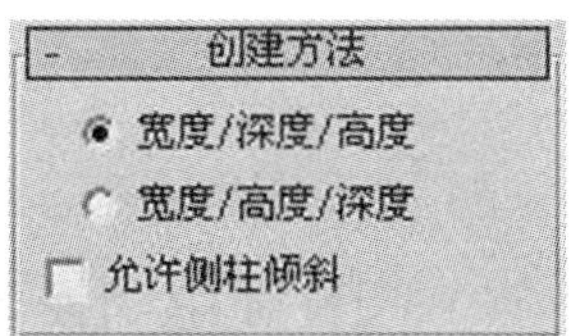

图 2-34　创建"窗"的参数栏

3. 楼梯

在 3ds Max 中可以创建 4 种不同类型的楼梯：螺旋楼梯、直线楼梯、L 型楼梯或 U 型楼梯。

1）螺旋楼梯

(1) 在任何视口中，单击楼梯的开始点并进行拖动以指定想要的半径。

(2) 释放鼠标按钮，将光标向上或向下移动以指定总体高度，单击可结束。

(3) 使用"参数"卷展栏中的选项调整楼梯，如图 2-35 所示。

2）直线楼梯

(1) 在任意视口中，拖动可设置长度。释放鼠标按钮，然后移动光标并单击可设置想要的宽度。

(2) 将鼠标向上或向下移动可定义楼梯的升量，然后单击可结束。

(3) 使用"参数"卷展栏中的选项调整楼梯，如图 2-35 所示。

3）L 型楼梯

(1) 在任何视口中拖动以设置第 1 段的长度。释放鼠标按钮，然后移动光标并单击以设置第 2 段的长度、宽度和方向。

(2) 将鼠标向上或向下移动以定义楼梯的升量，然后单击可结束。

(3) 使用"参数"卷展栏中的选项调整楼梯，如图 2-35 所示。

4）U 型楼梯

(1) 在任何视口中拖动以设置第 1 段的长度。释放鼠标按钮，然后移动光标并单击可设置平台的宽度或分隔两段的距离。

(2) 单击并将鼠标向上或向下移动以定义楼梯的升量，然后单击可结束。

(3) 使用"参数"卷展栏中的选项调整楼梯，如图 2-35 所示。

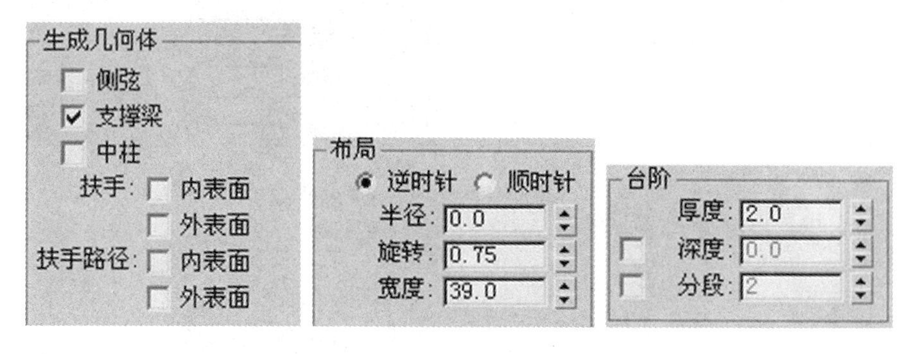

图 2-35　创建"楼梯"的参数栏

2.3.2　AEC 扩展

"AEC　扩展"对象包括植物、栏杆和墙 3 种对象类型。

1. 植物

(1) 点击"创建"面板→[几何体]→[AEC 扩展]→[植物]按钮或者选择"创建"菜单→[AEC 对象]→[植物]。

(2) 单击"收藏的植物"卷展栏→[植物库]按钮，显示"配置调色板"对话框。

(3) 双击要添加至调色板或从调色板中删除的每行植物，然后单击"确定"。

(4) 在"收藏的植物"卷展栏上，选择植物并将该植物拖动到视口中的某个位置。或者，在卷展栏中选择植物，然后在视口中单击以放置植物，如图 2-36 所示。

(5) 在"参数"卷展栏上，单击"新建"按钮以显示植物的不同种子变体。

(6) 调整剩下的参数以显示植物的元素，如叶子、果实、树枝，或者以树冠模式查看植物。

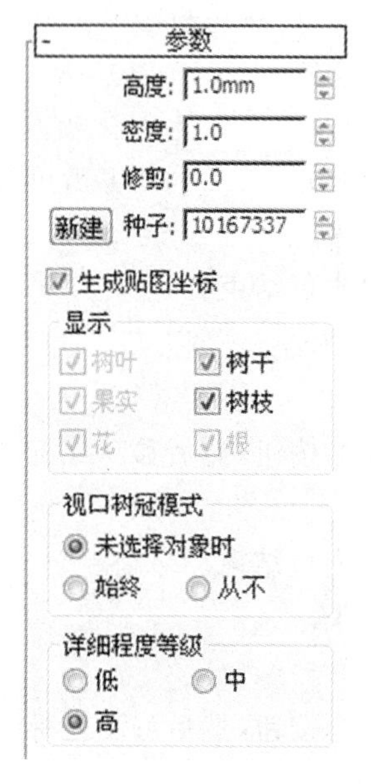

图 2-36　创建"植物"的参数栏

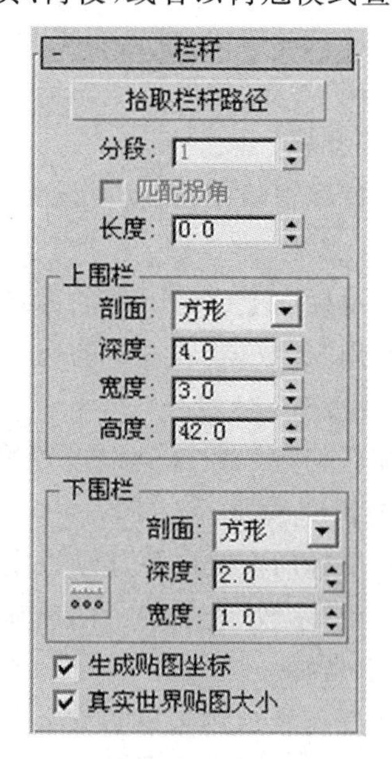

图 2-37　创建"栏杆"的参数栏

2. 栏杆

(1) 点击"创建"面板→[几何体]→[AEC 扩展]→[栏杆]按钮或者选择"创建"菜单→[AEC 对象]→[栏杆],并将栏杆拖至所需的长度。

(2) 释放鼠标按钮,然后垂直移动鼠标光标,以便设置所需的高度,单击以完成。默认情况下,3ds Max Design 可以创建上栏杆和两个立柱、高度为栏杆高度一半的下栏杆以及两个间隔相同的支柱。

(3) 可以更改任何参数,以便对栏杆的分段、长度、剖面、深度、宽度和高度进行调整,如图 2-37 所示。

3. 墙

(1) 点击[创建]面板 →[几何体]→[AEC 扩展]→[墙]按钮或者选择[创建]菜单→[AEC 对象]→[墙]。

(2) 设置墙的"宽度"、"高度"和"对齐"参数,如图 2-38 所示。

(3) 在视口中单击并松开,移动鼠标,以设置所需的墙分段长度,然后再次单击。此时,将会创建墙分段。可以通过右键单击结束墙的创建,或者继续创建另一个墙分段。

(4) 要添加另一个墙分段,请移动鼠标,以设置下一个墙分段的长度,然后再次单击。如果通过结束分段在同一个墙对象的其他分段的端点创建房间,3ds Max Design 将会显示"焊接点"对话框。通过该对话框,可将两个末端顶点转化为一个顶点,或者将两个末端顶点分开。

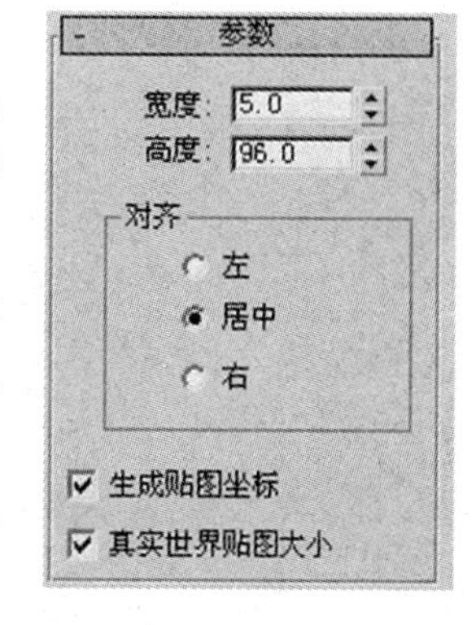

图 2-38　创建"墙"的参数栏

(5) 若要将墙分段通过该角焊接在一起,以便在移动其中一堵墙时另一堵墙也能保持与角的正确相接,则单击"是"。否则,单击"否"。

(6) 右键单击以结束墙的创建,或继续添加更多的墙分段。

2.4　编辑修改几何体对象

对于丰富的三维空间世界来说,基本几何体远远不能满足建模的实际需要。使用"修改器"可以把简单的几何体改变为样式各异的模型。下面简单介绍几个常用"修改器"的使用,在以后的章节中,将会介绍更多的"修改器"命令。

2.4.1　弯曲

"弯曲"修改器主要使物体产生弯曲的效果。通过下面的练习了解它的功能。

(1) 选择"应用程序"菜单→[重置],重置系统。

(2) 选择[创建]→[标准基本体]→[圆柱体],在"透视"视口建立一个半径为 10,高度为 100,高度分段数为 20 的圆柱体。

(3) 单击 "所有视图最大化显示"按钮,使圆柱体最大显示。

(4) 选择[修改器]→[参数化变形]→[弯曲],进入"Bend(弯曲)"修改器面板,如图 2-39

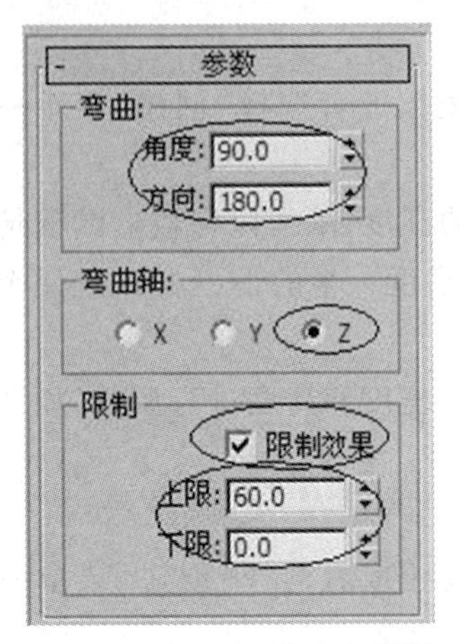

图 2-39 “Bend”修改参数栏

所示。

(5) 在“弯曲”组中设置“角度”为 90,圆柱体弯曲 90°。设置“方向”为 180,改变圆柱体弯曲的方向。

(6) “弯曲轴”组中 X,Y,Z 分别为弯曲控制轴,默认为 Z 轴,此处保留默认。

(7) 在“限制”组中,启用“限制”选项,设定“上限”为 60,“下限”为 0,圆柱体变为如图 2-40 所示的样子。

(8) 单击面板中“修改堆栈”下 Bend 前的[+]号,展开次级对象列表,如图 2-41 所示。激活不同的子对象,可以对弯曲效果进行调整。

(9) 单击堆栈中的 Gizmo 子对象,视图中圆柱体上的范围框变黄。

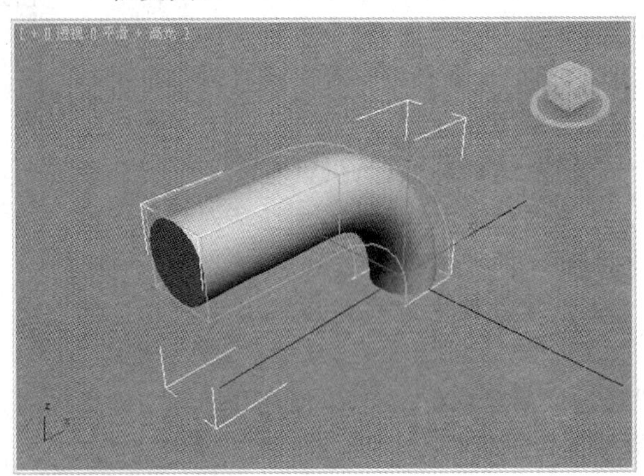

图 2-40 弯曲的圆柱体

(10) 单击主工具栏中的“选择并移动”按钮,在“前”视口中移动黄色范围框,圆柱体的形状也随之改变,单击右键取消改变。

(11) 单击堆栈中的“中心”子对象,视图中范围框底部的中心点变黄,尝试在“前”视口中移动中心点,圆柱体随着中心点的移动而变形。因为圆柱的弯曲是以此中心点为基准点,所以中心点移动,弯曲的效果也会改变。

(12) 选择[编辑]→[撤销移动],取消改变。

(13) 单击堆栈中 Bend,关闭次级对象选择。尝试增加一个“弯曲”修改器,看看会有什么效果。

(14) 选择“应用程序”菜单→[保存],命名为“练习 02_01.max”文件保存。

图 2-41 “弯曲”修改器堆栈

2.4.2　锥化

"锥化"修改器主要用来使物体产生锥化效果，通过下面的练习了解它的功能。

(1) 选择"应用程序"菜单→[重置]，重置系统。

(2) 选择[创建]→[标准基本体]→[圆柱体]，在"透视"视口中央，建立一个长、宽、高分别为 50，50，100，长、宽、高分段均为 10 的长方体。

(3) 单击 "所有视图最大化显示"按钮，所有视图最大化显示。

(4) 选择[编辑]→[暂存]，将场景暂时保存。

(5) 选择[修改器]→[参数化变形器]→[锥化]，长方体上出现一个橘黄色范围框，命令面板变为"锥化"面板。图 2-42 为"锥化"的参数卷展栏。

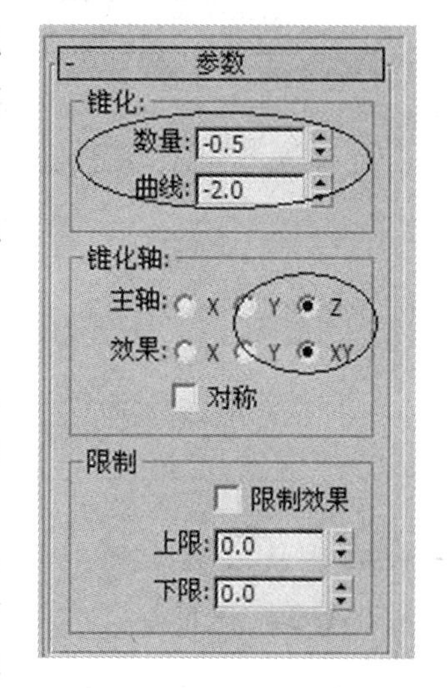

图 2-42　"锥化"修改器参数栏

(6) 在"锥化"组中，拖动"数量"微调按钮，随着数值变化，可以看到长方体的形状也在随之改变。当数值为正值时，长方体上部变大，为负值时上部变小，如果数值小于－1 后，立方体出现交叉现象。最后设置"数量"的数值为－0.5。

(7) 改变"曲线"的数值时，发现当数值为正时，长方体中间部分呈曲线向外扩展，当数值为负时，长方体中间部分呈曲线向内收缩。设定"曲线"的数值为－2，现在长方体变形效果如图 2-43 所示。

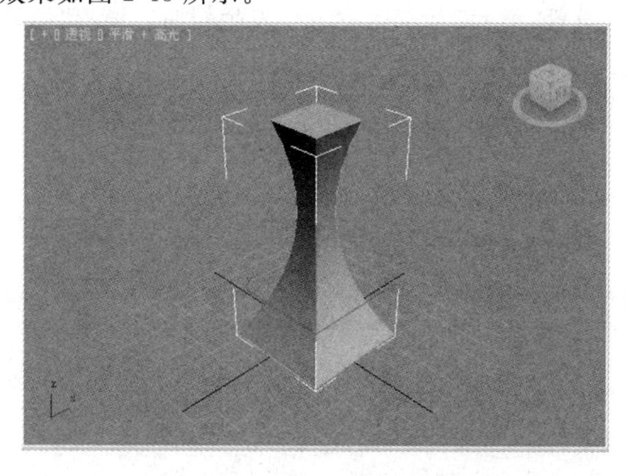

图 2-43　"锥化"修改的立方体

(8) 在"锥化轴"组中，"主轴"选项控制"锥化"的中心轴，默认是 Z 轴。如果选择 X 或者 Y 轴，则立方体的形状将会发生改变。"效果"选项用于表示主轴上的锥化方向的轴或轴对，可用选项取决于主轴的选取。默认是 XY 轴。当"主轴"选项改变后，"效果"选项会随之产生相应的变化。例如"主轴"选择 Y，则"效果"一行内容变为 X，Z，XZ。"对称"选项表示围绕主轴产生对称锥化，默认设置为禁用状态。

(9) 在"限制"组中，如果启用"限制效果"选项，则可以设定下面两个参数值，控制锥化限制的部分。

(10) 在“修改堆栈”中，也可以激活次级对象进行调整，如图 2-44 所示。

(11) 选择“应用程序”菜单→[保存]，命名为“练习 02_02. max”文件保存。

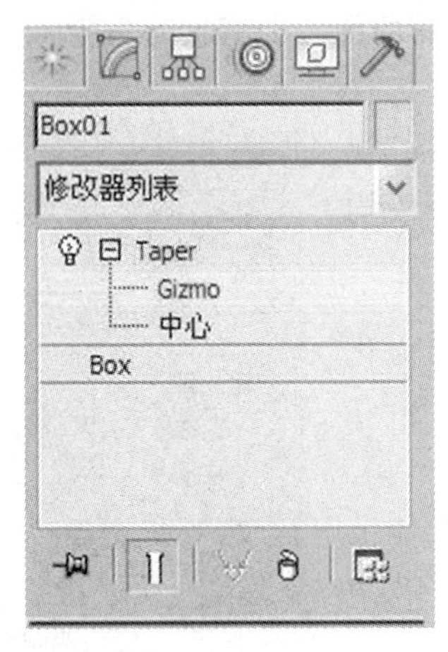

图 2-44 Taper 修改堆栈

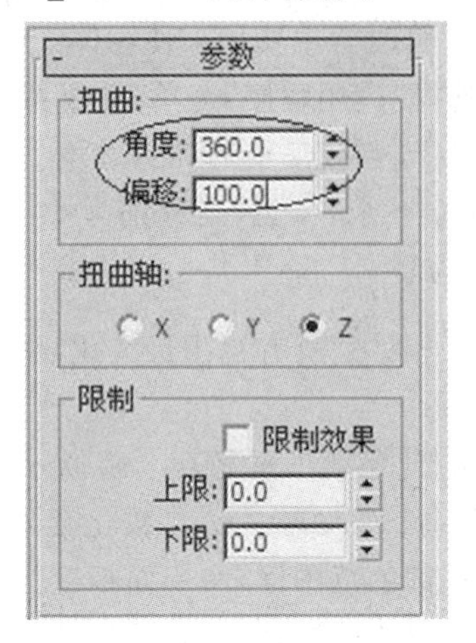

图 2-45 “扭曲”修改器参数栏

2.4.3 扭曲

“扭曲”修改器用来扭曲物体，通过下面的练习了解它的功能。

(1) 选择菜单[编辑]→[取回]，将刚才暂存的场景取回来。

(2) 单击选中长方体，然后选择[修改器]→[参数化变形器]→[扭曲]，命令面板上出现“扭曲”修改器的参数卷展栏，如图 2-45 所示。

(3) 在“扭曲”组中，设置“角度”为 360，立方体发生扭曲。设置“偏移”为 100，长方体只在顶部一部分有扭曲现象，效果如图 2-46 所示。

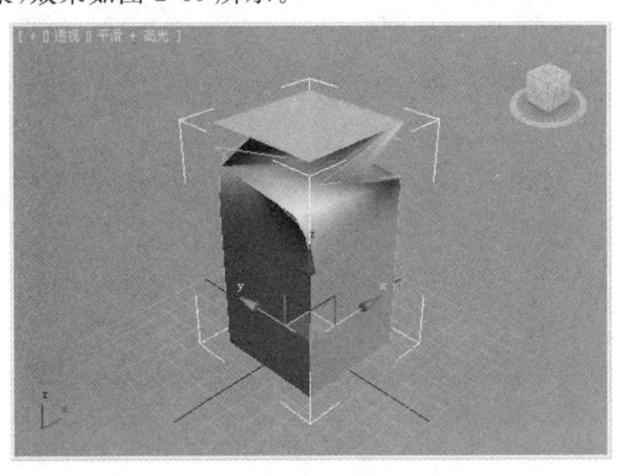

图 2-46 Twist 修改后的立方体

(4) “偏移”参数范围为 100 至 －100。默认值为 0.0。当它为负时，对象扭曲会与 Gizmo 中心相邻；此值为正时，对象扭曲远离于 Gizmo 中心；参数为 0，将均匀扭曲。

(5) 在“扭曲轴”组中，X，Y，Z 分别控制执行扭曲所沿的轴，默认是 Z 轴。

(6) 在“限制”组中的参数与其他编辑器功能相似。

(7) 选择“应用程序”菜单→[另保存]，命名为“练习 02_03. max”文件保存。

除了这几个“修改器”命令外，3ds Max 还提供了许多种功能强大的修改器，在以后的章节中，我们将学习更多修改器的内容。

【思考与练习】

1. 标准几何体建模有哪几种类型？
2. 扩展几何体建模有哪几种类型？
3. 如何使用键盘输入来精确建立几何体模型？
4. 如何修改模型对象的名称和显示颜色？

第 3 章　选择与变换

学习目标

☆　了解 3ds Max 中选择与变换同修改的不同特点。

☆　理解选择与变换各工具的作用，各种坐标体系的区别。

☆　掌握选择与变换工具的操作方式，不同坐标种类的使用。

☆　通过各选择与变换的操作，进一步熟悉选择方式，掌握在不同的坐标类型下操作物体对象的各种效果。

3.1　选择对象

3.1.1　选择对象概述

3ds Max 是一种面向对象的程序。这意味着场景中的每个对象都带有一些指令，它们会提示能执行哪些操作。因为每个对象可以对不同的命令做出响应，所以通过先选择对象，然后选择命令来应用命令。这称作"名词—动词"界面，因为需要先选择对象(名词)，然后选择命令(动词)。

选择命令或功能主要在以下区域中。

(1) 主工具栏。

(2)"编辑"菜单。

(3) 四元菜单(选定对象时)。

(4)"工具"菜单 。

(5) 轨迹视图。

(6)"显示"面板。

(7) 图解视图。

3.1.2　选择命令

1. 选择对象

1) 首先建立场景

(1) 启动 3ds Max，如果已在程序中，选择"应用程序"菜单→[重置]，重置系统。

(2) 单击"长方体"按钮，在"透视"视口中创建 1 个长方体。

(3) 单击"圆柱体"按钮，在"透视"视口中创建 3 个圆柱体。

(4) 单击"茶壶"按钮，在"透视"视口中创建 1 个茶壶。

(5) 单击 "所有视图最大化显示"按钮，结果如图 3-1 所示。

(6) 选择[文件]→[保存]，命名为"练习 03_01.Max"文件保存。

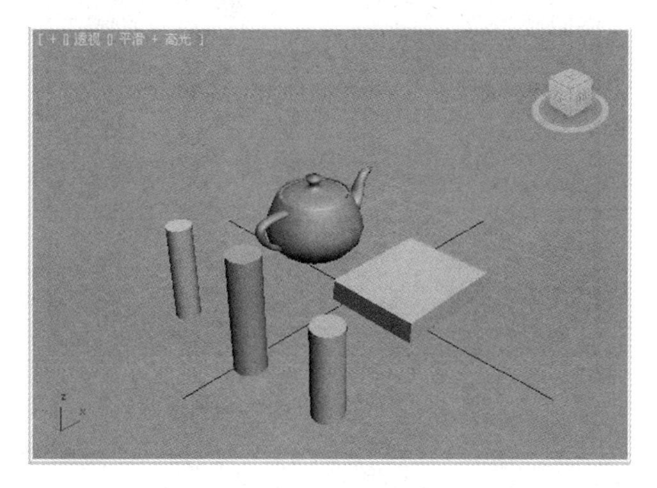

图 3-1 新建场景

2) 选择对象

(1) 单击主工具栏上 "选择对象"按钮。

(2) 将光标放至"透视"视口中的茶壶上，光标形状发生改变，旁边随后显示茶壶的名称 Teapot01。

(3) 单击选择 Teapot01，在"透视"视口中，茶壶被一个白色立体线框围住，其他视口中茶壶显示为白色线框。

(4) 单击长方体 Box01，长方体被选中，茶壶同时被取消了选择。

(5) 单击状态栏上的 "选择锁定切换"按钮，或按 Spacebar 锁定选择集。这时，在屏幕上任意拖动鼠标，而不会丢失该选择。再次单击该按钮取消锁定选择模式。

(6) 按住 Ctrl 键不放，在视图中单击其他未被选择的物体，所单击的物体被加入选择集中。按住 Ctrl 键不放，在视图中单击已经被选择的物体，所单击的物体将被取消选择，而其他物体保留原有状态。

(7) 选择菜单[编辑]→[反选]，场景中原选中的对象取消选择，原未选择的对象被选中。

(8) 选择菜单[编辑]→[全选]，场景中的所有对象被选择。

(9) 选择菜单[编辑]→[全部不选]，或单击视图中的空白区域，所有选择被取消。

2. 按名称选择

当场景中包含许多对象时，要准确选择所需的对象，可以通过对象的名称来选择。

选择菜单[编辑]→[选择方式]→[名称]，或直接单击主工具栏中 "按名称选择"按钮，出现"从场景中选择"对话框，如图 3-2 所示。在此对话框中可对场景中的对象进行选择。

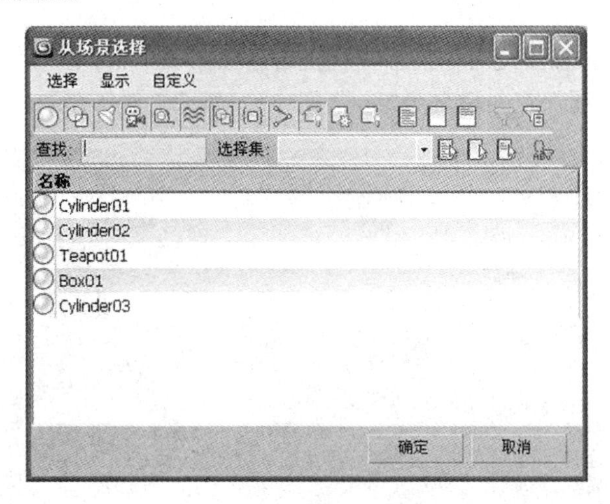

图 3-2 “从场景中选择”对话框

提示：

“从场景选择”对话框的名称和功能是上下文相关的。当其中一种变换(如“选择并移动”)处于活动状态时，该对话框允许从场景中的所有对象中进行选择。但当某些模式处于活动状态时，该对话框中的选项会受到更多限制。

如果喜欢使用旧版“选择对象”对话框(代替“从场景选择”)，可以打开 CurrentDefaults. ini 文件，查找[场景资源管理器]部分，然后更改“按名称选择使用场景资源管理器”设置，将原设置为 1 更改为 0。那么“按名称选择”和相关命令使用旧版“选择对象”对话框。

3. 区域选择

当要选择多个物体时，可以用鼠标在视图中定义一个选择区域来选择对象。把光标移至主工具栏中“区域选择”工具栏按钮上，按下左键不放，弹出所有区域选择按钮，如图 3-3 所示，选择需要使用的方式即可。

图 3-3 “选择区域”弹出按钮

(1) 单击“矩形选择区域”按钮，将鼠标移至视图的空白处，然后按下左键并拖动鼠标，定义一个矩形区域；释放左键，选择框内以及与选择框相交的对象都被选中。要取消该选择，请在释放鼠标前右键单击。

(2) 从弹出按钮中选择“圆形选择区域”按钮，将鼠标移至视图的空白处，选择视图中的一点作为圆形选择区域的圆心，按下并拖动鼠标，定义一个圆；释放左键，圆形选择框内以及与圆形选择框相交的对象都被选中。要取消该选择，请在释放鼠标前右键单击。

(3) 从弹出按钮中选择“围栏选择区域”按钮，将光标移至视图的空白处，按下左键并拖动鼠标到合适的位置松开，确定了第 1 段线；移动鼠标并单击，确定下一段线；依次单击画出

一个多边形区域，包围所要选择的对象。当光标移到起点附近时，变为“十”字时，单击即封闭不规则选择区域，也可以双击鼠标左键封闭选择区，位于选择框内及与选择框相交的对象都被选中。要取消该选择，请在释放鼠标前右键单击。

(4) 从弹出按钮中选择“套索选择区域”按钮，将鼠标移至视图的空白处，按下鼠标左键并拖动鼠标到合适的位置，出现套索的形状的选择区域；释放左键，位于选择框内及与选择框相交的对象都被选中。要取消该选择，请在释放鼠标前右键单击。

(5) 从弹出按钮中选择“绘制选择区域”按钮，按下鼠标左键拖至对象之上，然后释放鼠标按钮。在进行拖放时，鼠标周围将会出现一个以画刷大小为半径的圆圈。若需要更改笔刷的大小，右键单击“绘制选择区域”按钮，出现“首选项设置”对话框，在“常规”选项卡的“场景选择”组中，更改“绘制选择笔刷大小”值即可。

4. 区域控制

系统提供了两种控制区域选择的模式，可以通过菜单[编辑]→[选择区域]，或直接通过主工具栏中的“窗口/交叉”切换按钮来切换所需要的区域选择模式。

(1) “交叉选择”：系统默认使用的模式。此模式下，选择区域框内完全包含的对象以及与选择区域框线交叉的对象均被选择。

(2) “窗口选择”：此模式下，只有被选择区边框完全包含的对象才被选择。

5. 菜单中的选择命令

在“编辑”菜单中，包含多种选择命令，它们也可以完成选择功能。

(1) 菜单[编辑]→[全选]，选择所有对象。

(2) 菜单[编辑]→[全部不选]，取消所有选择。

(3) 菜单[编辑]→[反选]，反向选择。

(4) 菜单[编辑]→[选择方式]→[名称]，根据对象的名称选择。

(5) 菜单[编辑]→[选择方式]→[层]，根据对象所在的层选择。

(6) 菜单[编辑]→[选择方式]→[颜色]，根据对象的颜色选择。

6. 其他选择工具

在3ds Max的工具栏中还有其他一些选择工具。它们除了提供选择功能外，还具有其他操作功能。

(1) “选择并移动”。

(2) “选择并旋转”。

(3) “选择并缩放”。

这3个工具按钮，除了具有选择功能外，还有移动、旋转、缩放等变换功能，在后面章节中将会详细介绍它们。

3.1.3 命名选择集

选择状态往往是暂时的，为了方便再一次选择同样的对象，可以给选择集合定义一个特定的名称。

1. 建立命名选择集

(1) 选择“应用程序”菜单→[打开]，打开“练习 03_01. max”文件。

(2) 选择场景中的 3 个圆柱体。

(3) 在主工具栏上“命名选择集”编辑框内输入“选择集 A”，并按回车键确认。

(4) 结合使用 Ctrl 键，增加选择立方体，命名为“选择集 B”，并按回车键确认。

(5) 结合使用 Ctrl 键，增加选择茶壶，命名为“选择集 C”，并按回车键确认。

(6) 现在有了 3 个命名的选择集，如图 3-4 所示。以后可以方便地选择这些选择集合。

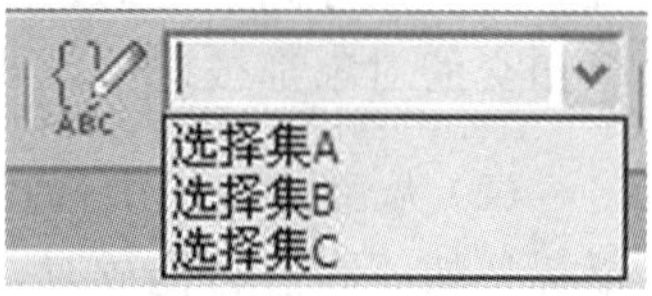

图 3-4　建立 3 个选择集

(7) 选择“应用程序”菜单→[另存为...]，重新命名为“练习 03_02. max”保存文件。

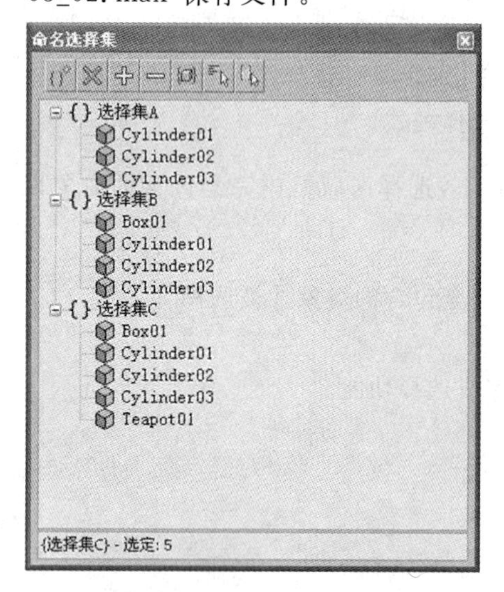

图 3-5　“命名选择集”对话框

2. 使用命名选择集对话框

选择[编辑]→[编辑命名选择集]，或直接单击工具栏上“命名选择集”按钮，出现“命名选择集”对话框。在对话框中看到命名的选择集，展开它们，可以看到其包含的对象名称，如图 3-5 所示。

这个对话框上部有一些工具按钮，它们的内容如下。

(1)  创建新集：建立新的命名集，包括进入对话框时被选择的对象。如果没有选定对象，将创建一个空选择集。

(2)  移除：移除选定对象或选择集。它不会删除场景中的对象，而只是改变了命名集。

(3)  添加选定对象：向选定的命名选择集中添加当前选定对象。

(4)  减去选定对象：从选定的命名选择集中移除当前选定对象。

(5)  选择集中对象：选择命名选择集中的所有对象。

(6)  按名称选择对象：打开“称选择对象”对话框，通过它来增加或删除命名选择集中的对象。

(7)  高亮显示选定对象：高亮显示所有包含当前场景选择的命名选择集及内部对象名。

可以使用鼠标右键单击选择集名称或对象名称，弹出浮动菜单，利用浮动菜单命令可以完成重命名、剪切、复制、粘贴等操作。也可以使用鼠标直接把某个对象从一个集合中拖到另一个集合中。

3.1.4　组与集合

如果需要经常对选择集合进行操作时,可以使用“组”菜单下的功能把两个或两个以上的对象组合成一个组合,为其命名,以后可以把它当成一个对象来处理。

在菜单“组”中的命令内容如下。

(1) 成组:当选择两个以上对象时,使用此命令可以把选择的对象组合为一个组。也可以把两个以上的组,组合为嵌套的组。

(2) 解组:将组解散,每次操作只能解散一层组。

(3) 打开:打开组,但保留组的名称及特性。组中对象或次一级组可以作为单体被操纵,整个组还可以作为整体被操作。

(4) 关闭:重新组合打开的组。对于嵌套组,关闭最外层的组对象将关闭所有打开的内部组。

(5) 附加:把选择的对象或组加入到现有组中。

(6) 分离:将“解组”后组中的对象或次级组从中分离出来。

(7) 炸开:把组彻底分散为单个对象。

(8) 集合:集合功能是分组的超集。与分组类似,创建集合可将两个或多个对象进行组合,并将其视为单个对象。它主要用来控制光源组合使用。

3.2　对象变换

变换是对所选物体进行空间位置及大小形状调整的操作。变换可以被定义为动画,所以变换也是动画制作基础技术之一。

3.2.1　基本变换工具

在主工具栏上,基本的变换工具为移动、旋转、缩放。

(1) “选择并移动”。

(2) “选择并旋转”。

(3) “选择并均匀缩放”。

(4) “选择并非均匀缩放”。

(5) “选择并挤压”。

3.2.2　参考坐标系

若要准确地使用变换功能,就必须了解系统的坐标系,不同的坐标系将影响到坐标轴的方位。3ds Max 默认使用“视图”坐标系,它综合了世界坐标系和“屏幕”坐标系的特性。单击主工具栏“参考坐标系”列表,列出系统所包含的坐标系,如图 3-6 所示。

1. 世界坐标系

世界坐标的 X 轴为水平方向,Y 轴为垂直方向,Z 轴为深度方向。使用世界坐标系时,三

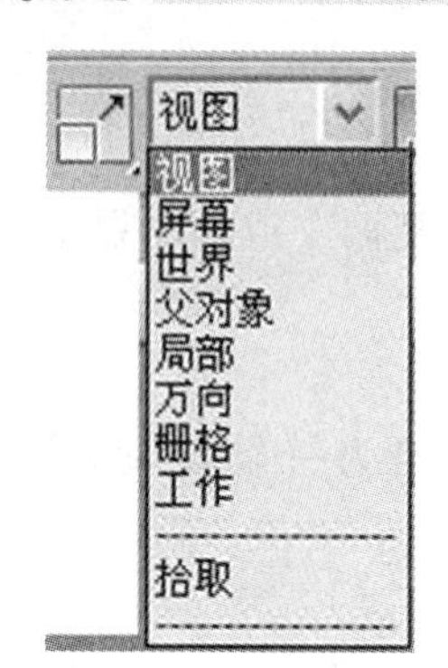

图 3-6　系统坐标系

角轴的方向总是保持不变，不论哪一个视图中都是一样的。

(1) 打开"练习 03_01"文件。

(2) 单击展开主工具栏上的坐标系列表，选择"世界"。

(3) 在"透视"视口中单击选择茶壶 Teapot01。

(4) 所有视图中的三脚轴都调整方向以配合世界坐标系。

(5) 依次激活其他视口，发现三角轴坐标均没有发生改变。

2. "屏幕"坐标系

使用"屏幕"坐标系时，被激活的视图均被当作二维平面来处理。

(1) 展开坐标系列表，选择"屏幕"。

(2) 在"透视"视口中单击选择茶壶 Teapot01，茶壶上的三角轴变成二维平面的坐标。注意其他 3 个视图，三角轴坐标与各个视图左下角的坐标(世界坐标)不一致了。

(3) 依次激活其他视口，发现三角轴坐标均是水平为 X，垂直为 Y 轴。注意"透视"视口中三角轴的坐标发生的变化。

(4) 使用"选择并移动"按钮，在"透视"视口中沿 Y 轴移动茶壶，注意观察其他视图中茶壶的移动。

3. "视图"坐标系

"视图"坐标系在正交二维视图中等同于屏幕坐标系，在非正交(如"透视")视图中等同于世界坐标系。这是系统默认的坐标系，比较适合建立及变换对象。

4. "局部"坐标系

"局部"坐标系使用被选择对象本身的坐标轴，当物体的自身方位与世界坐标系不同时，"局部"坐标系就非常有用了。做下面的练习。

(1) 单击展开坐标系列表，选择"视图"坐标系。

(2) 单击"选择并旋转"按钮。在"左"视口中，选择立方体，把光标放在内圈上按住左键并拖动鼠标旋转长方体，结果如图 3-7 所示。

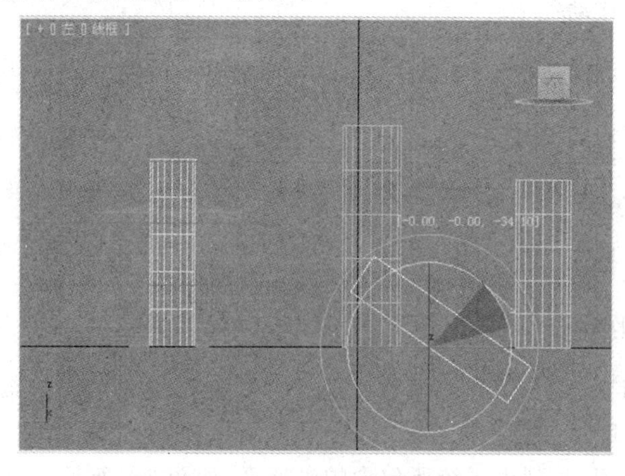

图 3-7　旋转长方体

(3) 右键单击激活"透视"视口,单击"选择并移动"按钮,此时保留使用"视图"坐标系,尝试移动长方体并注意其他视口中长方体的移动效果。

(4) 选择"局部"坐标系。注意,长方体上三角轴坐标改变,尝试移动长方体并注意其他视口中长方体的移动效果。

5. "拾取"坐标系

"拾取"坐标系类似于用户自定义坐标系,它把场景中被拾取对象的局部坐标系变为公用的坐标系。

(1) 选择[创建]→[标准几何体]→[圆环]。

(2) 在"左"视口中创建一个圆环。使用"选择并移动"把圆环移到立方体的上端。

(3) 单击展开坐标系列表,选择"拾取"坐标系。在视图中单击选择立方体,坐标系列表中的坐标系变为Box01。

(4) 选择圆环,把光标放在三角轴的Y轴上按下左键并拖动鼠标,发现圆环沿长方体顶面移动,如图3-8所示。

(5) 选择菜单"应用程序"→[另存为],命名为"练习03_03.max"文件保存。

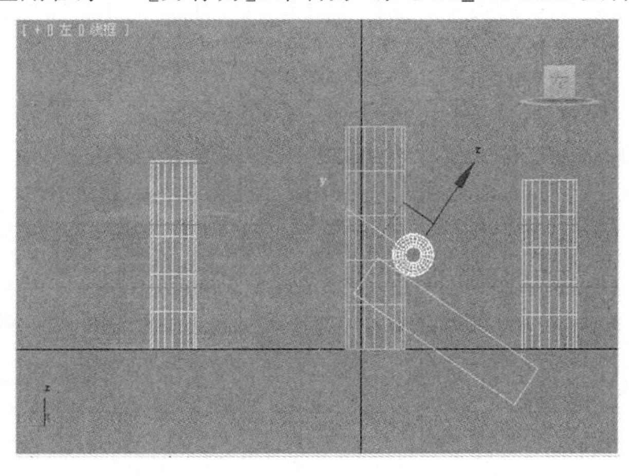

图3-8 圆环沿Box01坐标移动

6. "栅格"坐标系

系统除了提供主栅格外,还可以通过[创建]→[辅助对象]→[栅格],建立自定义栅格。将自定义栅格放于场景的任何地方,激活它取代主栅格。这样就可以方便使用"栅格"坐标系。

7. "父对象"坐标系

"父对象"坐标系使用所选择物体的父级对象坐标系作为自身的坐标系,如果没有父级对象,则把世界坐标系当作"父对象"坐标系。

8. "万向"坐标系

类似于局部坐标系,主要应用在欧拉旋转控制器中。可以独立控制一个轴向,而不影响其他轴向。

9. "工作"坐标系

作为备选的对象自有轴,可以使用工作轴来为场景中的任意对象应用变换。例如,可以在场景中旋转有关层次、持久点的对象,而不会干扰对象的自有轴。

3.2.3 坐标中心

图 3-9 “使用中心”选项按钮

坐标中心影响比例缩放及旋转变换的结果。“使用中心”的弹出按钮位于主工具栏上，它提供了对用于确定缩放和旋转操作几何中心的 3 种方法的访问，如图 3-9 所示。

1. 使用轴点中心

此选项为系统默认的变换基点。当选择一对象时，三脚轴出现在所选对象的轴心点上。

(1) 选择[打开文件]，打开名为“练习 03_02. max”的文件。

(2) 单击“选择并旋转”按钮，在“透视”视口中单击圆柱体 Cylinder01 按钮，三脚轴出现在 Cylinder01 的底部。

(3) 按下左键拖动鼠标旋转圆柱体，圆柱体以其底部中心为基点作旋转变换，单击右键取消旋转操作。

(4) 在主工具栏上选择集列表中，选择“选择集 A”，并确认“使用轴点中心 ”为当前选择，这时发现三脚轴出现在 3 个圆柱体各自的底面圆心位置。

(5) 选择“选择并均匀缩放”工具，在“透视”视口中缩放 3 个圆柱体，发现它们以各自的轴心为基点进行等比缩放。

提示：

当圆柱体被建立时，其轴心的默认被定义在圆柱体的底面圆心。若想改变默认轴心位置及方向，可以使用命令面板中“层次”，然后选择下面的“轴”标签下“仅影响轴”功能来调整。

2. 使用选择中心

此选项把所选择物体或选择集合的中心作为中心。

(1) 选择“使用选择中心”选项。单击“选择并旋转”按钮，选择一个圆柱体并旋转，三脚轴在圆柱体的中心位置，圆柱体绕它旋转，按右键取消旋转操作。

(2) 选择 3 个圆柱体的选择集，三脚轴出现在选择集的中心位置。

(3) 使用“选择并均匀缩放”工具，在“透视”视口中缩放 3 个圆柱体，它们以选择集的中心为基点进行等比缩放，单击右键取消比例缩放操作。

3. 使用变换坐标中心

此选项使用当前坐标系的原点为中心。

(1) 确定“透视”视口为激活状态，单击“使用变换坐标中心”按钮，三脚轴跳到世界坐标系的圆点上。

(2) 使用"选择并旋转"工具，选择一个圆柱体并旋转，可看到该圆柱体绕着坐标系的中心点旋转，按右键取消操作。

(3) 激活"前"视口，三脚轴跳到视图的中心位置，这是因为当前视口坐标系是"视图"坐标系的原因。旋转 3 个圆柱体，它们绕着视图的中心作旋转，按右键以取消操作。

提示：

当需要一个灵活的变换中心时，可以先创建辅助对象"点"，然后使用坐标系列表中的"拾取"，拾取该点，就可以把该点作为变换的中心了。

3.2.4　轴向约束

在三维空间中对物体作变换很容易失去控制，因此常沿着一个轴向或是沿着一个平面的两个轴向对物体进行变换。系统提供了轴向约束工具来协助控制变换，做下面的练习：

(1) 选择[打开文件]，打开名为"练习 03_01. max"的文件。

(2) 右键单击主工具栏的空白处，在弹出的快捷菜单中选择"轴约束"，屏幕上出现"轴约束"工具栏，如图 3-10 所示。

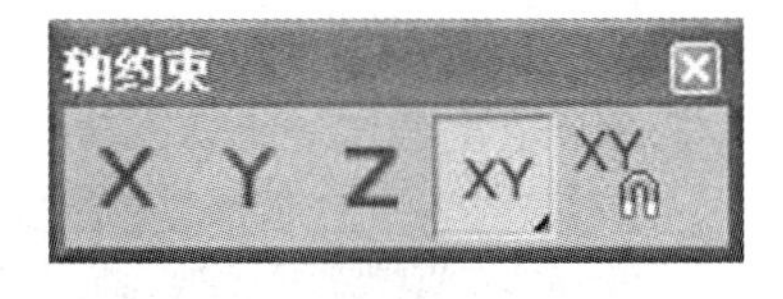

图 3-10　"轴约束"工具栏

(3) 单击"选择并移动"工具按钮。在"透视"视口中单击选择立方体。三脚轴出现，X 轴为红色，Y 轴为绿色，Z 轴为蓝色。

(4) 在 X 轴上按下左键并拖动立方体，同时发现"轴约束"工具栏上的 X 轴按钮激活，场景中的立方体只能沿 X 轴方向移动，单击右键取消移动。尝试在 Y 轴和 Z 轴上进行类似的操作，发现有类似的表现。

(5) 把鼠标放在 X,Y 轴交界的黄色矩形框内，按下左键并拖动长方体，发现"轴约束"工具栏上的 XY 按钮激活，场景中的长方体在 XY 平面上移动，单击右键取消移动。尝试在 YZ 和 XZ 平面上进行类似的操作。

(6) 关闭"轴约束"工具栏。

3.2.5　变换 Gizmo

"变换 Gizmo"是非常有用的功能，无论是进行移动、旋转，还是缩放等变换，被选择的对象上都会出现"变换 Gizmo"，当它们被激活时显示为黄色。

使用移动变换时，出现的"变换 Gizmo"是不同颜色的坐标轴；使用旋转变换时，出现的"变换 Gizmo"是球形的坐标控制环；使用缩放变换时，"变换 Gizmo"是直角坐标轴及其之间的四面体控制器。掌握使用它们的技巧，可以方便、准确地进行变换操作。

1. 使用"变换 Gizmo"控制等比缩放

(1) 继续使用"练习 03_01. max"文件做练习。

(2) 选择[编辑]→[暂存]，把场景保存在缓冲中。

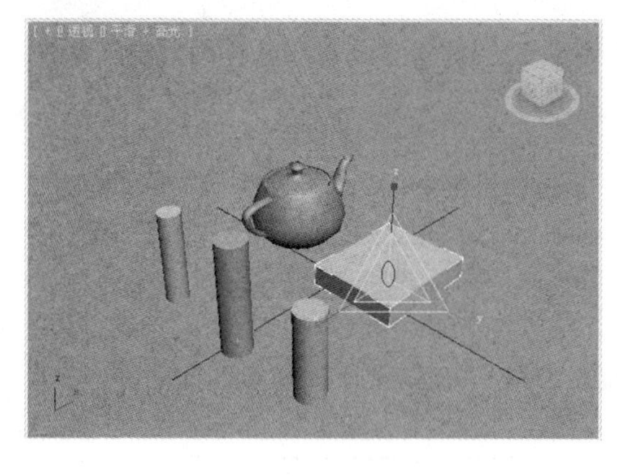

图 3-11　缩放时“变换 Gizmo”

(3) 单击“选择并均匀缩放”按钮，在“透视”视口中选择立方体，立方体上出现“变换 Gizmo”。

(4) 把光标移到中间，内部三角形区激活变黄，按住左键并拖动鼠标，立方体在 3 个方向作等比缩放，如图 3-11 所示。

2. 使用“变换 Gizmo”控制非均匀缩放

(1) 选择[编辑]→[取回]，把保存在缓冲中的场景取回来。

(2) 单击“选择并非均匀缩放”按钮，把光标移到 Z 轴顶部，Z 轴变黄。按下左键并拖动鼠标，长方体沿 Z 轴方向缩放，XY 轴方向尺寸没有变化，如图 3-12 所示，这就是 Z 轴方向约束的非均匀缩放。

(3) 把光标移到 XY 之间外侧的等腰梯形区域，该区域变黄。按住左键并拖动鼠标，发现立方体在 X，Y 方向上均匀缩放的同时，Z 轴尺寸不变。如图 3-13 所示，这就是 XY 轴方向约束的非均匀缩放。

(4) 依次尝试一下 XZ，YZ 轴方向约束的非等比缩放。

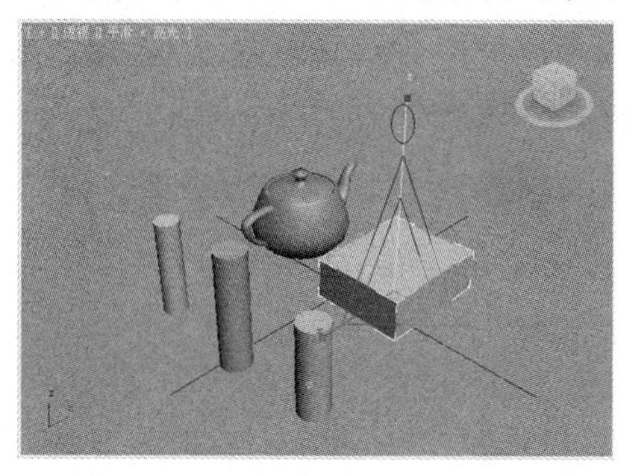

图 3-12　Z 轴方向约束的非等比缩放

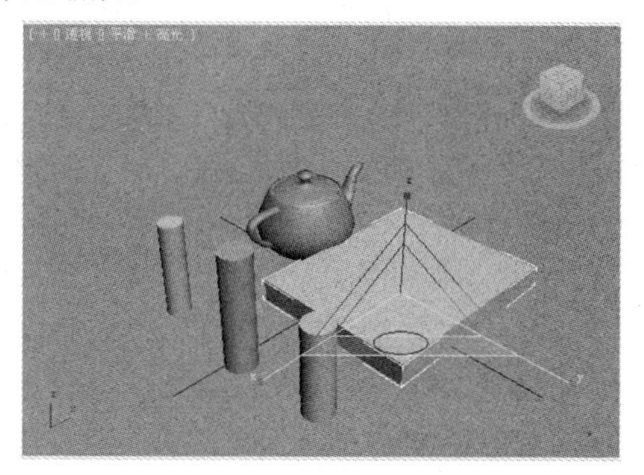

图 3-13　XY 轴方向约束的非等比缩放

提示：

使用“变换 Gizmo”控制非均匀缩放时，使用“选择并均匀缩放”工具与“选择并非均匀缩放”工具相似，只是在使用“变换输入”时对话框显示略有不同。

3. 使用“变换 Gizmo”控制挤压变换

(1) 选择[编辑]→[取回]，把保存在缓冲中的文件取回来。

(2) 单击“选择并挤压”按钮，在“透视”视口中选择立方体，立方体上出现“变换 Gizmo”，把光标移到 Z 轴顶部，Z 轴变黄。

(3) 按下左键并拖动鼠标，长方体在 Z 轴方向缩小的同时，XY 轴方向尺寸在放大，如图 3-14 所示，这就是 Z 轴方向约束的挤压。

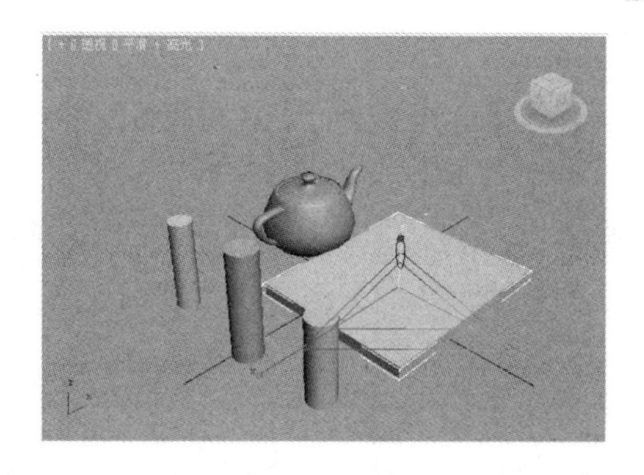

图 3-14　Z 轴方向约束的挤压

(4) 选择[编辑]→[撤销缩放],放弃挤压变换。

(5) 把光标移到 X 轴或 Y 轴上,尝试进行积压缩放,看看效果如何。

3.2.6　键盘输入变换值

精确变换对象,可以使用键盘输入来控制。

1. 键盘输入控制移动

(1) 选择[编辑]→[取回],把保存在缓冲中的文件取回来。

(2) 单击“选择并移动”按钮,在“顶”视口中选择立方体。

(3) 选择[工具]→[变换输入],键 F12 出现“移动变换输入”对话框,如图 3-15 所示。

(4) 在对话框右侧“偏移:屏幕”组中输入立方体要相对移动的 X,Y,Z 方向的距离,立方体按照输入的数值移动。也可以在左侧“偏移:世界”组中直接输入立方体中心新的 X,Y,Z 的世界坐标值,立方体将移动到新指定的位置。

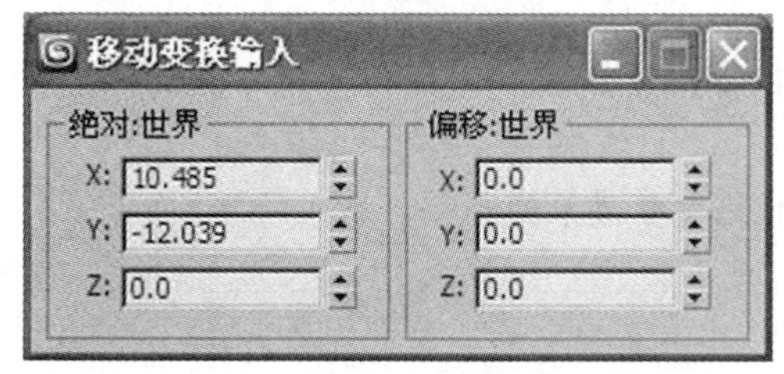

图 3-15　“移动变换输入”对话框

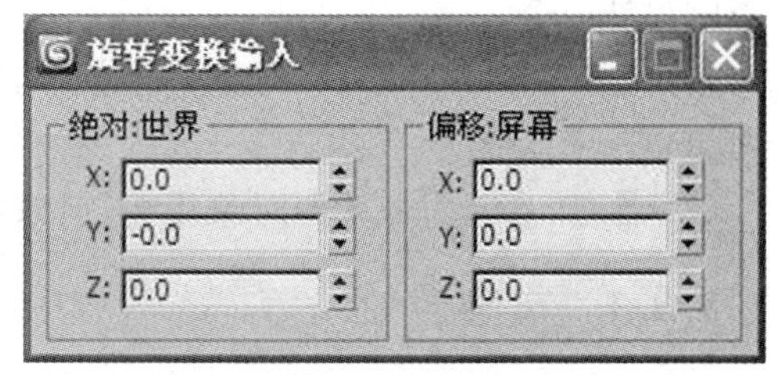

图 3-16　“旋转变换输入”对话框

2. 键盘输入控制旋转

(1) 在“顶”视口中选择茶壶,单击“选择并旋转”按钮。这时对话框变成“旋转变换输入”对话框,如图 3-16 所示。

(2) 在对话框右侧的“偏移:屏幕”组中,输入茶壶相对于当前激活视图的坐标系的 X,Y,Z 的轴旋转角度,茶壶按照输入的值进行旋转。也可以在左侧“偏移:世界”组中输入茶壶相对世界坐标的 X,Y,Z 的旋转角度,控制茶壶的旋转。

3. 键盘输入控制缩放

(1) 单击“选择并均匀缩放”按钮,对话框变为“缩放变化输入”对话框,如图 3-17

所示。

(2) 单击 “选择并非均匀缩放”按钮或 “选择并挤压”按钮，对话框名称未变，单内容易发生改变，如图3-18所示，想想为什么。

图3-17　等比缩放键盘输入对话框

图3-18　非等比缩放及挤压键盘输入对话框

(3) 选择[另存为]，命名为“练习03_04.max”文件保存。

提示：

“变换输入”对话框左侧组内容总是相对世界坐标系的，右侧是相对于激活视口当前使用坐标系。

3.3　复制对象

在建立场景的过程中，经常需要使用相同的对象，这就需要使用克隆、镜像、阵列等变换工具。这些变化产生的对象有3种类型，分别为：

(1) 复制：复制对象与原来对象参数相同，但二者相互独立。对其中一个对象进行修改不会影响另外一个。

(2) 实例：实例对象与原对象产生关联，并互相影响。修改其中任何一个对象，另外的一个对象也跟随变化。

(3) 参考：参考对象受原对象影响，但原对象不受参考对象的影响。

3.3.1　克隆

1. 建立一个圆柱体并复制

(1) 选择菜单“应用程序”→[重置]，重置场景。

(2) 单击“圆柱体”按钮，激活“顶”视口，使用键盘输入方式创建一个半径为10，高度为50，高度分段为10的圆柱体Cylinder01。

(3) 单击 “选择并移动”按钮，按下键盘上的Shift键不放，用鼠标选择并约束三角轴上的X轴向右拖动圆柱体，这时出现一个新的圆柱体。

(4) 松开Shift键和鼠标左键，随即弹出“克隆选项”对话框，如图3-19所示。在此对话框中，“对象”组下控制复制对象的方式，“副本数”为克隆对象的数量，“名称”栏中设置克隆对象后的命名。

(5) 保留默认选择，单击“确定”，这样就产生了一个“复制”类型的圆柱体Cylinder02。

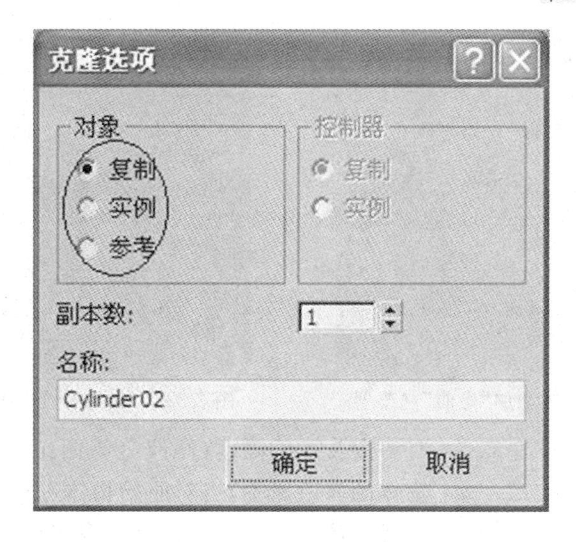

图 3-19　“克隆选项”对话框

(6) 重复以上步骤，分别使用“对象”组中的“实例”和“参考”选项，把 Cylinder01 克隆一个“实例”圆柱体 Cylinder03 和一个“参考”圆柱体 Cylinder04，并给 4 个圆柱体指定不同的颜色。

(7) 单击“所有视图最大化”按钮，使所有视图最大化显示。激活“透视”视图，使用“环绕”工具，调整视图，结果如图 3-20 所示。

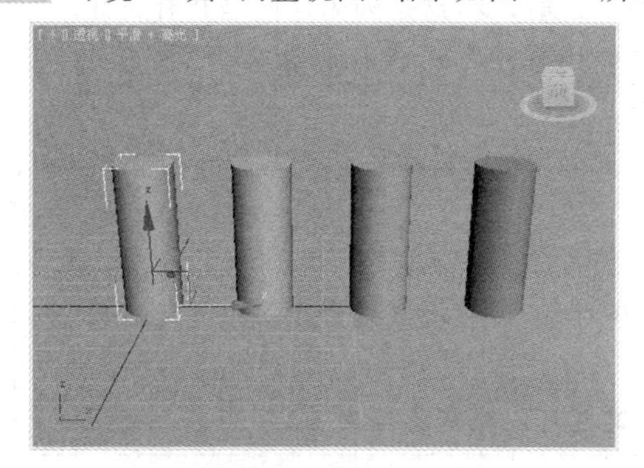

图 3-20　场景中的 4 个圆柱体

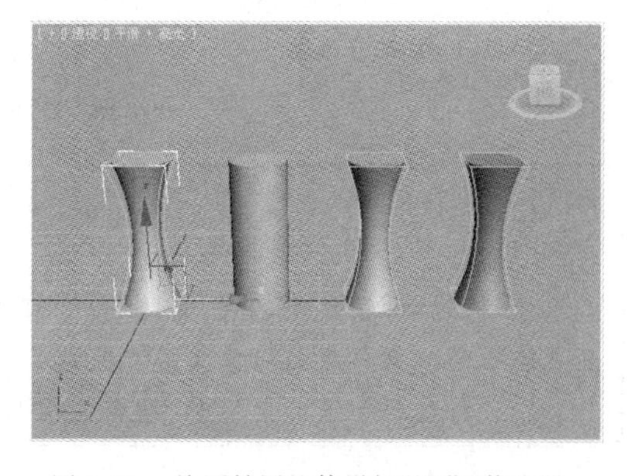

图 3-21　给原始圆柱体增加“锥化”修改器

2. 增加修改器

(1) 选择 Cylinder01，选择[修改器]→[参数化变形器]→[锥化]。这时发现 Cylinder03、Cylinder04 也跟随发生锥化。在修改器面板参数栏中，设置“锥化”组中“数量”为 0，“曲线”为 −2，结果如图 3-21 所示。

(2) 现在选择“实例”圆柱体 Cylinder03，然后选择[修改器]→[参数化变形器]→[弯曲]。设置“角度”为 45，发现 Cylinder01 和 Cylinder04 也跟随发生弯曲变化，结果如图 3-22 所示。

(3) 选择“参考”圆柱体 Cylinder04，然后选择[修改器]→[参数化变形器]→[扭曲]，设置“角度”为 360，发现只有 Cylinder04 扭曲，结果如图 3-23 所示。

(4) 注意 Cylinder04 的修改器堆栈，如图 3-24 所示，在 Bend(弯曲)与 Twist(扭曲)之间

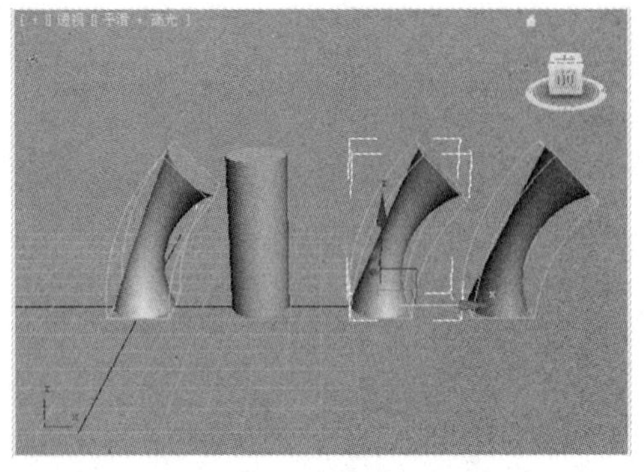

图 3-22　给实例圆柱体增加“弯曲”修改器

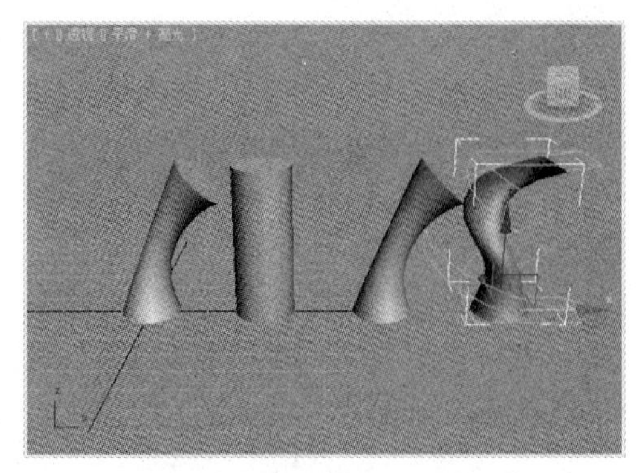

图 3-23　给参考圆柱体增加“弯曲”修改器

图 3-24　参考复制圆柱体 Cylinder04 的修改堆栈

有一段灰色间隔，将修改分为两组。下面一组记录着原始物体的修改属性，当对原始物体进行修改时，同时也修改了参考物体。上面一组记录着参考物体自己的属性，它不与其他物体产生关系。

(5) 单击激活堆栈底层的 Cylinder 层，调整参数栏“高度”值，发现 Cylinder01、Cylinder03、Cylinder04 的高度都跟随增加了。

(6) 单击激活堆栈中的 Taper 层，调整参数栏的“数量”和“曲线”值，发现 Cylinder01、Cylinder03、Cylinder04 的“锥化”效果都跟随改变，这是因为这些是共有属性。

(7) 选择“应用程序”→[保存]，命名为“练习 03_05.max”文件保存。

提示：

使用“编辑”菜单中也有“克隆”命令可以克隆对象，但一次只能产生一个克隆对象，而且克隆出的对象与原始对象重叠在一起。

在进行旋转和缩放变换时，结合使用 Shift 键也可以生成克隆对象。

3.3.2　镜像

镜像也是一种克隆对象的方法。通过下面的练习了解它的功能。

(1) 选择“应用程序”→[重置]，重置场景。

(2) 单击“茶壶”按钮，在“透视”视口中建立一个半径为 20 的茶壶 Teapot01。

(3) 单击主工具栏上“镜像”按钮，出现“镜像”对话框，如图 3-25 所示。

(4) 在“镜像轴”组，选 Z 轴，在“克隆当前选择”组中选“实例”项，单击“确定”按钮，结果如图 3-26 所示。

(5) 选择任意一个茶壶，为它加上“锥化”修改器，调整参数值，观察两个茶壶的变化。

在“镜像”对话框有两个选项组。

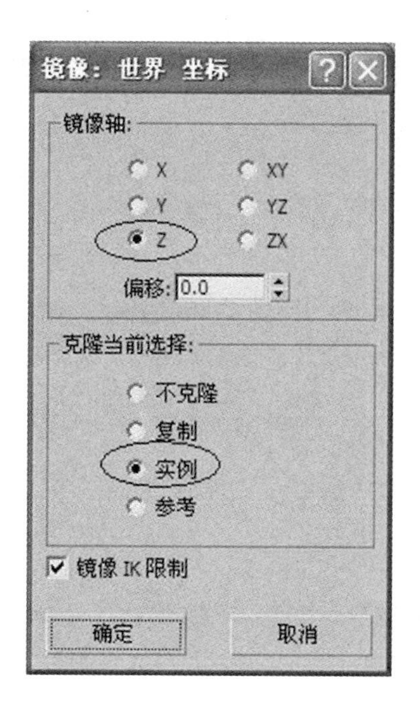

图 3-25　“镜像”对话框

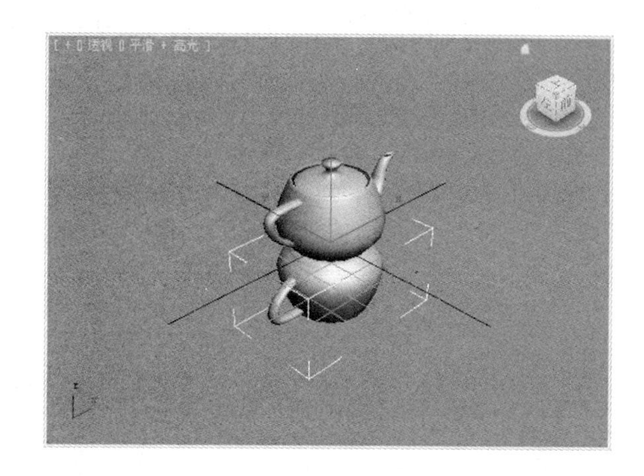

图 3-26　镜像后的茶壶

(1) 镜像轴:用于控制对象镜像的基准轴,默认是 X 轴。尝试选择不同的轴,看看效果。“偏移”参数控制镜像对象与镜像轴的偏移量。

(2) 克隆当前选择:用于控制物体的克隆方式,默认是“不克隆”。

3.3.3　阵列

阵列可以一次克隆出许多个同样的物体,它可以在平面和空间中进行移动、旋转、缩放等阵列变换。

启用阵列命令的方式有多种,可以通过菜单[工具]→[阵列]打开对话框。可以使用鼠标右键单击主工具栏的空白处,在弹出的浮动菜单中,选择“附加”,打开“附加”浮动工具条,上面有 “阵列”工具按钮。

1. 移动阵列

(1) 选择刚才镜像的茶壶 Teapot02,使用 Delete 键删除它。

(2) 选择原始茶壶 Teapot01,然后选择[工具]→[阵列],出现“阵列”对话框,如图 3-27 所示。

(3) 在“阵列变换”组中,设置移动增量 X 值为 60,在“阵列维度”组设置 1D“数量”为 6。可以单击“预览”按钮,预览阵列后效果。

(4) 单击“确定”按钮退出对话框。视图中出现一列茶壶,它们沿 X 轴排列,每两个物体之间的中心距离是 60。

(5) 单击 “所有视图最大化”按钮,结果如图 3-28 所示。

(6) 选择[编辑]→[撤销创建阵列],取消刚才的阵列。尝试练习设置 Y 轴和 Z 轴参数后发生的阵列,尝试在 3 个轴向都设定数值的结果会怎样。

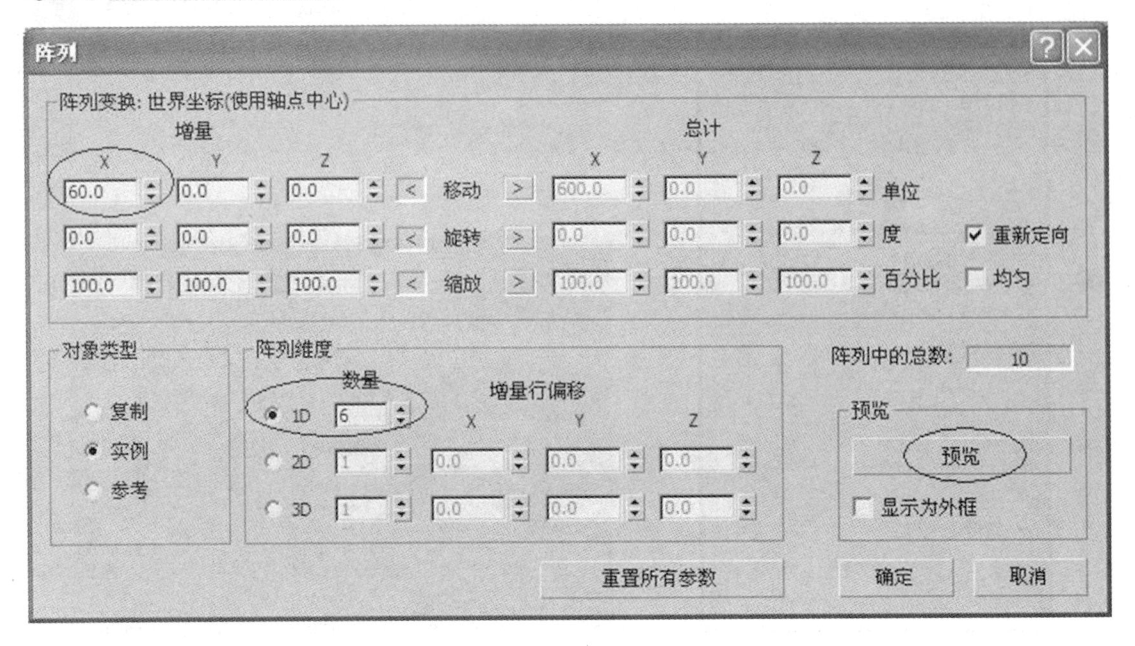

图 3-27 “阵列”对话框

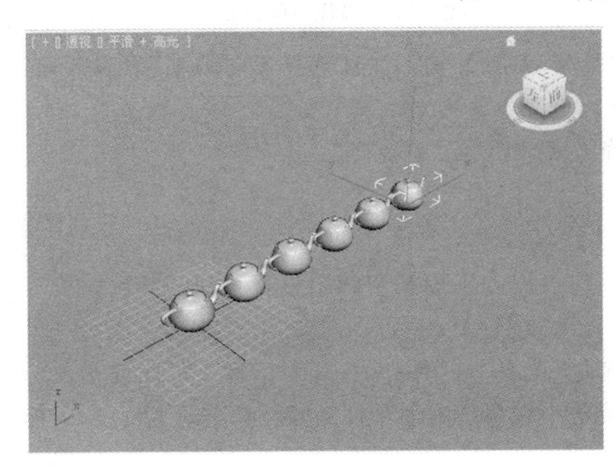

图 3-28 Move 阵列后的茶壶

图 3-27 为“阵列”对话框，主要内容如下。

(1) “阵列变换”组。

- 增量：控制阵列对象两个之间的增量。
- 总计：控制阵列对象之间总的增量。
- 移动：设置移动变换在 3 个轴向的增量。
- 旋转：设置旋转变换在 3 个轴向的增量。
- 缩放：设置缩放变换在 3 个轴向的增量。
- 重新定向：主要对环形阵列起作用，对阵列产生的物体沿自身的坐标系统进行旋转定向，使其自身轴向与基点关系一致。
- 均匀：对缩放起作用，当选择该项时，“缩放”控制参数只允许输入一个值，表示均匀缩放。

(2) “对象类型”组：控制阵列复制的类型选择。

(3) “阵列维度”组：在此组中增加了两个维度空间阵列的参数控制，用来设置偏移值。

- 1D：设置第 1 维阵列的数目。
- 2D：设置第 2 维阵列的数目，X，Y，Z 值为第 2 维的偏移增量。
- 3D：设置第 3 维阵列的数目，X，Y，Z 值为第 3 维的偏移增量。

(4) 阵列总数：最后阵列总的数目。

(5) 重置所有参数：将所有参数重置为其默认设置。

（6）预览：预览阵列效果。

2．缩放阵列

（1）选择[编辑]→[撤销创建阵列]，取消刚才的阵列。

（2）选择茶壶，选择[工具]→[阵列]，出现“阵列”对话框。

（3）单击“重置所有参数”按钮，恢复默认参数。

（4）启用“均匀”选项，在“阵列变换”组中，设置“缩放”X 值为 150；设置“移动”X 值为 60；在“阵列维度”组中，设置 1D 值为 3，如图 3-29 所示。

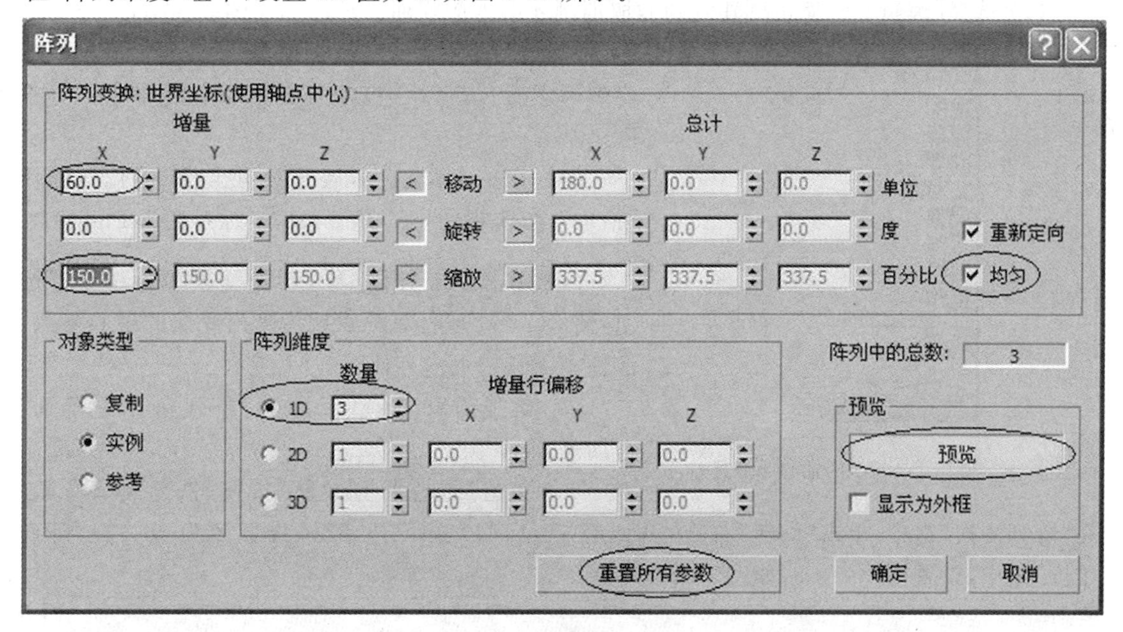

图 3-29　均匀缩放阵列后的茶壶

（5）单击“确定”按钮，结果如图 3-30 所示，阵列的茶壶均匀放大。

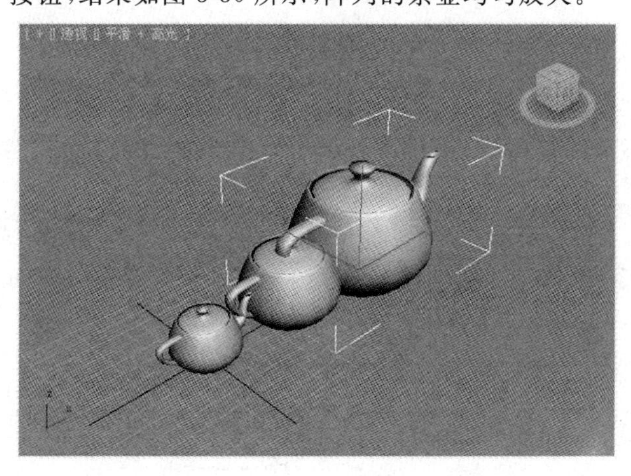

图 3-30　均匀缩放阵列后的茶壶

提示：

在进行“缩放”阵列时，使用的是百分比，如果在 X，Y，Z 中输入不同的值，可以进行非均匀的缩放。

3. 旋转阵列

(1) 选择[编辑]→[撤销创建阵列]，取消刚才的缩放阵列。

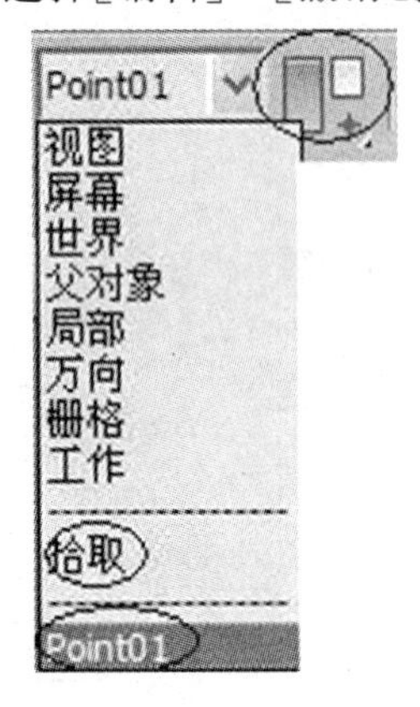

图 3-31　使用 Point01 的轴心为变换轴心

(2) 选择[创建]→[辅助对象]→[点]，在“顶”视口中茶壶的右侧(X 轴)方向建立一个辅助“点”对象 Point01。

(3) 在主工具栏上，展开参考坐标系列表，选择“拾取”，单击视图中的 Point01，坐标系变为 Point01。

(4) 单击主工具栏 “使用变换坐标中心 ”按钮，使 Point01 坐标系原点成为阵列变换的中心基点。注意主工具栏上内容如图 3-31 所示。

(5) 选择茶壶，选择[工具]→[阵列]，出现“阵列”对话框。

(6) 单击“重置所有参数”按钮，恢复默认参数。在“阵列变换”组中，单击“旋转”右侧的箭头按钮，启用“总计”下参数，设置 Z 为 360；在“阵列维度”组中，设置 1D 值为 8；如图 3-32 所示。

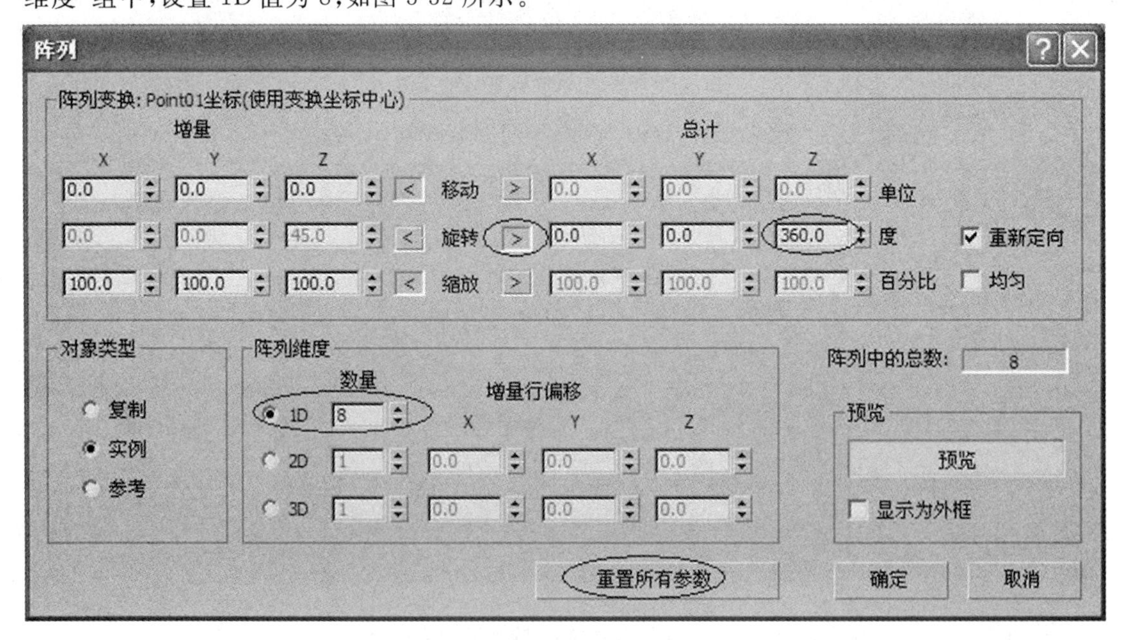

图 3-32　旋转阵列的参数

(7) 单击“确认”按钮，结果如图 3-33 所示。

(8) 选择“应用程序”→[保存]，命名为“练习 03_06. max”文件保存。

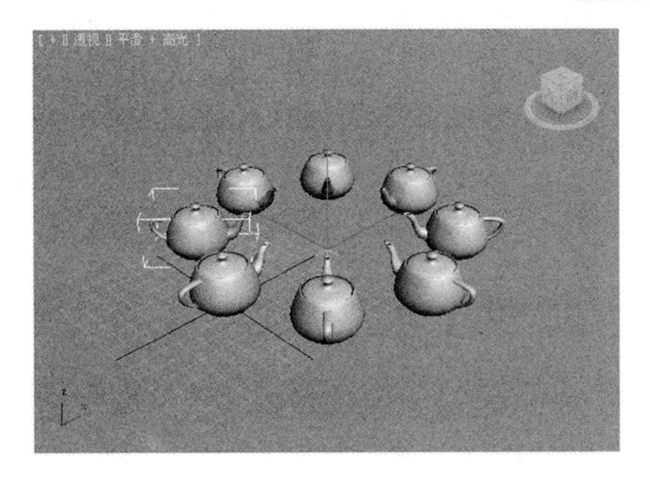

图 3-33　旋转阵列后的茶壶

**提示：**

在阵列时，可以同时设置移动、旋转、缩放，产生多样的效果。也可以打开 2D 和 3D 选项，进行空间阵列。

【思考与练习】

1. 选择为什么是 3ds Max 的使用基础？
2. 选择及变换的主要工具有哪些？
3. 坐标系有哪些类型？
4. 系统默认实用的坐标系是那种？它在不同的视口中表现特性是什么？

第 4 章　图形建模

学习目标

☆　了解二维图形建模的概念与作用。

☆　理解二维图形建模中各类次级对象的种类。

☆　掌握基本图形建模方法,二维图形及其次级对象的编辑,利用二维图形生成三维模型。

☆　通过练习,理解图形类建模的概念和方式,通过对二维图形的修改、编辑,建立复杂的三维模型。

“图形”是由一条或多条曲线组成的,每一条曲线由顶点和线段组成。在 3ds Max 中,“图形”包括“样条线”、“扩展样条线”和“NURBS 曲线”几种,它们可以作为三维建模以及动画路径的基础。本章主要介绍“样条线”的使用。

4.1　创建图形

单击“创建”命令面板下“图形”按钮,命令面板内容改变。图 4-1 所示为默认的创建“样条线”面板。

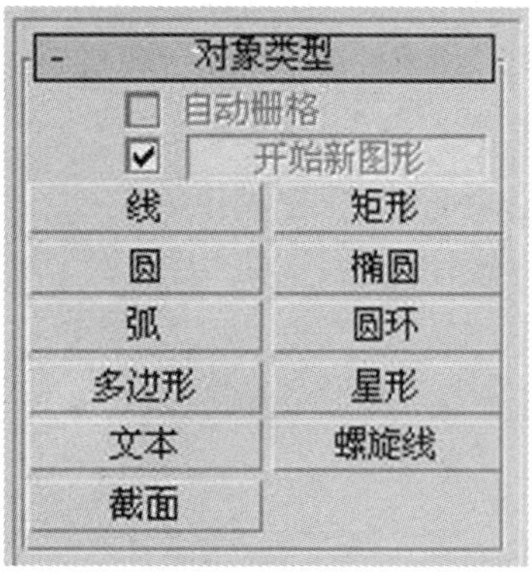

图 4-1　创建“样条线”面板

在“对象类型”卷展栏中,有一个“开始新图形”的默认选项,表示每次新创建的图形是独立的个体。当取消该选择时,新创建的图形会作为当前选中图形的一部分。

4.1.1　线

1. 画线

(1) 启动 3ds Max,如果已在程序中,则重置系统。

(2) 单击命令面板上“图形”按钮,打开创建图形面板。

(3) 单击“对象类型”栏中的“线”按钮。

(4) 激活“顶”视口,在空白处单击定义第 1 点,移动鼠标,然后单击定义第 2 点。

(5) 继续移动鼠标,然后单击定义更多的点。

(6) 单击右键结束,则建立了一条开放的线。如果靠近第 1 点单击,会出现“是否封闭样条线”对话框，选择“是”，则建立一条封闭的样条线。

提示：

在画线时，结合使用 Shift 键，可以建立水平或垂直的线段；结合使用 Ctrl 键，可以建立角度捕捉倍数值的线段，此角度取决于当前“角度捕捉”设置。

2. 创建方法

图 4-2 为创建“线”的“创建方法”卷展栏。

(1)“初始类型”组：设置单击鼠标左键时建立的曲线类型。“角点”选项表示创建的为直线，“平滑”选项表示创建平滑曲线。

(2)“拖动类型”组：设置按住鼠标左键拖动鼠标时产生的曲线类型。默认“Bezier”选项表示 Bezier 曲线。

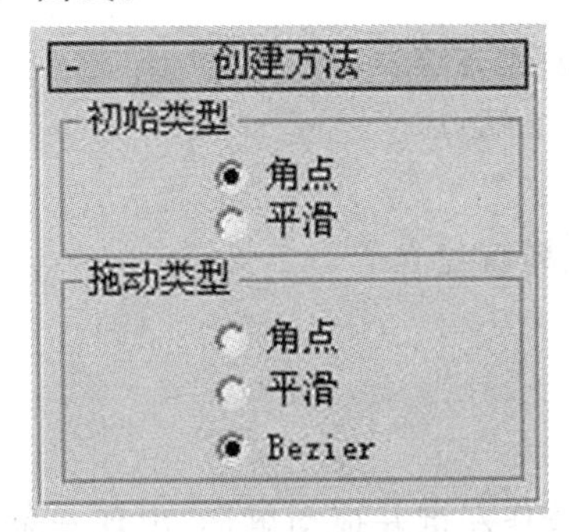

图 4-2　“线”的“创建方法”栏

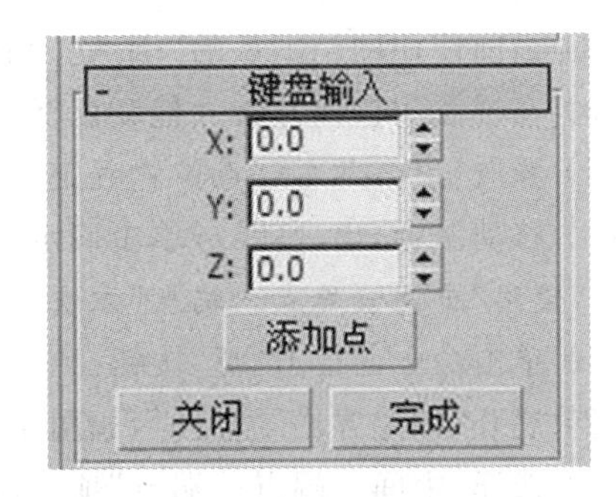

图 4-3　“线”的“键盘输入”栏

3. 键盘输入

通过键盘输入点的坐标，可以精确创建“线”。

(1) 在创建“线”在面板上单击展开“键盘输入”卷展栏，如图 4-3 所示。

(2) 在 X,Y,Z 编辑框中分别输入所要创建的第 1 点的坐标值，然后单击“添加点”按钮，该点出现在视图中。

(3) 输入下一个点的坐标值，单击“添加点”按钮，第 2 点出现，两点之间画出一条线段。

(4) 重复上面步骤依次建立各点。

(5) 最后，单击“关闭”按钮，创建一条封闭的样条线；若单击“完成”按钮，则创建一条开放的线段。

4.1.2　矩形

(1) 选择[创建]→[图形]→[矩形]。

(2) 在“顶”视图中按下左键并拖动鼠标，出现一个矩形(使用 Ctrl 键可以建立一个正方形)。

(3) 释放鼠标，就建立了一个矩形。

图 4-4 为创建矩形参数栏，图 4-5 为创建方法卷展栏。

- 角半径：定义矩形边角的圆角半径。

- 边:选择该选项,鼠标定义的是矩形的两个对角点。
- 中心:选择该选项,鼠标定义的第1点是矩形的中心。

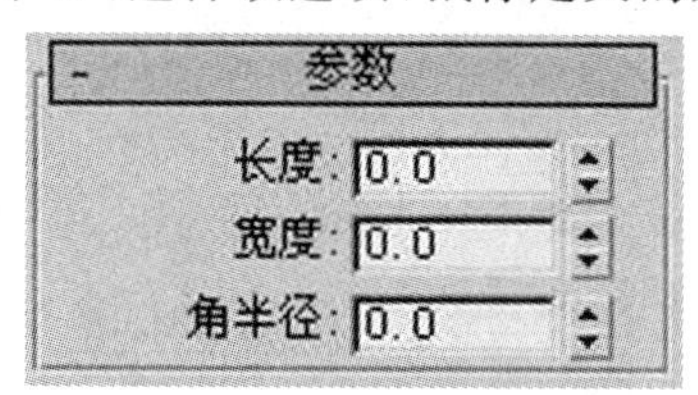

图 4-4 创建“矩形”参数栏

图 4-5 “矩形”的“创建方法”栏

4.1.3 弧

创建圆、椭圆的方法和参数比较简单,下面了解一下创建弧的参数和方法。

1. 使用“端点—端点—中间点”方法

(1) 选择菜单[创建]→[图形]→[弧]。

(2) 当前使用的是默认的“端点—端点—中间点”创建方法。

(3) 在视图中按住左键并拖动鼠标,定义弧线的两个端点。

(4) 释放鼠标,两个端点位置确定。

(5) 移动鼠标,出现弧线,单击确定弧的中间点,这样就建立了一个弧。

2. 使用“中间—端点—端点”方法

(1) 单击命令面板上“弧”按钮。

(2) 展开“创建方法”卷展栏,如图 4-6 所示。

(3) 选择“中间—端点—端点”项。然后在视图中按住左键并拖动鼠标,出现一条线段,释放鼠标,定义了弧线的圆心和弧线的起始端点。

(4) 移动鼠标,定义另一个端点,这样就建立了一段弧。

图 4-7 是创建 Arc 的参数栏。

- 从:弧线的起点角度。
- 到:弧线的终点角度。
- 饼形切片:选择此项,将建立扇形。
- 反转:选择此项,弧线的起点和端点反转对调。

图 4-6 弧的创建方法

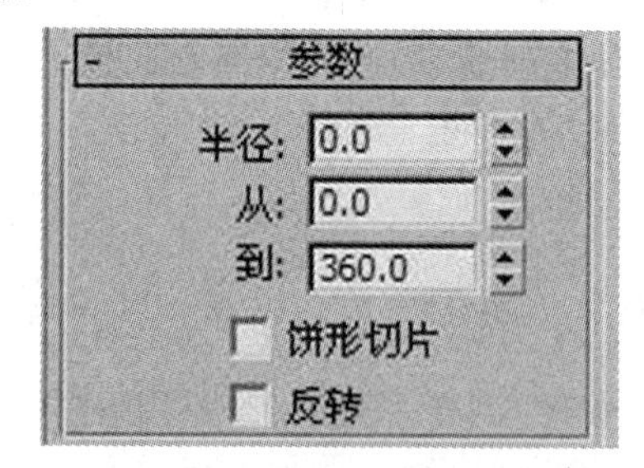

图 4-7 创建“弧”的参数栏

4.1.4 多边形

(1) 单击命令面板上的“多边形”按钮。

(2) 在视图中按下左键并拖动鼠标,出现一个正多边形。

(3) 释放鼠标,就建立了一个正多边形。

图 4-8 为创建多边形的参数栏。

- 内接:默认选项,表示半径值为多边形角点到中心的距离。
- 外接:表示半径值为多边形的边中点到中心的距离。
- 圆形:选择该项,多边形就变成圆。使用“圆”工具创建的圆只有 4 个顶点,使用“多边形”可以创建多于 4 个顶点的圆。

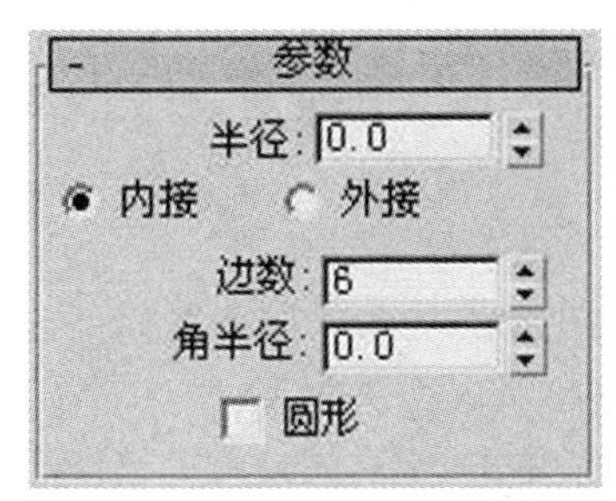

图 4-8　创建多边形参数栏

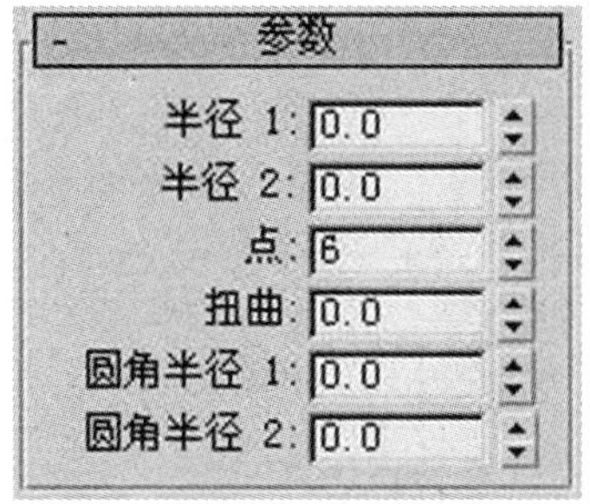

图 4-9　创建“星形”参数栏

4.1.5　星形

(1) 单击命令面板上的“星形”按钮。

(2) 在视图中按住左键并拖动鼠标,释放鼠标,定义星形第 1 个半径。

(3) 继续移动鼠标并单击,定义星形第 2 个半径,这样就建立了一个星形。

图 4-9 为创建星形参数栏。

- 点:控制星形的角数。
- 扭曲:控制星形顶点绕 Z 轴旋转的角度,正值逆时针旋转,负值顺时针旋转。
- 半径 1:指定星形内部顶点(内谷)的半径。
- 半径 2:指定星形外部顶点(外点)的半径。
- 圆角半径 1:控制星形“半径 1”所设置的角的倒圆角半径。
- 圆角半径 2:控制星形“半径 2”所设置的角的倒圆角半径

4.1.6　文本

“文本”中的字实际上是由多条样条线组成的,3ds Max 提供了直接创建它们的方法。

(1) 选择[文件]→[重置],重置系统。

(2) 选择[创建]→[图形]→[文本]。

(3) 在“前”视口中间位置单击鼠标,视图中出现了 MAX Tex 的文字内容。

(4) 在面板参数栏中修改文字内容以及其他属性。

图 4-10 为创建文字的参数栏。

- 第 1 行的下拉列表框用来选择文字的字体,默认字体是 Arial。
- 第 2 行是文字样式控制按钮,类似于文本编辑软件中的功能。
- 在样式控制按钮下面,一组参数内容如下。

大小:其值控制文字大小。

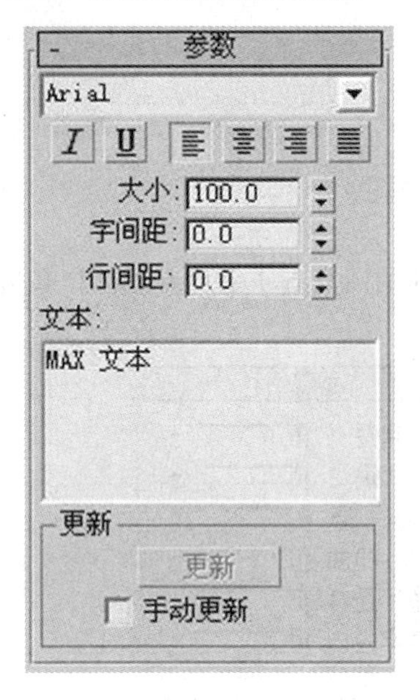

图 4-10 建立“文本”参数栏

字间距：其值控制字之间的间距。

行间距：其值控制文字的行距。

• “文本”内容框是用来输入文字的文本内容的，系统默认的内容为 MAX Text。

• “更新”组。“手动更新”按钮表示人工控制文字的更新，系统默认为自动更新方式。

4.1.7 螺旋线

螺旋线是一种比较特殊的图形，它可以创建三维空间中的螺旋线。

(1) 单击命令面板上的“螺旋线”按钮。

(2) 在“透视”视口中按住左键并拖动鼠标，到适当的位置松开鼠标，出现一个圆。

(3) 向上移动鼠标并单击，定义螺旋线的高度。

(4) 然后再次拖动鼠标单击，定义第 2 个圆的半径值。

在面板的参数栏中，设置“圈数”值，这样就创建了一条螺旋线。

图 4-11 是创建螺旋线的参数栏。

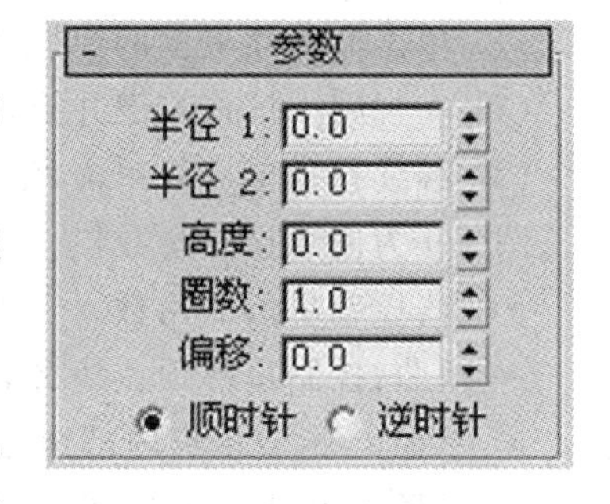

图 4-11 创建螺旋线参数栏

• “半径 1”和“半径 2”分别是螺旋线起始圆和结束圆的半径值。

• 高：定义螺旋线的垂直高度，为 0 时，是平面的螺旋线。

• 圈数：旋转圈数。

• 偏移：螺旋线的旋转疏密度。系统默认初始值为 0，表示螺旋线的疏密度均匀；为 1 时，顶部旋转数稠密最大；为 −1 时，底部旋转数稠密最大。

• “顺时针”和“逆时针”控制螺旋线的两个旋转方向。

4.1.8 截面

1. 创立“截面”

“截面”是一种特殊的二维图形，当一个平面与三维造型相交时，平面与三维造型的交线所组成的图形即为“截面”。

(1) 选择“应用程序”→[重置]，重置系统。

(2) 选择[创建]→[图形]→[茶壶]，在“透视”视口中心创建一个茶壶。

(3) 选择[创建]→[图形]→[截面]，激活“前”视图，在茶壶中心按住左键并拖动鼠标，出现一个矩形网格平面，如图 4-12 所示。

(4) 在“截面参数”卷展栏中，单击“创建图形”按钮，如图 4-13 所示。

(5) 出现“命名截面图形”对话框，单击“确定”，名称为 SShape01 的截面就生成了。

(6) 使用“按名称选择”按钮，在“选择对象”对话框中双击选择 SShape01 对象。

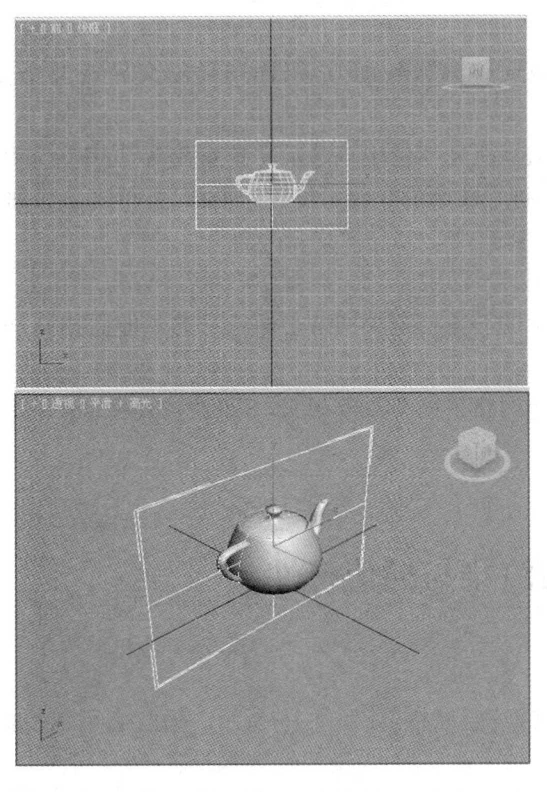

图 4-12　创建截面图

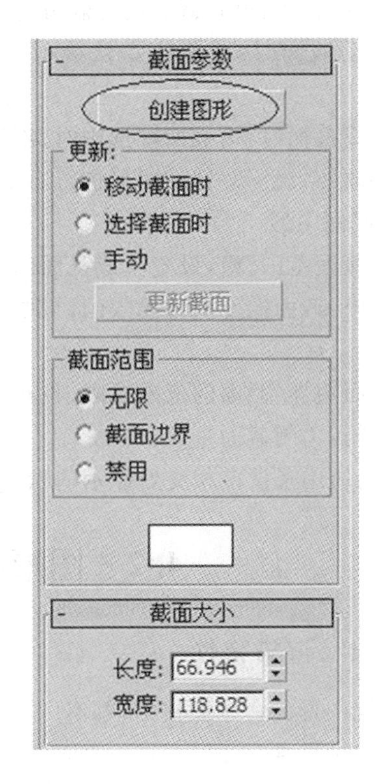

图 4-13　截面参数图

(7) 单击命令面板"显示"按钮,打开显示控制面板,如图 4-14 所示。

(8) 单击"隐藏未选定对象"按钮,视图中只显示出茶壶截面,如图 4-15 所示。

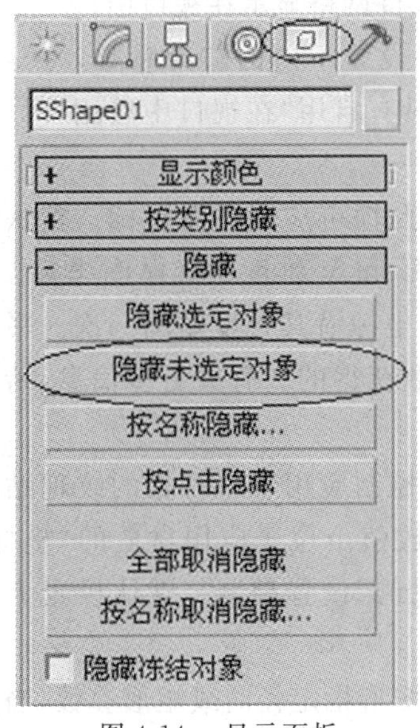

图 4-14　显示面板

图 4-15　茶壶截面 SShape01

2. 截面参数

图 4-13 是"截面参数"卷展栏。

(1)“更新”组:设置截面的更新方式。

• 移动截面时:系统的默认选项,当截面移动或转动时,剖面图形随交界造型变化而更新。

• 选择截面时:当截面被选中时,剖面造型更新。选中该选项,“更新截面”按钮为可用。

• 手动:系统不对截面图形进行自动更新。在调节好截面位置和形状后,单击该按钮,系统才更新截面图形。

(2)“截面范围”组:设置生成截面的范围。

• 无限:截面的范围为无限的,只要场景的对象与矩形网格平面或它的延伸面相交,就会生成截面。

• 截面边界:截面的范围有限,只有矩形网格平面与对象相交,才会生成此截面。

• 关闭:关闭截面生成。

(3)色块用来设定相交处显示的颜色。

4.2 图形的渲染与插值特性

4.2.1 渲染特性

在二维图形的命令面板中,都有一个“渲染”卷展栏,如图4-16所示。通过它可以控制二维图形的渲染属性。

(1)在渲染中启用:启用该选项后,使用为渲染器设置的径向或矩形参数将图形渲染为3D网格。

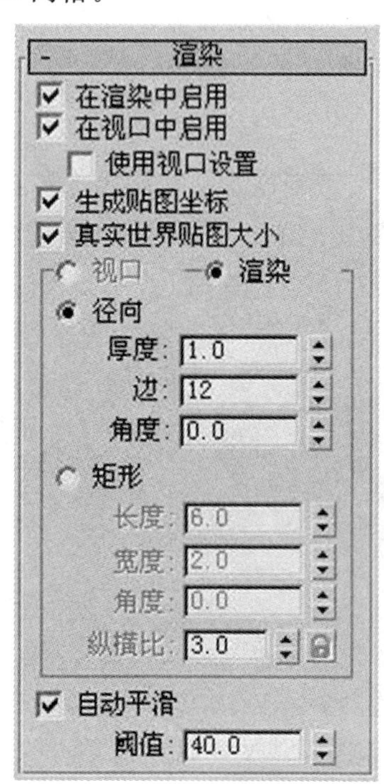

图4-16 二维图形“渲染”卷展栏

(2)在视口中启用:启用该选项后,使用为渲染器设置的径向或矩形参数将图形作为3D网格显示在视口中。

(3)使用视口设置:用于设置不同的渲染参数,并显示“视口”设置所生成的网格。只有启用“在视口中启用”时,此选项才可用。

(4)生成贴图坐标:启用此项可应用贴图坐标。默认设置为禁用状态。3ds Max以U和V维度生成贴图坐标。U坐标围绕样条线包裹一次;V坐标沿其长度贴图一次。平铺是使用所用材质的“平铺”参数获得的。有关更多信息,请参见贴图坐标。

(5)真实世界贴图大小:控制应用于该对象的纹理贴图材质所使用的缩放方法。缩放值由位于应用材质的“坐标”卷展栏中的“使用真实世界比例”设置控制。默认设置为禁用状态。

(6)视口:选择该选项为图形指定径向或矩形参数,当启用“在视口中启用”时,它将显示在视口中。

(7)渲染:选择该选项可为图形指定径向或矩形参数,当启用“在视口中启用”时,渲染或查看后它将显示在视口中。

(8) 径向:将 3D 网格显示为圆柱形对象。

(9) 厚度:指定视口或渲染样条线网格的直径。默认设置为 1.0。范围为 0.0 至 100 000 000.0。

(10) 边:在视口或渲染器中为样条线网格设置边数(或面数)。

(11) 角度:调整视口或渲染器中横截面的旋转位置。例如,如果样条线具有方形横截面,则可以使用"角度"将"平面"定位为面朝下。

(12) 矩形:将样条线网格图形显示为矩形。

(13) 长度:指定沿着局部 Y 轴的横截面大小。

(14) 度:指定沿着局部 X 轴的横截面大小。

(15) 角度:调整视口或渲染器中横截面的旋转位置。

(16) 纵横比:设置矩形横截面的纵横比。"锁定"复选框可以锁定纵横比。启用"锁定"之后,将宽度锁定为宽度与长度之比为恒定比率的长度。

(17) 自动平滑:如果启用"自动平滑",则使用其下方的"阈值"设置指定的阈值,自动平滑该样条线。

(18) 阈值:以度数为单位指定阈值角度。

4.2.2 插值特性

大部分的二维图形命令面板中都有"插值"卷展栏,如图 4-17 所示。通过它来设置二维图形中节点间的插值属性。

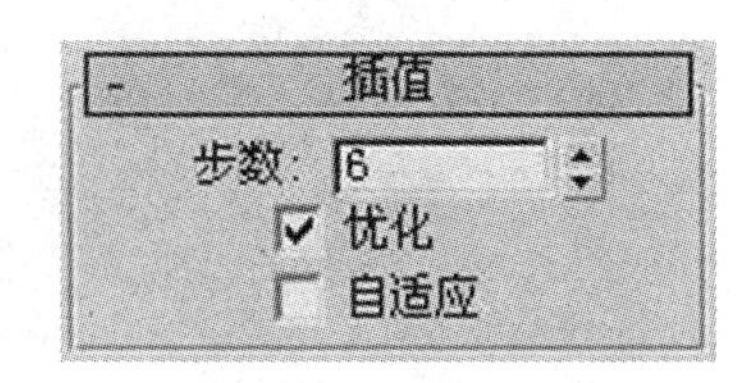

图 4-17　二维造型的 Interpolation 卷展栏

(1) 步数:设置二维图形中样条曲线使用的步数。其值越大,插补点越多,曲线越光滑,占用的资源也越大。

(2) 优化:默认选项,表示在直线线段中不插点。

(3) 自适应:选择此项后,系统会自动根据需要设置二维图形中的插值。

4.3 二维图形生成三维对象

使用修改器可以把二维图形转化为三维对象,这是创建三维模型的重要方法之一,下面学习两个修改器的使用方法。

4.3.1 挤出

1. 制作牌匾

把二维图形加上"挤出"修改器,就可以生成三维物体。下面通过制作一个牌匾的练习,学习挤出(Extrude)的使用。

(1) 选择"应用程序"→[重置],重置系统。

(2) 选择[自定义]→[系统单位],设置系统单位为 cm(厘米)。

(3) 单击"图形"按钮,然后单击"文本"按钮。在参数栏中,设置字体为"隶书",尺寸为 200,文字内容为"正大光明"。然后在"前"视口中间部分单击左键,文本被创建,单击右键结束文本创建。

(4) 单击"所有视图最大化"按钮,文本出现在视图中。

(5) 确认文本 Text01 被选中,然后选择[编辑]→[克隆],在"克隆"对话框中,选择"实例"选项,单击确定退出对话框,这样就复制了一个关联的文本 Text02。

(6) 单击面板上"矩形"按钮,并取消"开始新图形"选项,在"前"视口中,包围文字建立一个矩形,该矩形与文本 Text02 属于同一个图形。

(7) 单击按钮,最大化显示所有视图,结果如图 4-18 所示。

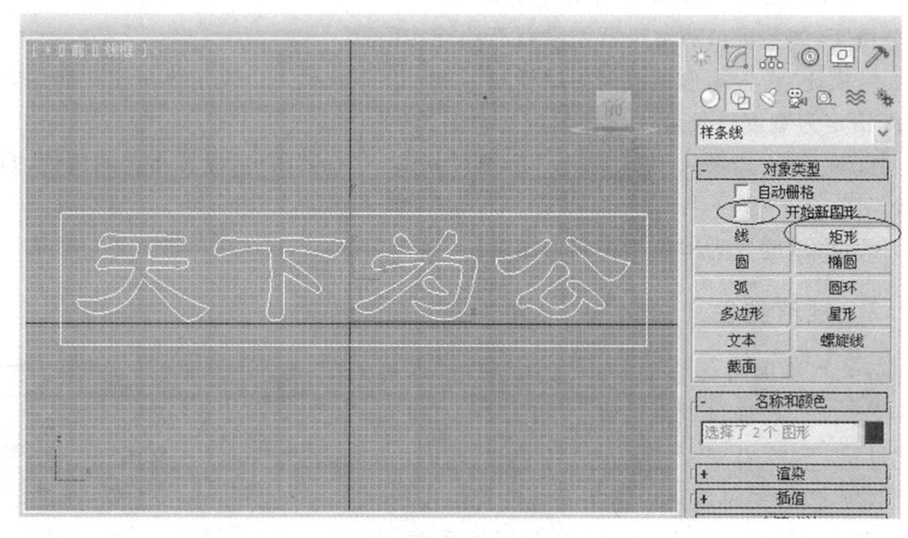

图 4-18　建立矩形

图 4-19　渲染后的牌匾

(8) 确认当前 Text02 对象被选中,选择[修改器]→[网格编辑]→[挤出],设定"数量"为 20,牌匾变为三维体,中间的文字是通透的。

(9) 单击工具栏上的"按名称选择"按钮,在对话框中双击选中 Text01。

(10) 选择[修改器]→[网格编辑]→[挤出],设定"数量"5,牌匾中填入文字。

(11) 给 Text01 和 Text02 指定不同的颜色,激活透视图并调整视角,然后单击"渲染产品"按钮,结果如图 4-19 所示。

(12) 选择"应用程序"→[保存],命名为"练习 4_01. max"文件保存。

提示:

如果要制作浮雕感的文字,把 Text01 的数量值设置成大于 Text02 的就可以了。

2. “挤出”参数

图 4-20 为“挤出”修改器的参数栏，主要功能如下。

(1) 数量：挤出的厚度。

(2) 分段：挤出厚度上的分段数。

(3) “封口”组。

- 封口始端：开始端加盖。
- 封口末端：结束端加盖。
- 变形：用于动画制作，点、面的数目恒定不变。
- 网格：对边界进行重新处理，精简点、面数量。

(4) “输出”组。

- 面片：挤出物体输出为面片模型。
- 网格：挤出物体输出为网格模型。
- NURBS：挤出物体输出为 NURBS 模型。

(5) 生成贴图坐标：使用内建方式生成贴图坐标。

(6) 生成材质 ID：使用默认 ID 号，起始盖为 1，结束盖为 2，侧面为 3。使用图形 ID 号——材质使用二维造型的 ID 号。

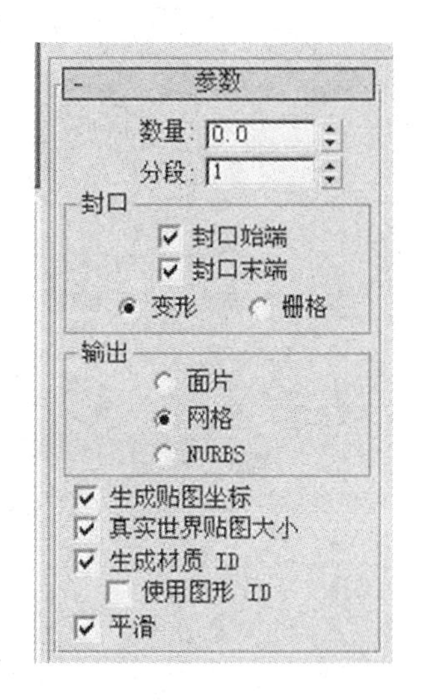

图 4-20　Extrude 参数栏

(7) 使用图形 ID：将材质 ID 指定给在挤出产生的样条线中的线段，或指定给在 NURBS 挤出产生的曲线子对象。

(8) 平滑：设置是否对挤出物体做光滑处理。

4.3.2　车削

1. 使用“车削”修改器

使用“车削”修改器可以把二维造型按某轴旋转生成三维对象。

(1) 选择“应用程序”→[重置]，重置系统。

(2) 单击“图形”按钮，然后单击“线”按钮。在“前”视口中画一段如图 4-21 所示的线。

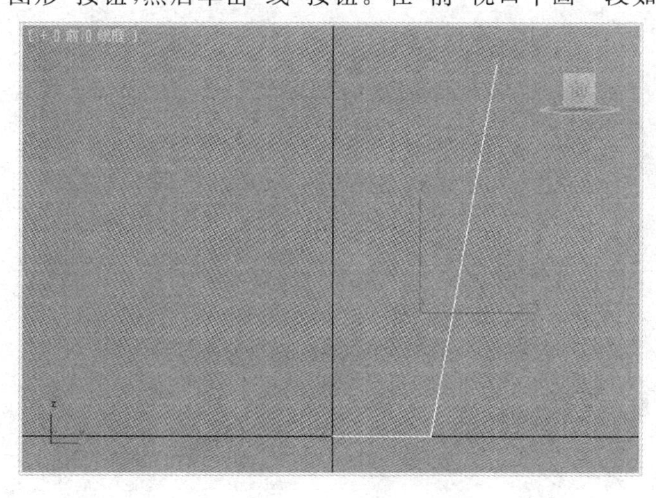

图 4-21　创建一段线

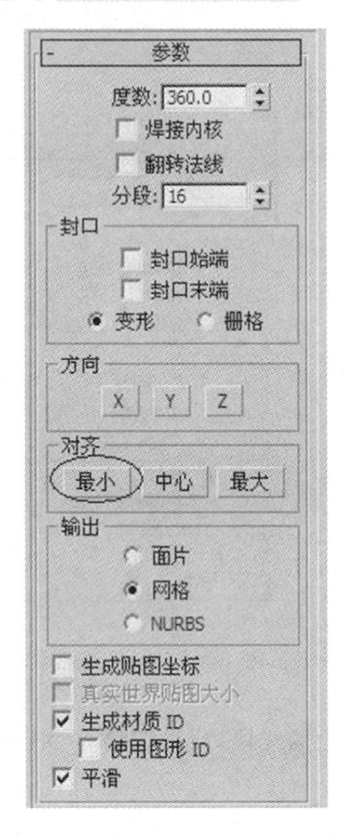

图 4-22　“车削”修改器参数栏

(3) 选择[修改器]→[面片/样条线编辑]→[车削],视图中二维的线段变成了三维物体,面板变为“车削”参数栏,如图 4-22 所示。

(4) 在面板参数栏的“对齐”组中,单击“最小”按钮,视图中造型改变(这时可能发现后侧面看不到)。

(5) 单击命令面板的“显示”按钮,打开显示控制面板,滚动到下部面板,找到“显示属性”卷展览,如图 4-23 所示,取消“背面消隐”选项。透视图中结果发生改变。

(6) 选择“应用程序”→[保存],命名为“练习 4_车削.max”文件保存。

2. “车削”修改器参数

图 4-22 是“车削”修改器的参数栏,其中有些新内容。

(1) 度数:设置旋转的角度,默认为 360,即旋转一周。

(2) 焊接内核:选择该项,会把轴心重合的点焊接精简,使造型更平滑。

(3) 翻转法线:把造型表面法线翻转。

(4) 分段:设置旋转圆周上的分段数。

(5) “方向”组:X,Y,Z 用于设置不同的旋转轴。

(6) “对齐”组。

- 最小:将曲线内边设置与旋转轴对齐。
- 中心:将曲线中心设置与旋转轴对齐。
- 最大:将曲线外边设置与旋转轴对齐。

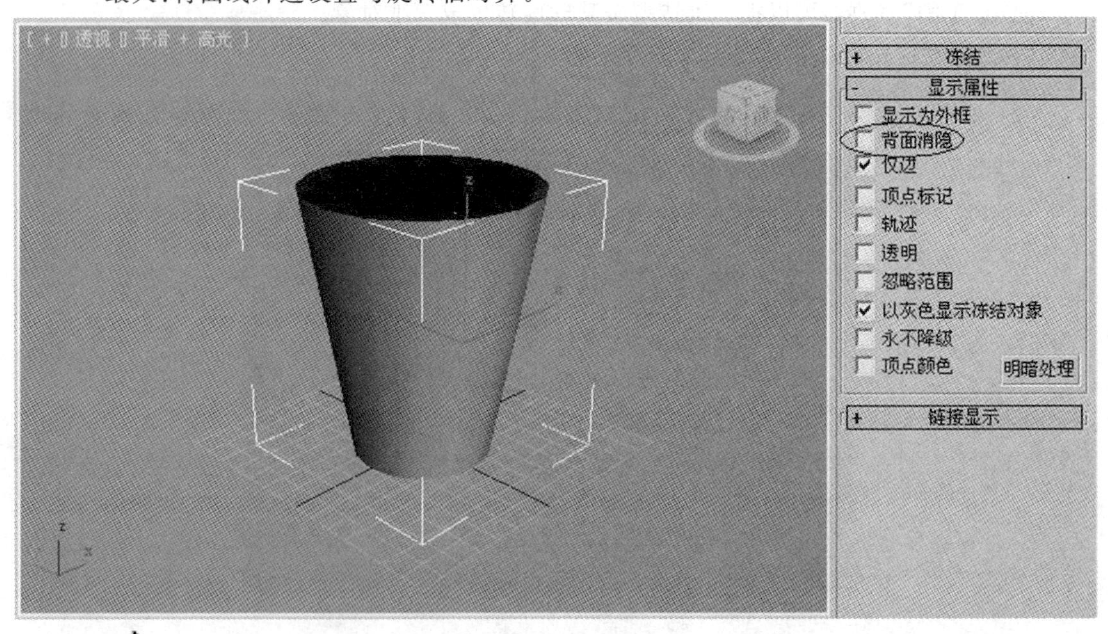

图 4-23　在“显示属性”中取消背面消隐后结果

4.4　编辑二维图形

虽然通过二维图形工具可以直接创建很多造型，但仍然不能够满足需要，这时就要使用“编辑样条线”修改器来做进一步修改，以便创建出更丰富的造型。

4.4.1　基本概念

1. 对象及次级对象

“编辑样条线”修改器除了可以编辑对象一级的参数，还可以编辑次级对象。所谓次级对象，是指某一类对象所包含的下一级子对象。

“编辑样条线”修改器中可以选择并编辑的级别有以下 4 种：

(1) 对象：对象级别，关闭次级对象时的状态。

(2) 顶点：二维图形中最低级别的次级对象。顶点带有贝塞尔信息，编辑修改顶点可以控制二维造型曲线。

(3) 分段：二维图形中中间级别的次级对象，每一线段包含两个顶点。

(4) 样条线：二维图形中最高级别次级对象。当二维图形只包含一个样条曲线时，在“样条线”次级对象层次的编辑看起来与编辑对象一样。

2. “线”的编辑

“线”是比较特殊的一种二维图形，在其修改面板上有一些特殊的参数。

(1) 选择“应用程序”→[重置]，重置系统。

(2) 单击“图形”按钮，然后单击“线”按钮。在“顶”视口中画一段线，然后单击“修改”按钮。

(3) 把面板上的卷展览全部卷起来，发现共有 5 部分内容，如图 4-24 所示。

(4) 其中“渲染”、“插值”两个卷展栏在前面已经介绍过了。另外 3 个卷展栏分别是“选择”、“软选择”、“几何体”，这就是关于“编辑样条线”主要控制内容。

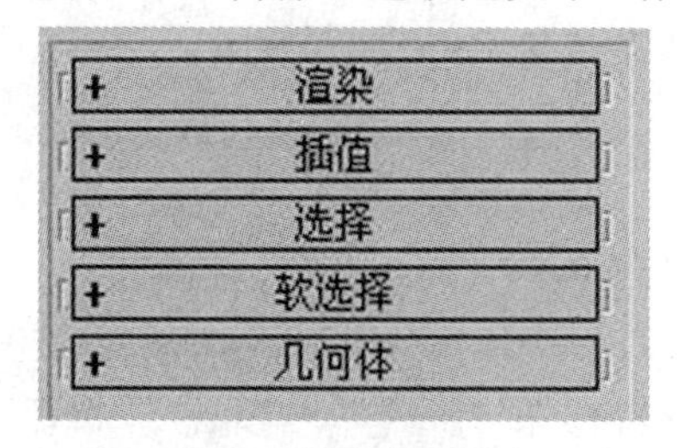

图 4-24　“线”的修改面板

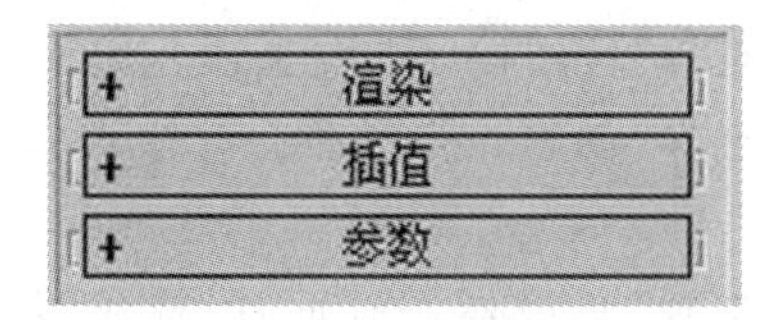

图 4-25　“圆”的修改面板

3. 其他二维图形的修改面板

(1) 单击“创建”、“图形”按钮，然后单击“圆”按钮，在“顶”视口中画一个“圆”。

(2) 单击“修改”按钮。把面板上的卷展览卷起来，内容如图 4-25 所示。它们都是关于二维图形基本属性的设置。

(3) 选择[修改器]→[面片/样条线编辑]→[编辑样条线]。面板变为“编辑样条线”控制内容，卷起所有卷展栏，内容与“线”的修改面板的后三项内容正好一样。

4.4.2 编辑“对象”

展开“几何体”卷展栏，发现许多按钮都处于不可用状态，这是因为目前修改器处于“对象”级别，在此级别。只有一部分功能可用，如图 4-26 所示。

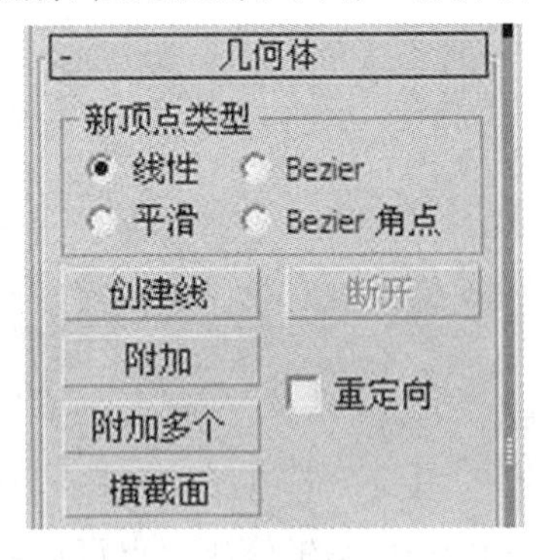

图 4-26 “编辑样条线”面板中几何体卷展栏部分内容

下面了解“对象”层级的部分编辑工具。

(1) 创建线：单击此按钮后，可以在当前图形中画线，并且所画的新线都是当前二维图形的一部分，而不是一个独立的对象。创建顶点时，新顶点的类型可以通过上面“新顶点的类型”组中的选项控制。缺省为“线性”点。

(2) 附加：此按钮可以给选定的二维图形增加其他的二维图形，即把两个二维图形合并为一个二维图形。

(3) 附加多个：与“附加”的功能类似，它可以将多个二维图形合并到当前二维图形上。单击此按钮，就会弹出“附加多个”对话框，在弹出的对话框中选择需要被附加的二维图形的名称，然后单击“附加”按钮完成操作。

(4) 重定向：默认禁用，表示被附加的二维图形仍在原来的位置。如果启用此选项，被附加的二维图形改变位置，其基准点和局部坐标系与当前二维图形的基准点的位置和方向匹配。

提示：

当将一个二维图形被附加到另一个二维图形上时，该二维图形就不再作为独立的对象存在，而是变成了“样条线”次级对象。这意味着不能够再访问它的基本参数和修改器堆栈中的任何修改器。

4.4.3 编辑“顶点”

在“编辑样条线”修改器中，编辑顶点会影响到整条线段的外形和弯曲的程度。

(1) 选择“应用程序”→[重置]，重置系统。

(2) 选择[创建]→[图形]→[矩形]，在“顶”视口建立一个矩形。

(3) 选择[修改器]→[面片/样条线编辑]→[编辑样条线]。

(4) 展开面板上的“选择”栏，如图 4-27 所示。

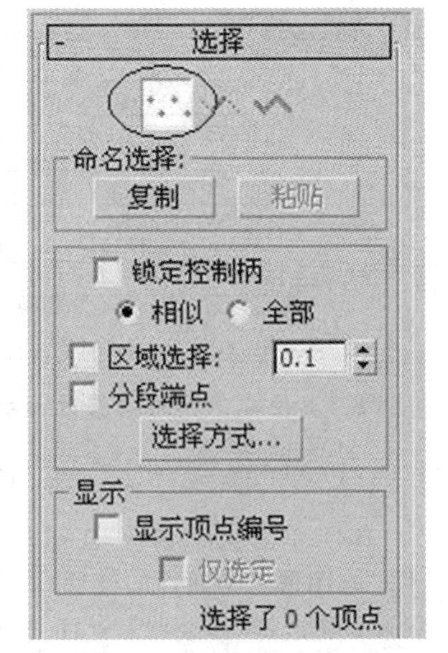

图 4-27 “选择”卷展栏

(5) 单击“顶点”选项，视图中矩形的 4 个顶点出现标记，其中一个黄色的点为矩形的起始点。

(6) 单击选择矩形左上角的顶点，此点两旁出现两个绿色的小方块及链接它们的控制柄，如图 4-28 所示。

二维图形的顶点有 4 种的类型：

(1) 平滑点：点两侧线段为平滑曲线，并与线段相切，没有控制柄。

(2) 角点：点两侧的线段为直线，没有控制柄。

(3) Bezier 点：提供两个控制柄，并与线段相切。两个控制柄始终成一直线，并且相互关联。

(4) Bezier 角点：提供两个独立控制句柄，允许分别调节点两侧线段。矩形顶点是 Bezier 角点类型。

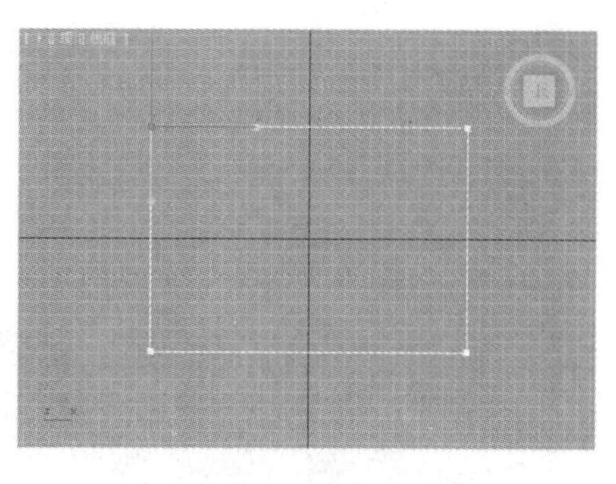

图 4-28　左上角点被选中

1. 改变顶点类型

1) 把顶点改变成“平滑”类型

(1) 在被选中的顶点处单击鼠标右键，弹出浮动快捷菜单，如图 4-29 所示，选择其中的“平滑”选项。顶点两侧线段变为曲线，结果如图 4-30 所示。

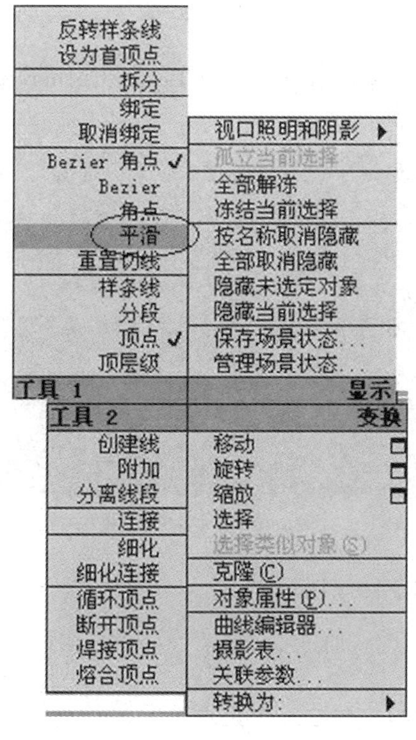

图 4-29　快捷菜单

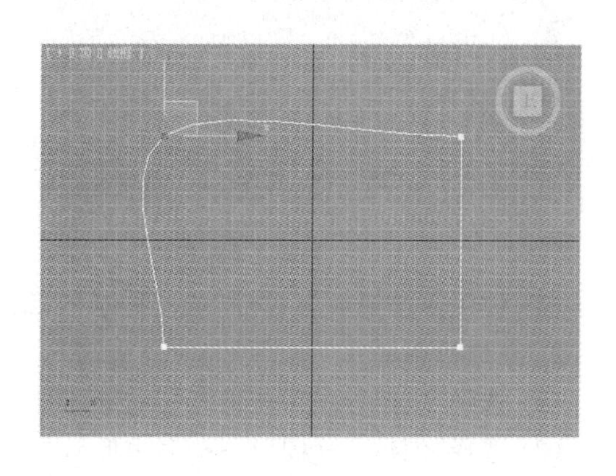

图 4-30　平滑点

(2) 单击“选择并移动”按钮，用鼠标拖动该顶点，两条线段始终保持相切。单击右键取消移动。

2) 把顶点改变为“角点”类型

(1) 在被选中的顶点上单击鼠标右键，在弹出的快捷菜单中选择“角点”选项。顶点两侧曲线又变为两段直线。

(2) 使用“选择并移动”随意拖动该顶点，该顶点两侧线段为任意角度，但两条线段有一定的曲率，如图 4-31 所示。这是因为这两条线段还受到另外两个顶点的控制，另外两个顶

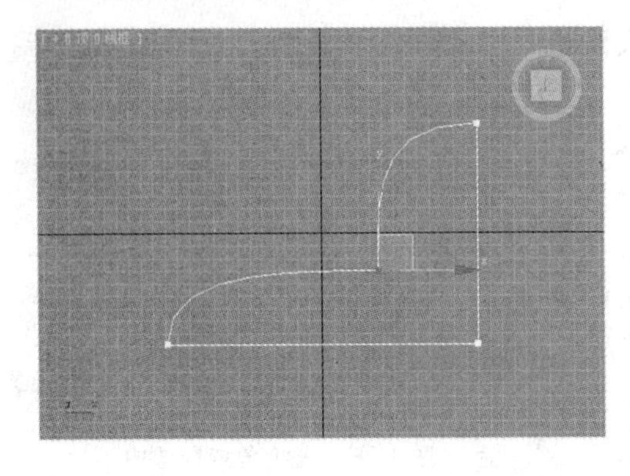

图 4-31　角点

点的类型并没有改变。

3）把顶点改变为 Bezier 类型

（1）用鼠标右键单击被选顶点，在弹出的快捷菜单中选择 Bezier 选项。

（2）顶点两旁出现控制柄，两个控制句柄位于一条直线上，并且相互关联。

（3）使用“选择并移动”拖动该点四处移动，观察矩形的变化，控制柄总是保持一条直线，如图 4-32 所示。

（4）选择一个控制柄移动，控制柄总是和顶点相切。如果加长一个控制柄，另一个也跟着加长。两旁的线段也随之弯曲，如果控制柄缩成一个点，两旁线段变为直线。

4）把顶点改变为“Bezier 角点”类型

（1）在被选顶点上单击鼠标右键，从弹出的快捷菜单中选择中选取 Bezier Corner 选项。

（2）顶点两侧的控制柄成一个角度，并且相互独立。

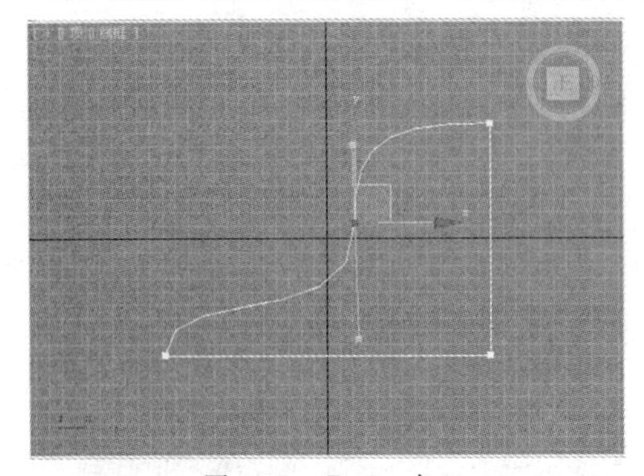

图 4-32　Bezier 点

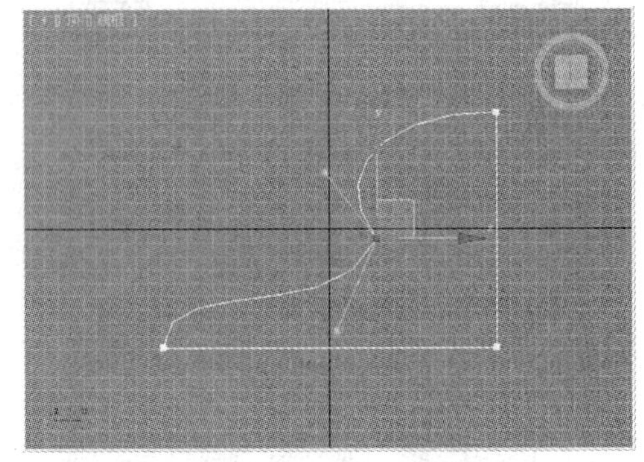

图 4-33　Bezier 角点

（3）使用“选择并移动”移动控制柄，结果如图 4-33 所示。

2. 锁定控制柄

（1）选择“应用程序”→[重置]，重置场景。

（2）选择[创建]→[图形]→[多边形]，在“顶”视口中建立一个正六边形。

（3）选择[修改器]→[面片/样条线编辑]→[编辑样条线]。

（4）展开面板上的“选择”栏，单击打开“顶点”次级对象选项。

（5）选定一个顶点，则此顶点上出现了成一定角度的两个控制柄，表明它是 Bezier 角点（多边形顶点都是 Bezier 角点）。

（6）在“顶”视口内选定上面 4 个点，单击“选择并移动”工具，然后移动其中的一个顶点，4 个顶点都跟随移动。单击右键取消移动。

（7）尝试移动一个顶点的一个控制句柄，发现只有选取的控制柄被移动，单击右键取消移动。

（8）选择菜单[编辑]→[全选]，选定所有顶点。

(9) 在面板上"选择"栏下，选中"锁定控制柄"复选框，然后选择下面的"相似"选项。在视图中移动一个控制句柄，发现其他几个顶点的相似控制柄跟随移动，如图 4-34 所示。

(10) 选择菜单[编辑]→[撤销移动]，恢复到六边形状态。现在选则"锁定控制柄"下的"全部"选项，在视图中移动一个控制柄，则所有顶点的控制柄都跟随移动，效果如图 4-35 所示，每个顶点上的两个控制柄之间的角度不变。

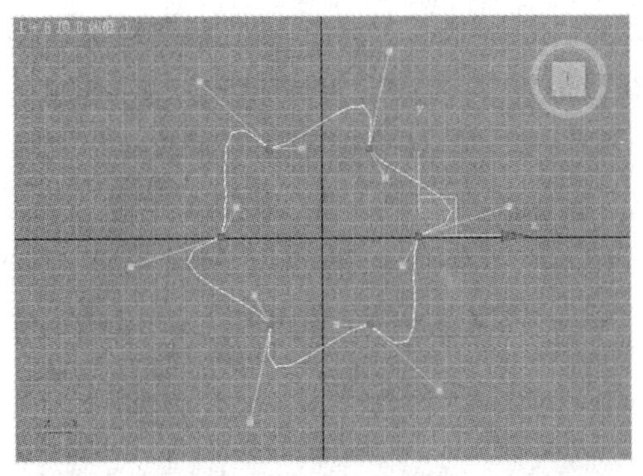

图 4-34　锁定"相似"控制柄移动时的情形

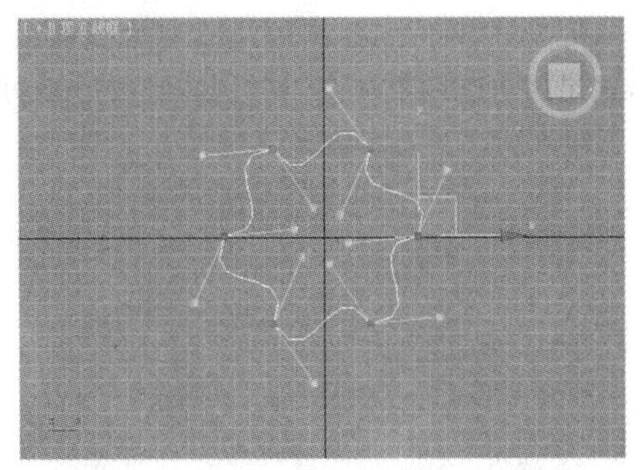

图 4-35　锁定全部控制柄时移动的情形

3. 顶点的其他操作

除了上面提到的顶点属性控制操作以外，还可以对顶点进行其他诸如链接、增加、打断等操作，这些功能按钮位于命令面板的"几何"卷展栏中。

简单介绍下面几个常用的工具。

(1) 断开：选定一个顶点，单击该按钮，在该顶点处将样条曲线断开。

(2) 焊接：选定多个顶点，设置好按钮右边微调框中的合并阈值，单击该按钮，此时处于合并阈值内的顶点便被合并为一个顶点。

(3) 连接：单击该按钮，然后从一个顶点拖动到另一个顶点即可将它们通过一个线段连接起来。

(4) 设为首顶点：先选择一个顶点，再单击该按钮，就可以将该顶点成为样条曲线的第 1 顶点。

(5) 插入：单击该按钮，然后在二维造型上需要插入顶点的地方单击鼠标左键，就可以插入新的顶点，可以连续插入顶点。最后可以通过单击鼠标右键(或者按 Esc 键)来结束顶点插入。

(6) 相交：使用该按钮可以在同一个二维图形中两条样条曲线的交点处为两条样条曲线分别插入新顶点。

(7) 删除：使用该按钮可以删除选定的顶点。

4.4.4　编辑"分段"

"分段"是指两个"顶点"之间的部分，有曲线段和直线段两种类型，调整顶点的同时可以把顶点所控制的线段随之进行调整。除此以外，还有其他方法可以调整"分段"。

1. 把顶点调整为"角点"类型使曲线变为直线

(1) 选择"应用程序"→[重置]，重置场景。

(2) 单击"图形"按钮，然后单击"圆"按钮，在"顶"视口中创建一个圆。

(3) 选择[修改器]→[面片/样条线编辑]→[编辑样条线],为圆添加“编辑样条线”修改器。

(4) 选择[编辑]→[暂存],把场景保存在缓存中。

(5) 并选择次级对象为“顶点”。在“顶”视口中选取圆得左边顶点,单击鼠标右键,在弹出的快捷菜单中选择“角点”类型。选定上边的顶点,把它也改为“角点”类型。

(6) 这时两顶点控制的线段变为直线段,如图 4-36 所示。注意其余两条线段也受到影响,这是因为这两个顶点还分别控制着另外两条线段。

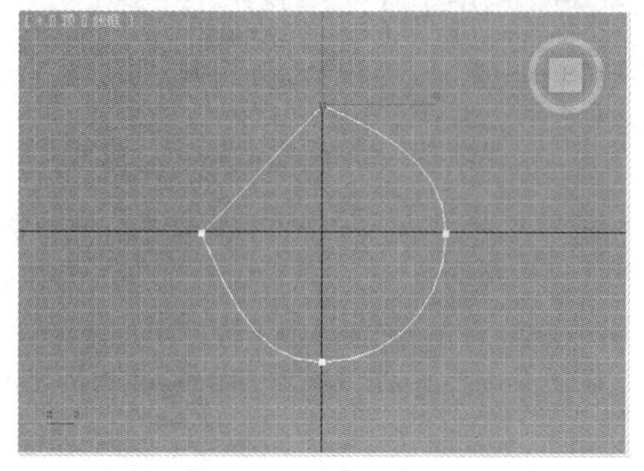

图 4-36 两个角点之间为直线图

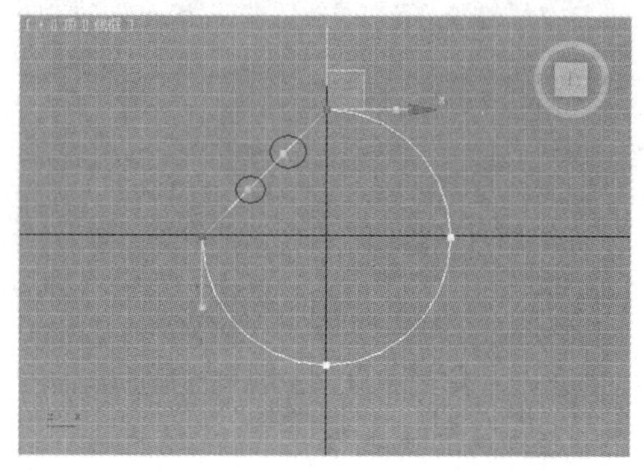

图 4-37 调整 Bezier 角点的控制柄

2. 把顶点调整为“Bezier 角点”类型

(1) 选择[编辑]→[取回],把保存在缓存中的场景取回来,图形恢复为圆形。

(2) 同时选择圆形上面的和左边的顶点,在任意一个顶点上单击鼠标右键,从弹出的快捷菜单中选定“Bezier 角点”。

(3) 单击“选择并移动”按钮,调整上面顶点左边的控制柄和左边顶点上边的控制柄,让两个控制柄处于同一条直线上,此线段变为直线段,而其他的线段仍保持曲线原来的形状,如图 4-37 所示。

3. 改变线段类型

(1) 选择[编辑]→[取回],把保存在缓存中的场景取回来,图形恢复为圆形。

(2) 在面板上“选择”卷展栏上选择“分段”次级对象。选择圆的某一条线段并单击右键,从弹出的快捷菜单中选定“线”选项,曲线段变为直线段。

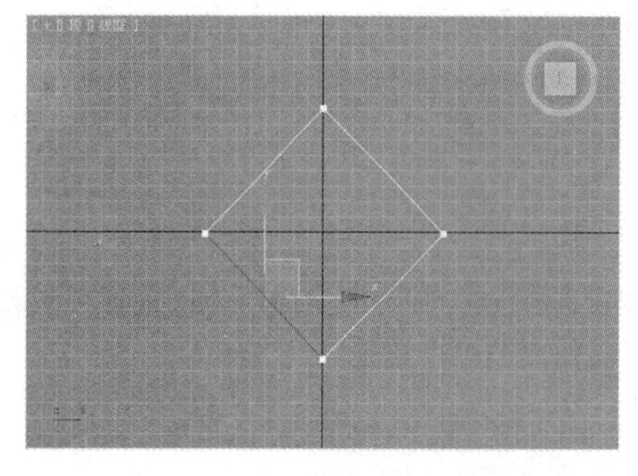

图 4-38 把曲线变成直线

(3) 依次选择其他 3 段弧线,重复前一步操作,圆形变成了正方形,如图 4-38 所示。

4. “分段”层级的其他操作

确定所选的次级对象为“分段”,打开“几何体”卷展栏,黑色的按钮和选项则是在分段层次可以使用的工具,常用的工具如下:

(1) 断开:此按钮可将选中的线段断开。

(2) 拆分:此按钮的作用是将所选择的线段进行等分,按钮右边的文本框中可输入均分的次数。

(3) 分离:此按钮的作用是将所选择的线段从二维图形中分离出来,成为场景中一个独立的图形。有 3 个复选框,默认均不选择。"同一造型"表示被分离的线段仍然属于当前的图形;"重定向"控制分离部分重定位;"复制"控制是分离线段还是复制线段。

4.4.5 编辑"样条线"

"编辑样条线"修改器还有一个次对象层级是"样条线",它对图形中一条"样条线"进行调整。

(1) 选择"应用程序"→[重置],重置场景。

(2) 单击 "图形"按钮,然后单击"圆环"按钮,在"顶"视口中建立一个圆环图形。

(3) 选择[修改器]→[面片/样条线编辑]→[编辑样条线],为圆环加"编辑样条线"修改器。

(4) 在圆环图形上单击右键,在快捷菜单上选择"样条线"选项,这样就进入了"样条线"层级。

(5) 选择圆环的内侧圆,此圆变成红色(被选中),滚动面板到"几何体"卷展栏,单击"删除"按钮,此内侧圆被删除。

(6) 单击主工具栏"放弃"按钮,取消删除。

在"几何体"卷展栏中用于"样条线"层级调整的工具还有以下几种。

(1) 反转:将所选定的样条曲线反转。对不封闭的样条曲线来说,其第一顶点变动到另一个端点上。

(2) 轮廓:可以对样条曲线进行偏移复制。右边的微调框可输入轮廓线偏移的距离,"中心"选项可用来控制轮廓线产生的方式。当"中心"复选框没有被选择时,原始的样条曲线仍然保留,新产生的轮廓线到原始样条曲线的距离是文本框中所输入的值;当"中心"被选择时,原始的样条曲线被删除,新产生的两个轮廓线到原始样条曲线的距离是微调框中所输入值的一半。

(3) 炸开:将所选定的样条曲线炸开,样条曲线的每一"分段"都变为当前图形中的一条样条线或一个独立的"对象"。

(4) 布尔:用作二维图形的布尔运算。

(5) 镜像:对所选样条线进行镜像。

【思考与练习】

1. 二维图形建模有哪几种类型?
2. 如何让二维图形具有渲染特性?
3. 二维图形中的次级对象有哪几种类型?

第5章 修改器

学习目标

☆ 了解修改器的概念及使用方法。

☆ 理解修改器堆栈的数据流、次序及相互关系。

☆ 掌握常用修改器的使用方法及参数控制。

☆ 修改器是创建各种复杂模型及对场景对象参数调整控制的重要工具，理解并掌握其使用是高效实用软件的不可或缺的基础。

3ds Max 的"修改器"提供了编辑和构造对象的多种方法，使用它们可以改变对象的参数、造型及其他特性。

使用"修改器"对物体进行修改时，这些"修改器"命令都被保存在"修改堆栈"中。堆栈中相同"修改器"的顺序若不同，结果可能会大不相同。

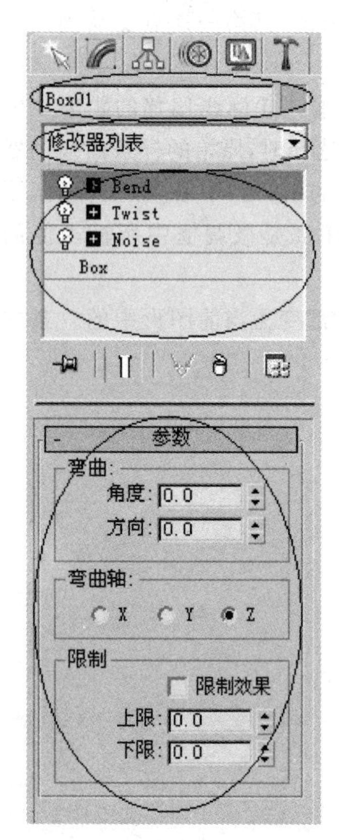

图 5-1 "修改器"命令面板

可以删除堆栈中"修改器"命令，取消修改效果。如果对修改堆栈使用"塌陷"，则所作修改均被固定，这样可以节省资源，但以前的"修改器"的参数就不可再被调整了。

在前面的章节中，已经介绍了一些有关二维及三维对象的修改操作，本章将对"修改器"命令面板进行进一步的介绍。

5.1 "修改器"面板概述

5.1.1 "修改器"面板的组成

图 5-1 是一个基本的"修改器"命令面板，可以把它自上而下划分成 4 个区域：物体名称与颜色区域、修改器列表区域、修改堆栈区域、参数区域。

1. 物体名称与颜色

在 3ds Max 中，每一个对象都有一个名称。一般情况下，系统使用默认名称定义场景中的对象。但当场景较复杂时，为对象取个容易记忆的名称非常有必要。

用户可以根据需要，通过此区域修改场景中对象的名称。这个区域通常会出现在许多命令面板中，可以在需要的时候修改它。

名称栏右边的色块用于定义对象的颜色，它是物体在视窗中显示的线框和实体颜色。单击该色块，出现"对象颜色"对话框，通过该对话框可以设定需要的颜色。

2. 修改器列表

区域修改器列表在名称栏下面，单击展开该列表，所有当前可用的修改器都列在其中，选择所需要的修改器就可以了。

如果需要，可以在该区域中显示一组预定义的或自定义的修改器按钮，直接在面板上选择修改器。

进行下面的练习，学习设置修改器按钮。

(1) 单击修改堆栈下的"配置修改器集"按钮，在弹出快捷菜单中选择"配置修改器集"选项，出现"配置修改器集"对话框，如图5-2所示。

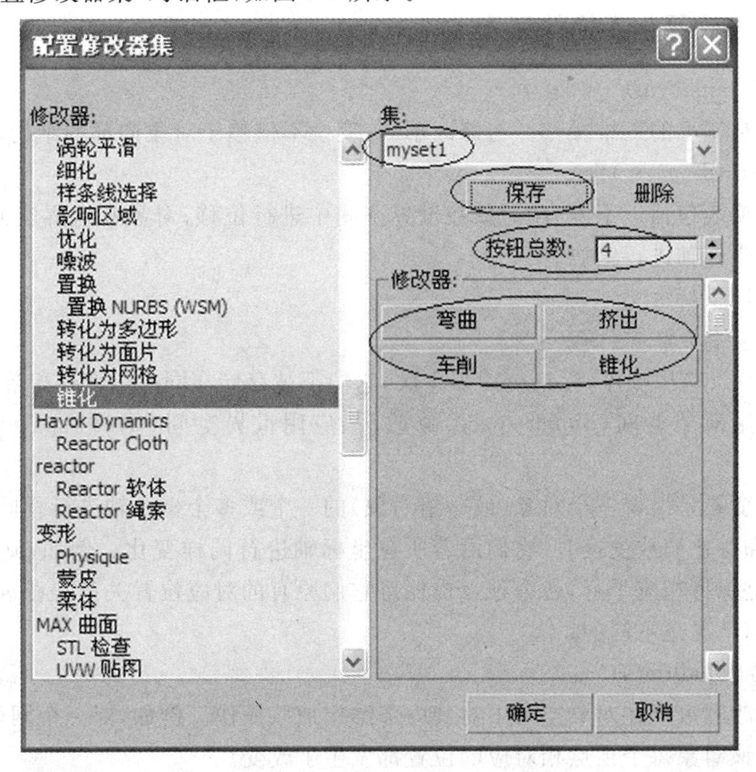

图5-2　"配置修改器集"对话框

(2) 在"按钮总数"栏中设置需要的按钮个数为4。

(3) 在"修改器"按钮区选择第1个按钮，然后在左侧的"修改器"列表双击选择"弯曲"修改器，该按钮成为"弯曲"修改器按钮。

(4) 重复上面步骤，将其他3个按钮设置为"挤出、车削、锥化"修改器。

(5) 在"集"列表框中输入 Myset1 名称，然后单击"保存"按钮保存设置。

(6) 单击"确定"退出对话框。

(7) 单击"配置修改器集"按钮，在快捷菜单中出现了新建立的 Myset1 选项。选中该项，然后选择"显示按钮"选项，新建立的按钮组就出现在面板上。

3. 修改堆栈

在修改器列表下面的区域是“修改器”堆栈，曾经进行的修改操作都存储在这里，用户可以根据需要进行调整。

选择一个对象之后，先使用的修改器显示在堆栈的下部，后使用的修改器显示在堆栈的上部。在堆栈的最底部，一般是物体被创建时的参数。

对象表现结果是按照堆栈中各个修改器的顺序从下到上受影响的，先施加的修改器将会对后面的修改器产生影响。

4. 参数区

在最下的一部分区域，显示了当前对象的参数，它包括建立时的模型参数以及后来进行修改的参数。改变这些参数，可以影响物体原始形状以及物体所受修改的效果。

5.1.2 修改器与变换的区别

1. 变换(Transform)

“变换”是最基本的三维操作。与修改不同，变换不依赖于对象内部的结构，它们一般应用在世界空间(world space)中。

对象的变换表包括以下内容：对象在世界空间中进行位移；对象在世界空间中进行旋转；对象沿着自身坐标轴进行缩放。

变换具有以下特性。

(1) 只能应用于整个对象。

(2) 不依赖于应用顺序，无论应用多少次，它们都被存储在同一组变换矩阵中。

(3) 在应用对象空间(object-space)修改后、应用世界空间(world-space)修改前，使用变换。

大部分的变换是沿着一个对象(或一组对象)的一个或多个坐标轴进行相同的变化。在进行移动、旋转和等比缩放变换时，它们沿着所有坐标轴进行同样变化。例如，旋转一个立方体时，各个边总是保持相应平行，各个顶点也保持它们原有的对应位置关系。在进行挤压和非等比缩放变换时，情况是不同的。

2. 修改器(Modifiers)

多数的修改器可以在对象空间中对其内部结构加以操作。例如，对一个网格物体施加“扭曲”修改器时，该对象每个顶点相对应的位置都发生了改变。

修改器操作可以应用于次级对象上，并且依赖于内部结构，修改命令具有以下的特性。

(1) 可以应用于一个对象或对象的一部分。

(2) 依赖于应用的次序。

(3) 在修改器堆栈中可以显示单独的修改器，在堆栈中可以启用或关闭修改器，也可以改变它们的顺序。

还有一些修改器是应用在世界空间的。它们使用世界坐标系，一般在对象空间的修改和变换之后使用。除此之外，在其他方面与对象空间的修改器具有相同的特性。

3. 比较二者

进行下面的练习，了解变换与修改器区别。

(1) 选择“应用程序”→[重置]，重置系统。

(2) 选择[创建]→[标准基本体]→[圆柱体],在"顶"视口中创建两个圆柱体,半径均为10,高度片段均为10,一个高为100(左侧 Cylinder01),另一个高为50(右侧 Cylinder02)。

(3) 选中高为50的圆柱体 Cylinder02,单击"选择并非均匀缩放"按钮。

(4) 单击F12快捷键,在弹出的"缩放变换输入"对话框中的"绝对"选项组中,将Z轴编辑框中输入200并按回车键。此时两个圆柱体变得一样高,从外形上看完全一样。

(5) 分别对两个圆柱体施加相同的"弯曲"修改器,均设置"角度"值为−90。

(6) 调整视图显示,"透视"视口显示的结果如图5-3所示。

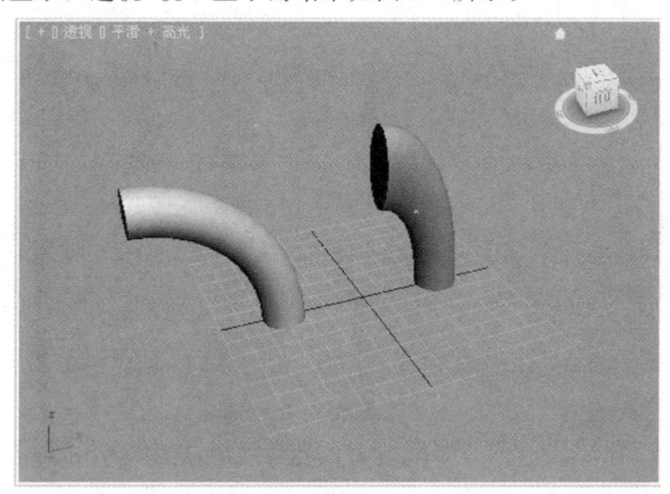

图5-3 施加"弯曲"后的效果

(7) 选择"应用程序"→[保存],命名为"练习05_01.max"文件保存。

上面的练习说明,在施加修改器之前使用变换会出一些意想不到的问题。因此,一般情况下,变换应该在施加修改器之后才进行。

要想使变换操作成为对象属性的一部分,必须使用"变换"修改器,把变换操作变成对象修改堆栈数据中的一部分。

5.2 修改器堆栈

"修改器堆栈"是记录修改器操作的存储区域。在3ds Max中建立的对象都带有自身的堆栈,其中存储着该对象构建的过程。

5.2.1 使用修改器堆栈

1. 使用修改器

通过下面练习了解修改器堆栈。

(1) 选择"应用程序"→[重置],重置系统。

(2) 选择[创建]→[标准基本体]→[圆柱体],在"透视"视口中,建立一个半径为20,高度为50,高度段数为10的圆柱体。

(3) 单击“修改”按钮，进入修改面板。

(4) 单击选择“弯曲”按钮，设置“角度”值为 45，圆柱体弯曲，如图 5-4 所示。

(5) 单击选择“锥化”按钮，再对圆柱体施加“锥化”修改器，设置“数量”为－1，结果如图 5-5所示。

(6)“修改器堆栈”列表如图 5-6 所示，可以看到圆柱体的创建参数 Cylinder 处于底层，向上依次分别为 Bend(弯曲)、Taper(锥化)。

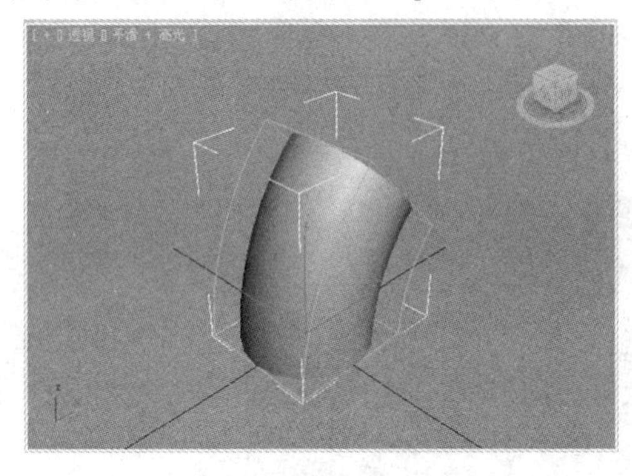

图 5-4　施加“弯曲”后的效果

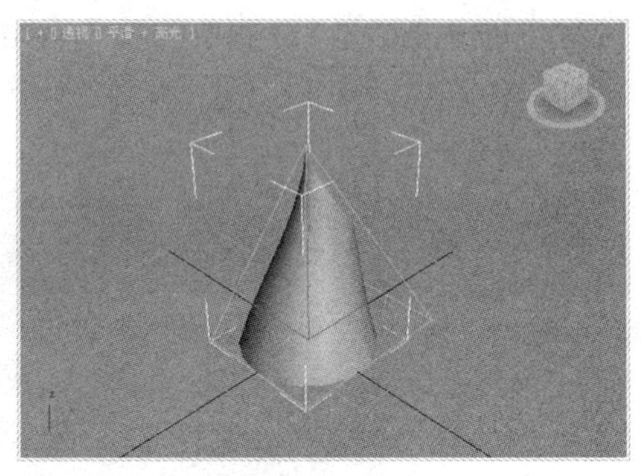

图 5-5　施加“弯曲”及“锥化”后的效果

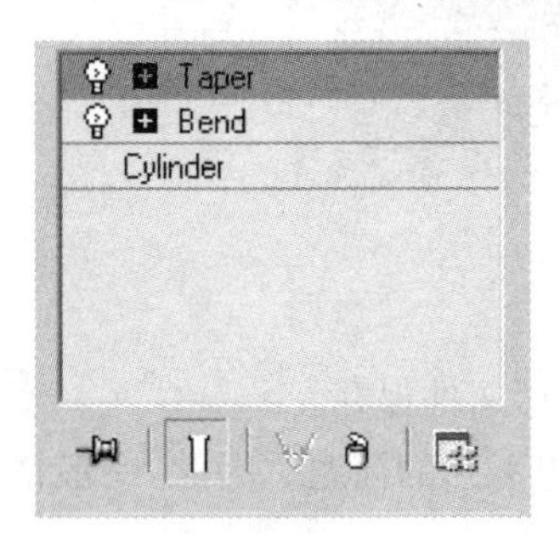

图 5-6　修改器堆栈

2. 调整堆栈中的选项

(1) 在修改器堆栈中，选择 Cylinder 项，面板上出现圆柱体的参数。此时可以对参数进行调整。设定高度为 100，圆柱体高度加长，但弯曲和锥化效果依然存在，只不过是对改变了高度后的圆柱体进行的弯曲和锥化。

(2) 在堆栈列表中分别选择 Taper(锥化)、Bend(弯曲)修改器，均可以进入它们各自的参数面板。如果对它们进行调整，物体也将随之发生改变。

(3) 在堆栈列表中单击 Taper(锥化)前的按钮，该按钮变为“关闭”，圆柱体的锥化效果消失，只剩下弯曲的效果。此时，Taper(锥化)修改器的 Gizmo 仍然存在。

(4) 单击按钮，变回“开”，此时圆柱恢复原来的效果。

(5) 在堆栈列表中选择 Bend(弯曲)修改器，单击堆栈下面的“显示最终结果/开关切换”按钮，圆柱体上的锥化效果消失。这是因为目前只显示到 Bend(弯曲)修改器层次的效果，不再显示最后的结果。

(6) 再次单击 Bend 前面的按钮，该按钮变为，现在只剩下施加修改命令前圆柱体。

(7) 把前面操作中的按钮全部恢复到默认状态。

(8) 如果发现使用的修改器不合适，可以删除它。在堆栈列表中选定 Bend(弯曲)项，单击堆栈下的“从堆栈中删除修改器”按钮，Bend(弯曲)修改器及其效果被删除。

(9) 选择菜单命令[编辑]→[放弃]，取消删除 Bend(弯曲)修改器的操作。

(10) 选择“应用程序”→[保存],命名为“练习 05_02.max”保存。

5.2.2 编辑修改堆栈

1. 调整修改器的顺序

在前面的练习中,了解了使用堆栈可以进入对象创建的某一个层次,再进行参数调节。此外,如果发现使用修改器的顺序有错误,可以使用鼠标拖动来改变堆栈中修改器的次序。

通过下面的练习,了解次序不同的修改器对象同对象施加效果的不同。

(1) 选择“应用程序”→[打开],打开前面的“练习 05_02.max”文件。

(2) 选择菜单[编辑]→[暂存],暂存场景。

(3) 选择圆柱体,单击“修改”按钮,进入修改面板。在修改器堆栈中用鼠标拖动 Bend(弯曲)修改器到 Tape(锥化)修改器上面。视图中圆柱体的修改结果发生改变,如图 5-7 所示,这是因为 Bend(弯曲)修改器在 Taper(锥化)修改器之后使用。

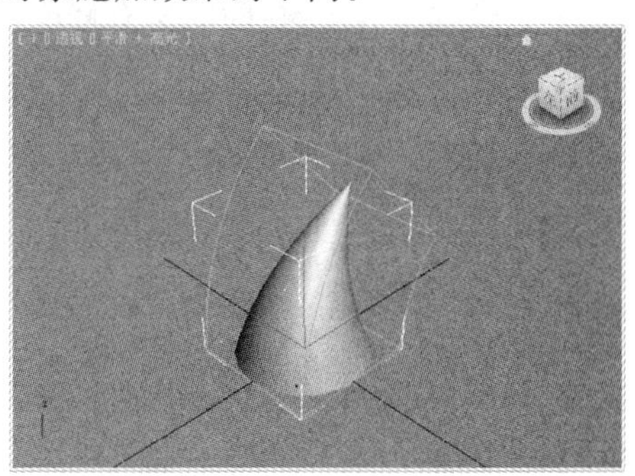

图 5-7 改变了修改器顺序后的效果

(4) 选择[编辑]→[取回],恢复原先保存的场景。

2. 其他调整修改器堆栈的工具

可以使用鼠标右键单击任意堆栈选项,弹出一个快捷菜单,如图 5-8 所示,这些都是编辑修改器堆栈的选项。

重命名
删除
剪切
复制
粘贴
粘贴实例
使唯一
塌陷到
塌陷全部
✔ 保留自定义属性
保留子动画自定义属性
✔ 打开
在视口中关闭
在渲染器中关闭
关闭
使成为参考对象
显示所有子树
隐藏所有子树

图 5-8 编辑修改命令堆栈的快捷菜单

(1) 重名命:重新命名所选择的修改器。

(2) 删除:删除所选择的修改器。

(3) 剪切:将当前选择的修改器剪切。随后可以使用“粘贴”选项把它粘贴到其他对象的修改器堆栈中。

(4) 复制:复制选择的修改器。

(5) 粘贴:将复制或剪切的修改器粘贴到当前的修改堆栈中。

(6) 粘贴实例:把复制的修改器以实例方式粘贴在当前的修改器堆栈中。

(7) 使唯一:使共同应用的修改器独立,在修改器为实例属性时才可用。

(8) 塌陷:将堆栈中当前选择的修改器与下一个修改器合并。

(9) 塌陷全部:把堆栈中所有的内容合并。

(10) 保留自定义属性:启用该选项之后,塌陷对象的修改器堆栈会将其转化为不同的格式(如可编辑多边形),将在堆栈中保留所有自定义属性。

(11) 打开:打开当前选择的修改器效果。

(12) 在视口中关闭:当前选择的修改器效果在视口中被关闭。

(13) 在渲染器中关闭:当前选择的修改器效果在渲染时被关闭。

(14) 关闭:当前选择的修改器在视口和渲染时均被关闭。

(15) 使成为参考对象:将实例对象转换为参考对象。

(16) 显示所有子树:展开所有修改器的层级。如果要展开单个修改器的层级,单击该修改器前的"+"号。

(17) 隐藏所有子树:隐藏所有修改器的层级。

5.2.3 修改器的次级对象(Sub-Obiect)

1. 中心与 Gizmo

在修改器堆栈中,每个修改器都有"次级对象"(Sub-Obiect)选项,通过它可对修改器的次级对象进行编辑。

修面器的次级对象有两个,一个是 Gizmo,它用来确定修改操作应用的范围。另一个是"中心",它确定修改器应用的中心。

通过下面的练习了解它们的功能。

(1) 选择"应用程序"→[打开],打开"练习 05_02.max"文件。

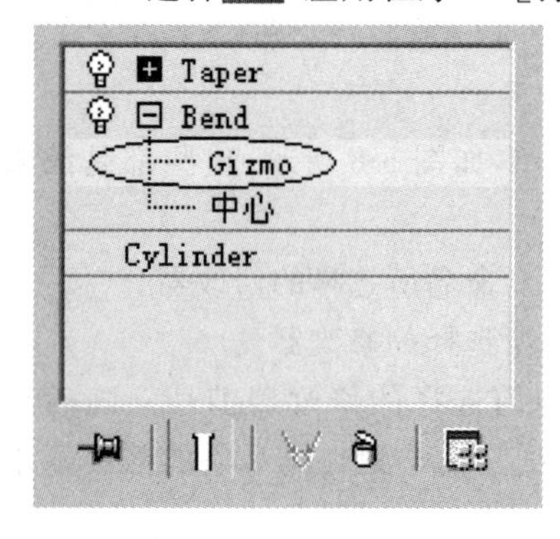

图 5-9 选择"弯曲"修改器的 Gizmo

(2) 选定圆柱体,打开"修改"面板,选择修改器堆栈中的 Bend(弯曲)项。然后展开该选选项的次级对象,并选择 Gizmo,如图 5-9 所示。在圆柱体上出现一个黄色的弯曲的框子。

(3) 单击"选择并移动"按钮,在"透视"视口中拖动的 Gizmo 框移动,可看到物体随着 Gizmo 框的移动而发生变化。除此之外,也可以进行旋转和缩放等操作。

(4) 选择 Bend(弯曲)的另一个次级对象"中心"。使用移动工具移动修改定位框的中心,可以发现效果也发生了改变。

2. 制作动画

使用修改器的次级对象功能可以制作有趣的动画,下面的练习使用 Gizmo 制作动画。

(1) 选择堆栈 Bend(弯曲)修改器的 Gizmo,然后单击"选择并移动"按钮。

(2) 单击打开"自动关键点"按钮。

(3) 拖动状态栏上的时间滑块到第 20 帧,然后再"透视"视口中将 Gizmo 向后移动一段距离。

(4) 拖动时间滑块到第 50 帧,然后将 Gizmo 向左移动一段距离。

(5) 拖动时间滑块到第 80 帧,然后将 Gizmo 向前移动一段距离。

(6) 拖动时间滑块到结束位置,然后将 Gizmo 向右移动一段距离。

(7) 关闭"自动关键点"按钮。

(8) 单击“播放动画”按钮,在“透视”视口中可以看到播放的动画效果。如果有兴趣的话,也可以尝试在动画中加入旋转、比例缩放等动作。

(9) 选择“应用程序”→[保存],将文件更新保存。

5.3 常用的修改器

3ds Max 提供了大量的、功能多样的修改器。在“修改器”菜单栏中,这些修改器被分成了不同的类型组合。在前面的章节中已经学习了一些修改器,下面再介绍一些常用修改器的使用方法。

5.3.1 变换

前面在讲解修改器与变换的区别时,曾经提到过“变换”修改器,它可以在修改堆栈中记录对象变换的信息。

“变换”修改器具有两个主要的功能。

(1) 设置子对象选择的变换动画。也可以设置修改器中心位置动画。

(2) 在堆栈中的任何地方变换对象。

下面使用前面保存的“练习 05_01”文件来学习“变换”修改器的使用。

(1) 选择“应用程序”→[重置],重置系统。

(2) 选择[文件]→[打开最近],找到并打开“练习 05_01.max”文件。

(3) 选择[创建]→[标准基本体]→[圆柱体],在视图中再建立一个半径均为 10,高度片段均为 10,高为 50 的圆柱体 Cylinder03。

(4) 单击“所有视图最大化显示”按钮,“透视”视口效果如图 5-10 所示。

(5) 确认 Cylinder03 被选中,选择[修改器]→[参数化变形器]→[变换],为 Cylinder03 加上“变换”修改器。

(6) 展开修改堆栈中“变换”修改器子层级,并确认激活 Gizmo,此时视图中出现一个包围在圆柱体外的黄色框架(即 Gizmo)。

(7) 单击工具栏中“选择并非均匀缩放”按钮。单击 F12 快捷键,弹出“缩放变换输入”对话框,在右侧“偏移:世界”选项组的 Z 框中输入 200,将圆柱体沿其 Z 坐标轴放大为原来的 2 倍。此时圆柱体 Cylinder03 的高度与 Cylinder01 相同。

(8) 关闭“缩放变换输入”对话框,然后关闭修改堆栈中“变换”修改器次级对象 Gizmo。

(9) 再次施加“弯曲”(Bend)修改器,并设置角度数值为−90,此时的圆柱体向左边弯曲 90°。

(10) 单击“所有视图最大化显示”按钮,“透视”视口效果如图 5-11 所示。现在发现 Cylinder03 圆柱体与 Cylinder01 圆柱体造型完全一样。这是因为使用了“变换”修改器可以把变换操作记录到物体的修改数据中。

(11) 选择“应用程序”→[另存为],命名为“练习 05_03.max”保存。

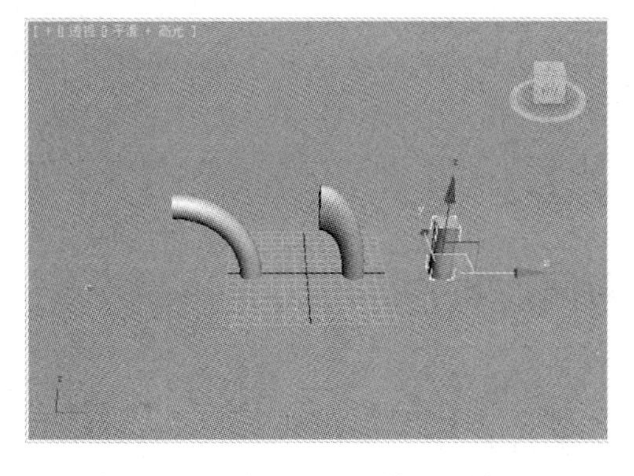

图 5-10 使用"变换"修改器前

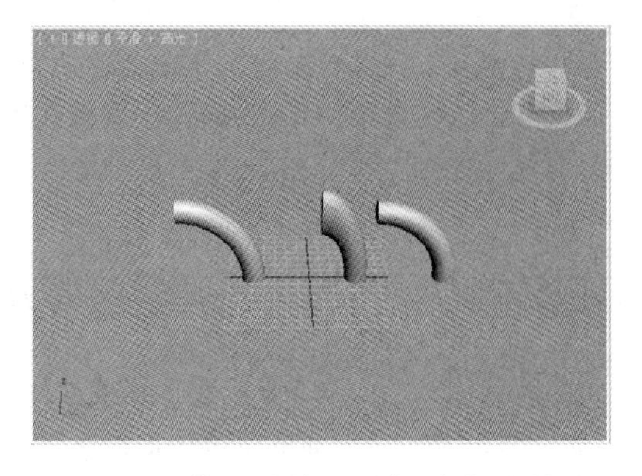

图 5-11 使用"变换"后施加"弯曲"的效果

5.3.2 倾斜

"倾斜"修改器可以在对象几何体中产生均匀的偏移。可以控制在 3 个轴中任何一个轴上倾斜的数量和方向,还可以限制几何体部分的倾斜。

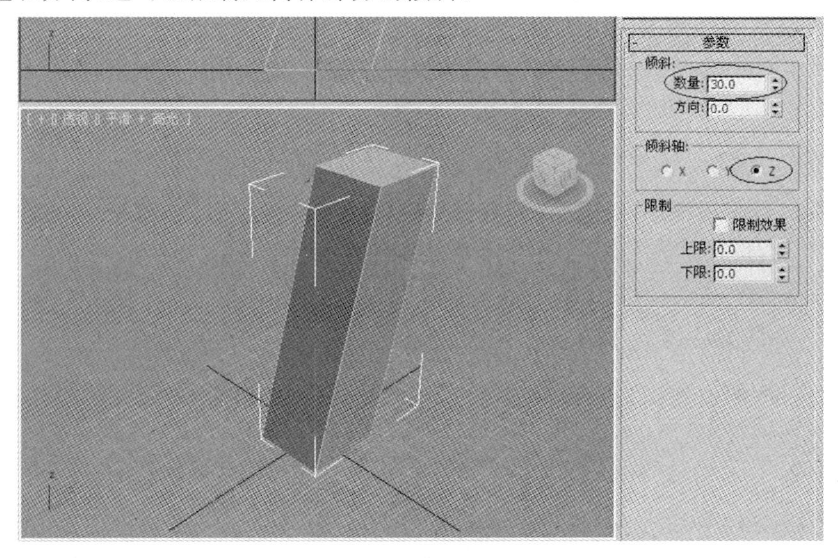

图 5-12 "倾斜"修改器

(1) 选择"应用程序"→[重置],重置场景。

(2) 选择[创建]→[标准基本体]→[长方体],在"透视"视口内建立一个长宽高分别为 30,30,100,长宽高分段均为 10 的长方体 Box01。

(3) 选中 Box01,单击"修改"按钮,进入修改面板。展开修改器列表,选取"倾斜",为长方体加上 Skew(倾斜)修改器。此时参数卷展栏如图 5-12 所示。

(4) 在参数栏中的"倾斜"组中,设置"数量"为 30,视图中长方体向右倾斜。如果输入负值,则向左偏斜。"方向"参数用于控制物体偏斜的角度方向,默认为 0。"倾斜轴"组内的 3 个选项用于控制沿着哪个轴倾斜,默认为 Z 轴。

5.3.3 噪波

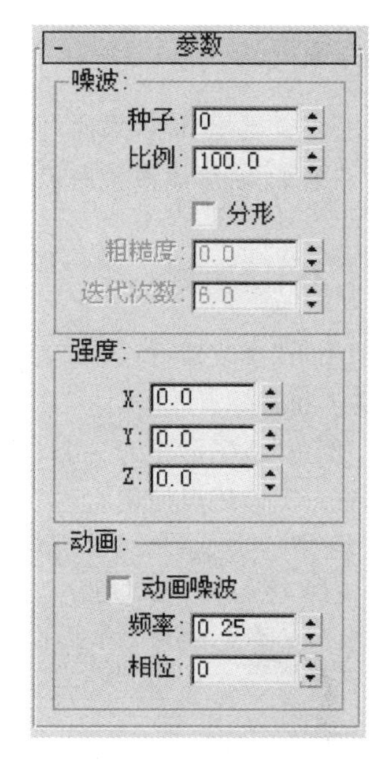

图 5-13 “噪波”修改器的面板内容

“噪波”修改器沿着 3 个轴的任意组合调整对象顶点的位置。它是模拟对象形状随机变化的重要动画工具。

使用分形设置，可以得到随机的涟漪图案，比如风中的旗帜。使用分形设置，也可以从平面几何体中创建多山地形。

(1) 选择“应用程序”→[重置]，重置系统。

(2) 选择[创建]→[标准基本体]→[长方体]，在“透视”视口建立一个长方体 Box01，长、宽均为 200，高为 10，长、宽的段数为 20。

(3) 确认长方体 Box01 被选中，选择菜单[修改器]→[参数化变形器]→[噪波]，为长方体加上 Noise(噪波)修改器。此时面板上出现“参数”卷展栏，如图 5-13 所示。其中包括 3 个选项组：噪波、强度和动画。

(4) 在“强度”组中设置 Z 为 60，让物体在 Z 轴方向上下起伏 60 个单位，可以看到长方体的形状发生改变，如图 5-14 所示。

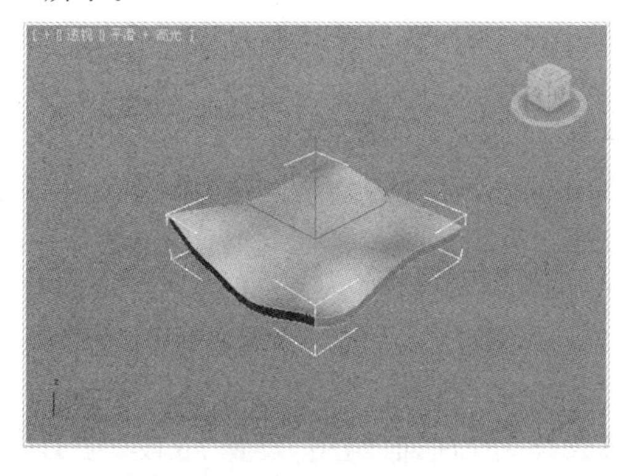

图 5-14 施加“噪波”修改器后长方体

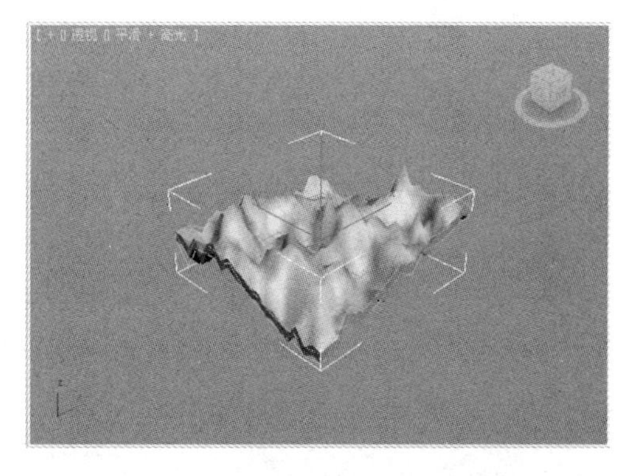

图 5-15 使用“分形”后形成的效果

(5) 在“噪波”组中改变“种子”的参数，对象的起伏状态发生改变，最后设定为 6。

(6) 选择“分形”复选框，对象的起伏面片增加。在激活了“分形”复选框后，它下面的两个微调框随之被激活：“粗糙度”控制对象表面起伏的剧烈程度，“迭代次数”控制表面起伏的迭代次数。设定为“粗糙度”为 0.5，“迭代次数”为 10，结果如图 5-15 所示。

(7) 在“动画”组中，选择“动画噪波”复选框激活动画，单击 Play 按钮可以看到对象在不停地变形。在激活动画之后，Phase 微调框的数值在 0 到 100 间变换。

(8) 选择“应用程序”→[保存]，命名为“练习 05_04. max”保存。

> **提示：**
>
> 必须选择“动画噪波”复选框，“噪波”动画才被激活。在没有激活“自动关键点”按钮时，“噪波”修改器的动画是默认的。也可以激活“自动关键点”按钮，自己设置动画。

5.3.4 倒角

“倒角”修改器可以将二维图形挤出为 3D 对象并在边缘应用平或圆的倒角。常用来创建 3D 文本和徽标。

“倒角”将图形作为一个 3D 对象的基部，然后将图形挤出为四个层次并对每个层次指定轮廓量。下面练习使用它建立倒角文本。

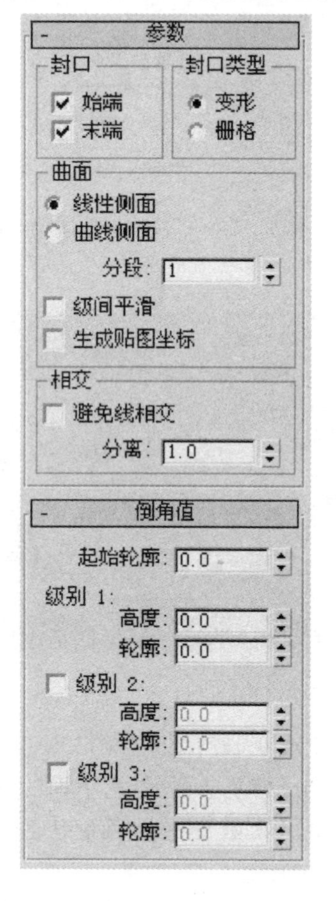

图 5-16 “倒角”修改器的内容

(1) 选择“应用程序”→[重置]，重置系统。

(2) 选择[创建]→[图形]→[文本]，在“前”视口中建立一个文本 Text01，内容为“梦想”，尺寸大小为 100。

(3) 选择该文本 Text01，单击命令面板上“修改”按钮，进入修改面板。

(4) 在修改器列表中选择“倒角”修改器。面板内容如图 5-16 所示。“参数”卷展栏控制总体的效果，“倒角值”卷展栏控制倒角的效果。

(5) 在“倒角值”卷展栏中设置“级别 1”的“高度”为 10，“轮廓”为 2。文本挤出高度值为 10，向外侧倒角值为 2。

(6) 勾选启用“级别 2”，设置“高度”为 15，“轮廓”为 0，“级别 2”只挤出不倒角。

(7) 勾选启用“级别 3”复选框，设置高度为 10，“轮廓”为-2。

(8) 在“参数”栏中“曲面”组中，设置“分段”为 3，由于分段数是每一个层次的，所以整个对象的分段数就是 9。如果要建立带棱角的倒角效果，需要取消“级间平滑”复选框。

(9) 选择“线性侧面”选项时，使用直线插值，形成直的表面。选择“曲线侧面”选项时，将使用曲线插值，所形成的表面将是圆滑的。

(10) 选择“参数”卷展栏中的“避免线相交”复选框，可以清除模型中的相交部分。否则对象中的一些很小的锐角或接近的部分在倒角的时候会出现难以预料的结果。设置“间隔”为 0.01，该值为边界间保持的最小间距，结果如图 5-17 所示。

(11) 选择“应用程序”→[保存]，命名为“练习 05_05.max”保存。

图 5-17 使用“倒角”修改器制作的倒角文本

5.3.5 拉伸

“拉伸”修改器模拟传统的挤压拉伸效果，在保持体积不变的前提下，沿指定轴向拉伸或挤压对象，并沿着剩余的两个副轴应用相反的缩放效果。副轴上相反的缩放量会根据距缩放效果中心的距离进行变化。最大的缩放量在中心处，并且会朝着末端衰减。

(1) 选择“应用程序”→[重置]，重置系统。

(2) 选择[创建]→[标准基本体]→[长方体]，在视图中创建一个边长为 50 的立方体 Box01，设置其长、宽、高的分段数均为 10。

(3) 单击“选择并移动”按钮，按住 Shift 键移动视图中的立方体，使用“复制”方式将它克隆两个。

(4) 选择复制的立方体 Box02，单击“修改”进入修改面板，选择“拉伸”修改器。面板出现“拉伸”修改器参数，如图 5-18 所示。

(5) 在“拉伸”组中设置“拉伸”值为 1。

(6) 选择复制的立方体 Box03，单击“修改”按钮。设置“拉伸”值为 1，“放大”值为 4。

(7) 单击“所有视图最大化显示”按钮，结果如图 5-19 所示。

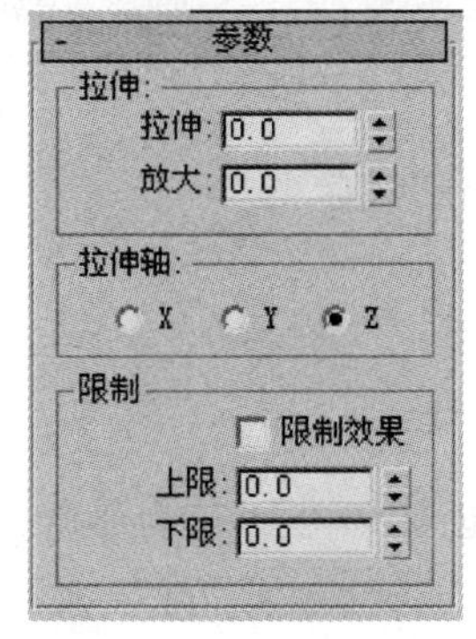

图 5-18 拉伸修改器面板

图 5-19 不同参数的“拉伸”效果

(8) 尝试一下把“拉伸”和“放大”设置为负值，看看效果会怎样。

(9) 选择“应用程序”→[保存]，命名为“练习 05_06. max”保存。

5.3.6 挤压

“挤压”修改器可以将挤压效果应用到对象。在此效果中，与轴点最为接近的顶点会向内移动。

(1) 选择“应用程序”→[重置]，重置系统。

(2) 选择[创建]→[标准基本体]→[球体]，在视图中创建一个半径为 30 的球体 Sphere01。

(3) 单击“选择并移动”按钮，按住 Shift 键移动视图中的球体，使用“复制”方式将它克隆两个。

(4) 选择复制的球体 Sphere02，单击“修改”进入修改面板，选择“挤压”修改器。面板出现“挤压”修改器参数，如图 5-20 所示。在“轴向凸出”组中，设置“数量”为 1，“曲线”为 3。

(5) 选择复制的球体 Sphere03，单击“修改”进入修改面板，在“轴向凸出”组中，设置“数量”为 1，“曲线”为 3；在“径向挤压”组中，设置“数量”为 2，“曲线”为 2，结果如图 5-21 所示。

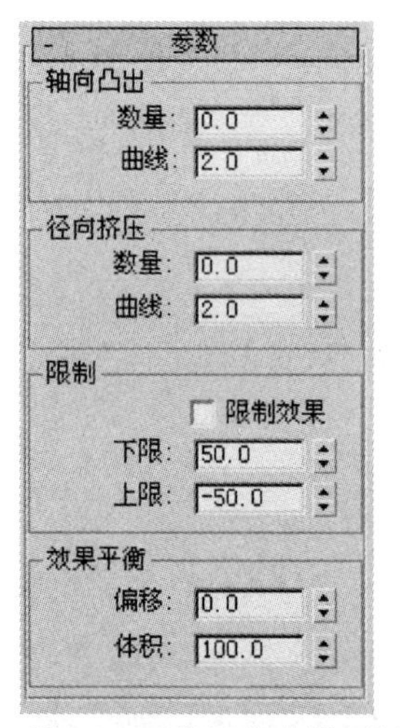

图 5-20 挤压修改器面板

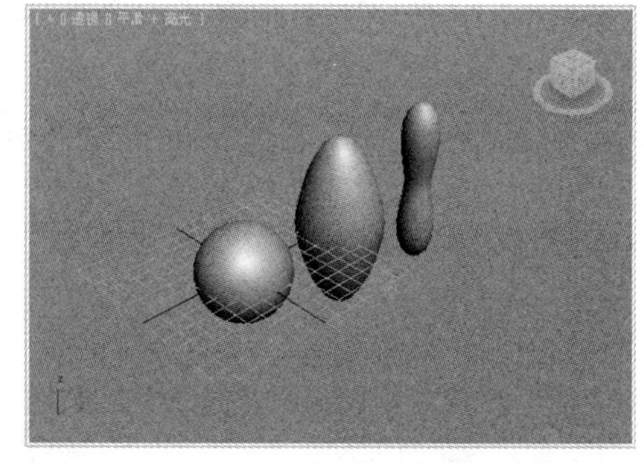

图 5-21 不同参数的“挤压”效果

(6) 选择“应用程序”→[保存]，命名为“练习 05_07.max”保存。

5.3.7 晶格

(1) 选择“应用程序”→[重置]，重置系统。

(2) 选择[创建]→[标准基本体]→[长方体]，在视图中创建一个边长为 100 的立方体 Box01，设置其长宽高的分段数均为 5。

(3) 选择[修改器]→[参数化变形器]→[晶格]，进入“晶格”修改器。在“支柱”组中，设置“半径”为 1，“边数”为 10；在“节点”组中，设置“半径”为 3，“分段”为 4，勾选启用“平滑”，结果如图 5-22 所示。

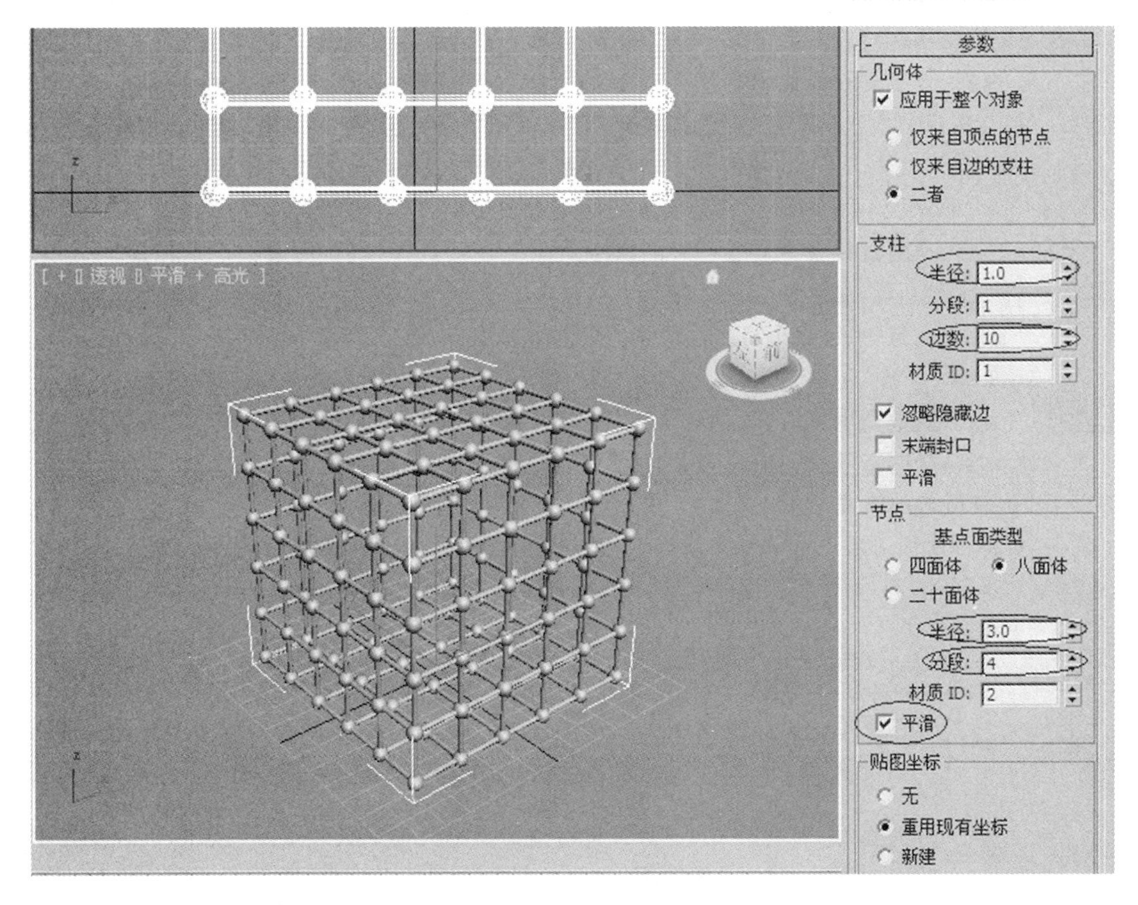

图 5-22 晶格修改器

(4) 选择"应用程序"→[保存],命名为"练习 05_08.max"保存。

5.4 选择和编辑次级对象

前面介绍的修改器一般都是针对对象层级的选择和编辑,在 3ds Max 中还有一些针对构成对象的次级对象如点、线、面等进行选择和编辑的修改器。下面的章节介绍几种功能强大的选择和编辑子对象的修改器的常用功能。

5.4.1 编辑网格

"编辑网格"修改器主要针对网格对象的不同层级结构进行编辑,它主要提供了下面几种功能。

(1) 转换:当对某个对象使用了"编辑网格"修改器后,如果该物体不是网格,将自动被转换为多边形网格物体。这样可以提供可被编辑的顶点、边、面等次级对象,对象层级原来的参数保存在堆栈中。

(2) 编辑:在"编辑网格"修改器的卷展栏中提供许多编辑工具,使用这些工具可对次级对象进行变换和其他编辑操作。

(3) 表面编辑：对表面设定 ID、指定材质、变换平滑组及修改面法向量等。

(4) 选择：除了具有的编辑功能外，"编辑网格"修改器还提供了次级对象的双重选择功能。一是在选择了次级对象后，对选择集使用"编辑网格"修改器进行编辑；二是可以将次级对象选择集放到堆栈内，使用其他的修改器命令对其进行编辑修改。

在 3ds Max 中，网格对象有 5 种层级的次级对象级别：顶点、边、面、多边形和元素。

(1) 顶点：是网格对象中最低一级的次级对象。在被选择以前，所有顶点均以蓝色显示，被选择后变为红色。

(2) 边：比点高一级，每个"边"由两个"顶点"组成。

(3) 面：每个"面"包括三条"边"，构成网格模型的最基本面是三角形。

(4) 多边形：最小单位为四边形，每个"多边形"最少包括两个"面"。

(5) 元素：是网格对象中最高一级的次级对象，一个的网格就是一个"元素"。

1. 次级对象的选择

在对各种次级对象进行编辑修改以前，首先要选择它们。下面的练习展示了选择各个次级对象的步骤。

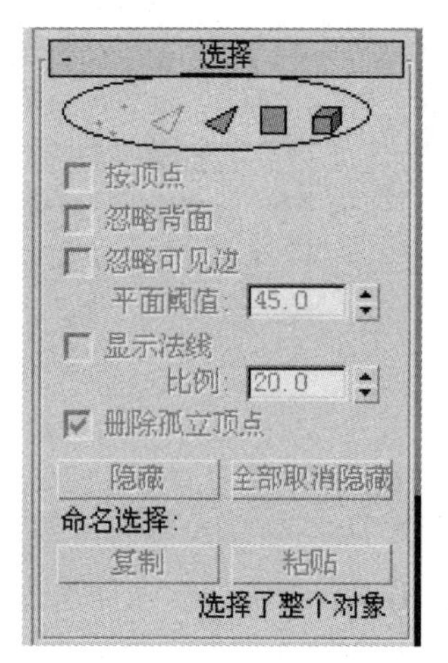

图 5-23 "编辑网格"修改器的"选择"卷展栏内容

(1) 选择"应用程序"→[重置]，重置场景。

(2) 选择[创建]→[标准基本体]→[长方体]，在视图中建立一个长方体 Box01。长、宽、高分别为 200、200、10，长度、宽度分段均为 20。

(3) 单击"所有视图最大化显示"按钮，最大化显示所有视图。

(4) 单击"修改"按钮，进入修改面板。在修改器列表中选择"编辑网格"修改器，面板内容改变，如图 5-23 所示。

(5) 在"选择"卷展栏的顶部有 5 个按钮，它们分别代表 5 种次级对象。单击所需的按钮直接进入该次级对象；也可以通过修改堆栈中"编辑网格"子选项进入次级对象层级。

(6) 单击"顶点"按钮，进入顶点编辑状态，这时对象中所有顶点均为蓝色，在卷展栏中的工具可用性也发生改变。在"顶"视口中单击长方体上任一顶点，该顶点被选中并变成红色。在"顶"视口中拖出一个范围框，包围长方体的一部分，该区域所有顶点变红。

(7) 单击"边"按钮，进入边的编辑状态。视图中顶点标记消失，卷展栏的内容变为对边操作的工具。在"顶"视口中单击长方体上任一边，该条边被选中并变成红色。在"顶"视口中拖出一个范围框，包围长方体的一部分，该区域所有被框住的边都变为红色。

(8) 单击"面"按钮，卷展栏中内容变为针对面操作的工具。在"顶"视口中单击长方体上任意位置，被选择的一个三角形面变成红色。试试用窗口方式选择多个面。

(9) 单击"多边形"按钮，卷展栏中的工具变为针对多边形操作的工具。在"顶"视口中单击长方体上任意位置，一个多边形(此处为四边形)被选中并变成红色。

(10) 单击"元素"按钮，卷展栏中的内容变为针对元素的操作工具。在"顶"视口中单击长

方体，整个长方体网格作为一个“元素”被选中并变成红色。

2. 编辑顶点

“编辑网格”修改器对次级对象的编辑功能非常强大，下面了解其中部分功能。

(1) 在修改堆栈中，打开“编辑网格”修改器的次级对象下拉列表，选取“顶点”项。

(2) 在“透视”视口的空白处单击左键取消所有点的选择，然后选定长方体中间的某个顶点。

(3) 单击“选择并移动”按钮，将此顶点沿 Z 轴向上移动。

(4) 单击“所有视图最大化显示”按钮，此时视图显示效果如图 5-24 所示。

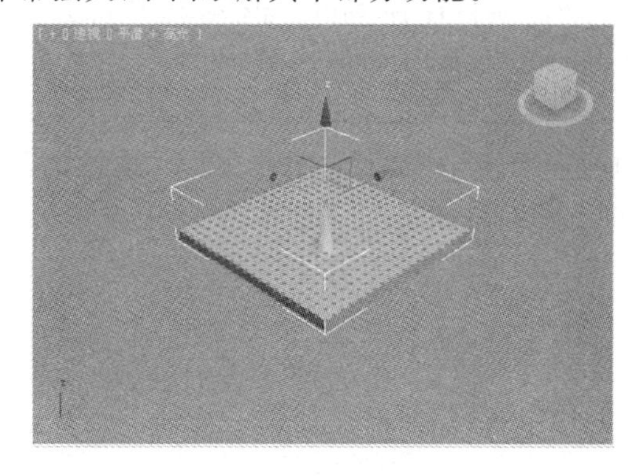

图 5-24　移动一个顶点

(5) 选择[编辑]→[放弃]，取消移动操作。

(6) 保持该点仍被选中，展开命令面板中“软选择”卷展栏。选择“使用软选择”复选框，设置“衰减”为 50，“收缩”为 0.2，“膨胀”为 2.5。下面的曲线形状跟随着发生了改变，如图 5-25 所示。

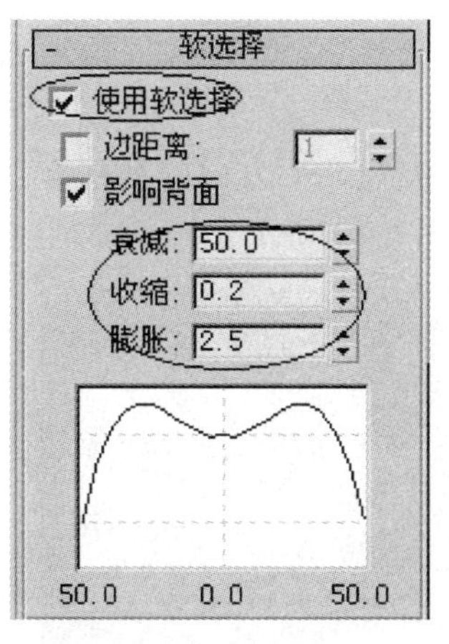

图 5-25　“软选择”卷展栏

图 5-26　打开了“软选择”后移动顶点的效果

(7) 单击“选择并移动”按钮，锁定 Z 轴向。在“透视”视口中沿 Z 轴向上移动选择的点，可以看到周围的一些点也跟随移动，其范围、形状与设置的曲线相同，结果如图 5-26 所示。

(8) 选择“应用程序”→[保存]，命名为“练习 05_09. max”保存。

3. 编辑多边形

下面使用“编辑网格”修改器中的多边形编辑方法做一个有趣的练习。

(1) 选择“应用程序”→[重置]，重置场景。

(2) 选择[创建]→[标准基本体]→[球体]，在“透视”视口中建立一个半径为 30、分段数为 16 的球体 Sphere01。

(3) 单击“选择并移动”按钮，按下 Shift 键拖动 Sphere01，在其右侧复制一个球体

Sphere02。

(4) 单击"所有视图最大化显示"按钮。

(5) 确认球体 Sphere02 被选择,选择菜单[修改器]→[网格编辑]→[编辑网格],为 Sphere02 施加"编辑网格"修改器。

(6) 在修改面板的"选择"卷展栏中单击打开"多边形"次级对象层级。单击主工具栏中"窗口/交叉"按钮,使其处于"交叉"选择状态。在"前"视口中使用框选选择 Sphere02 上部的两层多边形,如图 5-27 所示。

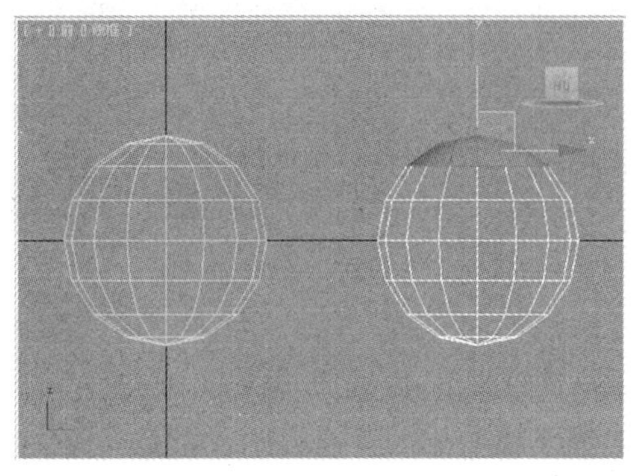

图 5-27　选择球体 Sphere02 上部的两层多边形

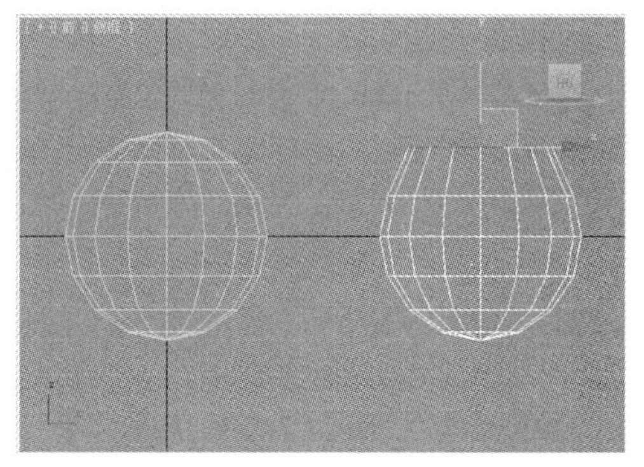

图 5-28　使用"平面化"后的效果

(7) 滚动修改面板,找到"编辑几何体"卷展栏中,单击"平面化"按钮,结果如图 5-28 所示。

(8) 使用同样方法,分别将球体 Sphere02 下、左、右、前、后 5 个方向的两层多边形平面化,关闭次级对象选择。这时球体就变成了一个立方体,如图 5-29 所示。

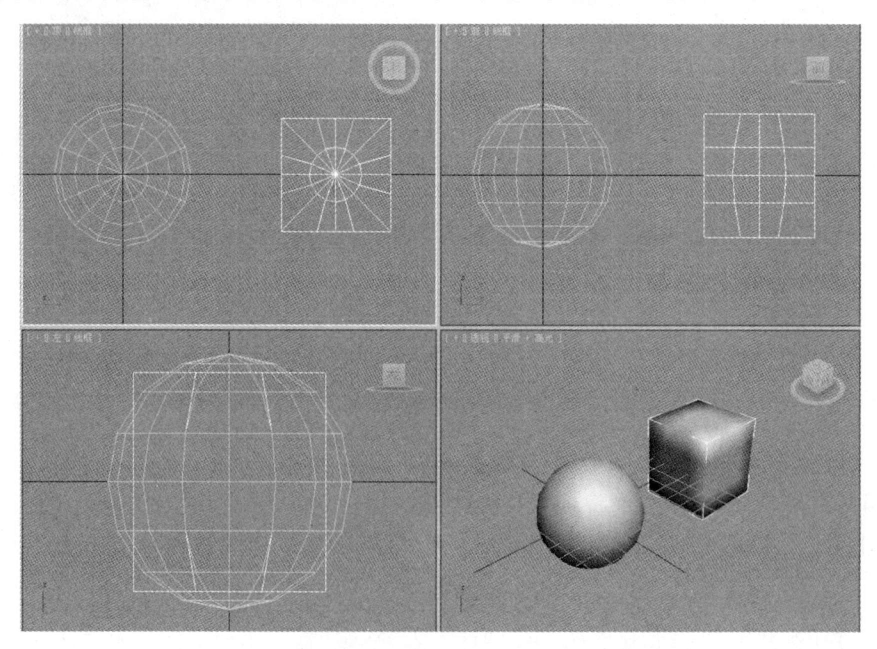

图 5-29　球体 Sphere02 变成了一个立方体

(9) 在修改面板的"选择"卷展栏中,单击关闭"多边形"次级对象层级。然后选择球体

Sphere01,选择[创建]→[复合]→[变形],进入“变形”创建面板。

(10) 激活“自动关键帧”按钮,设定时间为50帧。

(11) 在面板的“拾取目标”卷展栏中,选择“移动”单选项,然后单击激活“拾取目标”按钮,在视图中单击选择球体Sphere02,此时球体Sphere01变成了立方体,球体Sphere02消失了。同时“当前对象”卷展栏中“变形目标”栏中出现了“M_Sphere02”项,如图5-30所示。

(12) 拖动动画时间到100帧。在“当前对象”卷展栏中,单击选择“变形目标”栏内的“M_Sphere01”项,其名称出现在“变形目标名称”栏下,然后单击“创建变形关键点”按钮,视图中的球体又变成了球体。

(13) 关闭“自动关键帧”按钮,播放动画,可以看到一个球体变成立方体又变回球体的动画。

(14) 选择“应用程序”→[保存],命名为“练习05_10.max”文件保存。

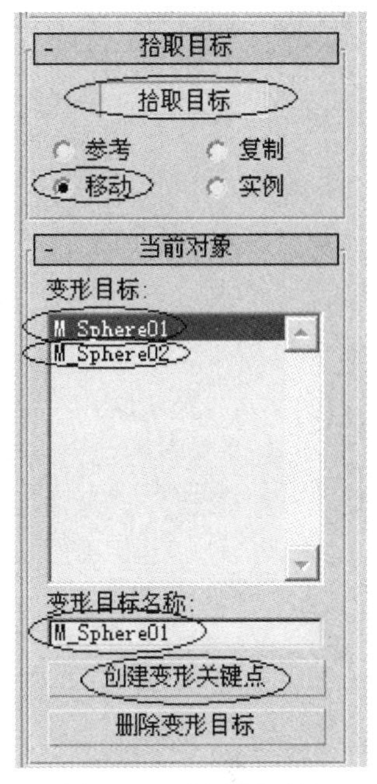

图5-30 “变形”面板

5.4.2 体积选择

“体积选择”修改器可以对顶点或面进行子对象选择,沿着堆栈向上传递给其他修改器。如同其他选择方法一样,“体积选择”可用于单个或多个对象。

子对象选择与对象的基本参数几何体是完全分开的,使用“体积选择”后施加的修改器只对选定体积内的子对象产生影响,这样可以较方便地返回对象的创建参数。

(1) 选择“应用程序”→[重置],重置系统。

(2) 选择[创建]→[标准基本体]→[圆柱体],在视图内建立一个半径为5,高度为30,高度段数为10的圆柱体Cylinder01。

(3) 单击“所有视图最大化显示”按钮,使圆柱体在视图中最大化显示。

(4) 进入修改面板,选择修改命令列表中的“体积选择”,其参数出现在面板上,如图5-31所示。

(5) 在“堆栈选择级别”组中选择“顶点”选项。

(6) 在“修改器列表”中选择“弯曲”修改器,设定“角度”为90,效果如图5-32所示。

(7) 在修改堆栈列中选定“体积选择”项,激活子对象Gizmo。

(8) 单击“选择并移动”按钮,在视图中沿Z轴上下移Gizmo。如果Gizmo不包住圆柱体上任何点时,圆柱体将没有弯曲变化,如果只包住部分点,则只有这些点发生弯曲,如图5-33所示。

(9) 选择[文件]→[保存],命名为“练习05_11.max”文件保存。

在3ds Max中的修改器还有许多,由于篇幅所限,仅做以上简单介绍。在以后的学习中,可能会接触更多的修改器。

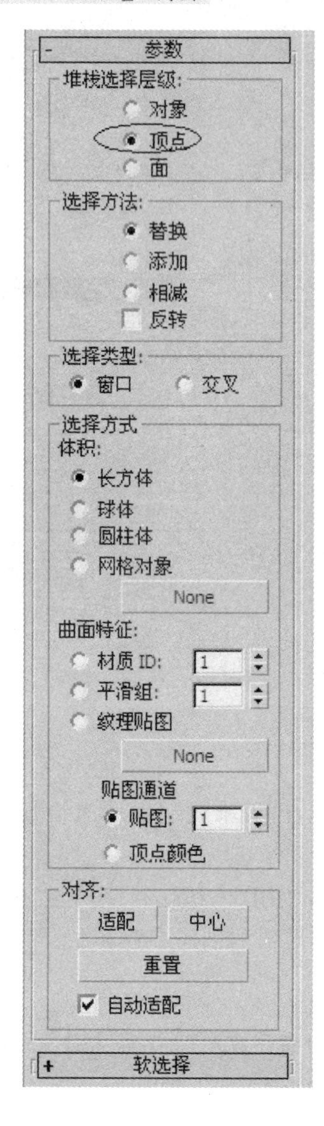

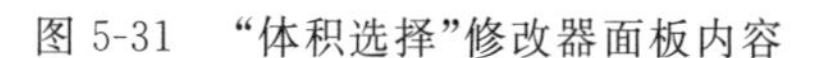

图 5-31 “体积选择”修改器面板内容

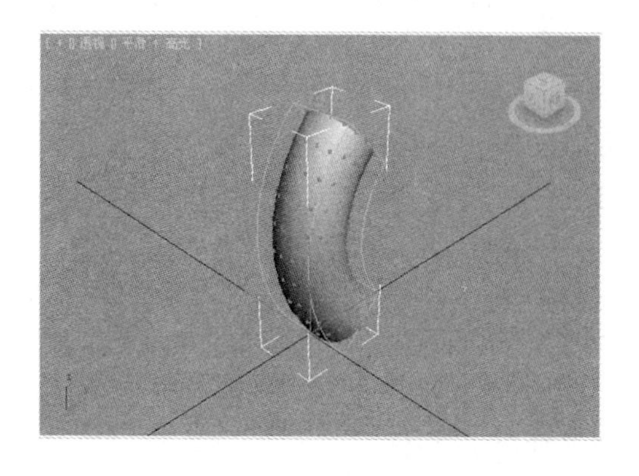

图 5-32 施加“弯曲”修改器后的效果

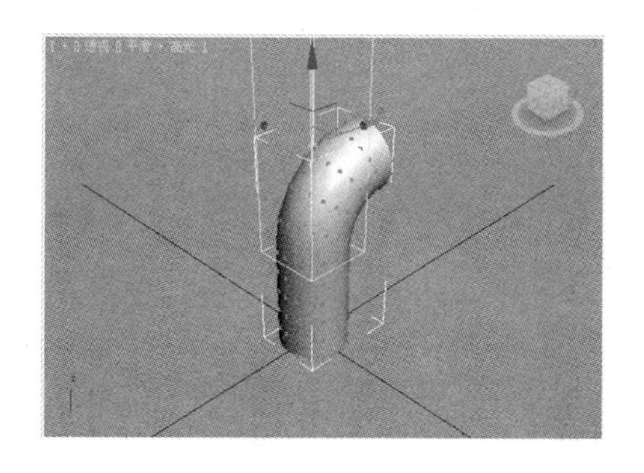

图 5-33 移动 Gizmo 弯曲的效果

【思考与练习】

1. 修改器面板的主要组成有哪些?
2. 修改与变换的不同是什么?
3. 修改命令是在选择对象之前还是之后?
4. 修改器的堆栈有哪些作用?

第 6 章　复合建模

学习目标

☆　了解复合建模是 3ds Max 建模中重要的方法。

☆　理解复合建模的种类和方法。

☆　掌握放样、布尔、多边形建模的方法及控制窗口。

☆　复合建模是 3ds Max 建模的强大手段，特别是布尔、放样、多边形建模等工具可以有效地解决许多基本几何体建模无法完成的工作。

本章将介绍几种高级建模方式，方便进行结构复杂的模型设计。复合建模可以将两个或多个对象组合进行建模；多边形建模可以直接运用各种多边形建模工具，使设计更为便捷和灵活；面片建模主要是使用 Bezier 曲线定义方式，以曲线的调节方法来调节曲面。

复合对象通常是将两个或多个对象组合成单个对象。合并过程可以反复调解，还可以表现为动画。

复合对象的创建命令在“创建”命令面板中“几何体”的分支列表中。单击打开“几何体”面板下的下拉列表框，选择“复合对象”选项，显示“复合对象”的创建命令面板。图 6-1 为复合对象的“对象类型”面板内容，包括 12 种对象类型。

前面已经学习了变形的使用方法，下面主要学习一下布尔和放样的功能。

图 6-1　复合对象的“对象类型”面板

6.1　布　尔

“布尔”复合对象是通过对两个物体进行并、减、交等操作，建立新的合成物体。“布尔”操作分以下几种基本的类型。

(1) 并集：布尔对象包含两个原始对象的体积，将移除几何体的相交部分或重叠部分。

(2) 交集：布尔对象只包含两个原始对象共用的体积（也就是重叠的位置）。

(3) 差集：布尔对象包含从中减去相交体积的原始对象的体积。它分 A-B 或 B-A 两种方式。

可以采用堆栈显示的方式对布尔操作进行分层，以便在单个对象中包含多个布尔操作。通过在堆栈显示中进行导航，可以重新访问每个布尔操作的组件，并对它们进行更改。

6.1.1　三维对象的布尔操作

布尔对象是一种复合类型的对象，在建立布尔对象之前，首先要建立组成布尔对象的两个原始对象。布尔对象可以嵌套，即可以用布尔对象来做原始对象。

通过下面的步骤，了解制作布尔对象的过程。

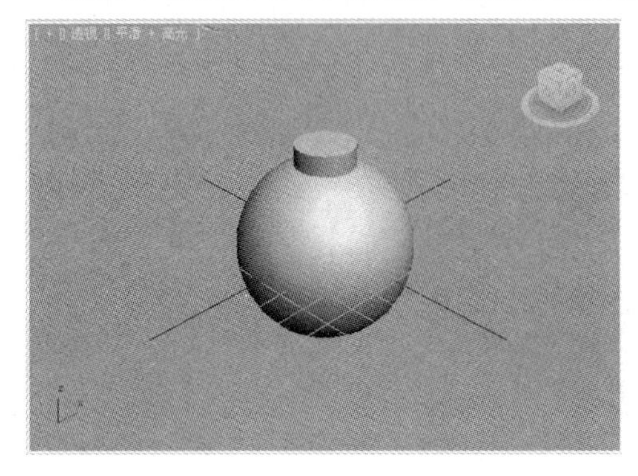

图 6-2　布尔操作前场景

(1) 选择“应用程序”菜单→[重置]，重置场景。

(2) 选择[创建]→[标准基本体]→[球体]，在“透视”视口中建立球体 Sphere01。

(3) 在面板上单击“长方体”按钮，在“透视”视口建立一个长方体 Box01，与球体 Sphere01 相交，如图 6-2 所示。

(4) 选择球体 Sphere01，然后选择菜单[创建]→[复合]→[布尔]，面板变为布尔内容，如图 6-3 所示。

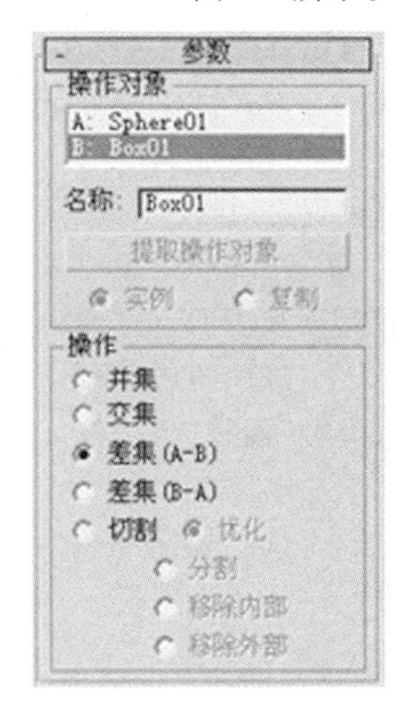

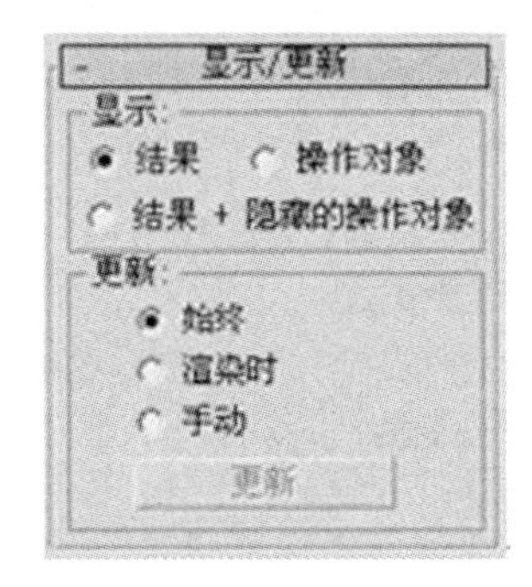

图 6-3　布尔操作面板内容

(5) 选择[编辑]→[暂存]，暂存场景。

(6) 单击“拾取布尔”卷展览中的“拾取布尔对象 B”按钮，在视图中选定长方体 Box01。长方体消失，大球体被剪掉一部分，如图 6-4 所示。

(7) 选择[编辑]→[取回]，恢复暂存的场景。

(8) 在“操作”组选定“并集”项，单击“拾取布尔对象 B”按钮，然后在视图中再次选择长方体，效果与操作前相似，但两个对象已经合成了一个复合对象。

(9) 选择[编辑]→[取回]，恢复暂存的场景。然后尝试“交集”操作，结果如图 6-5 所示。

(10) 再次恢复暂存的场景。然后选定“剪切”项中的几种方式，看看结果如何。

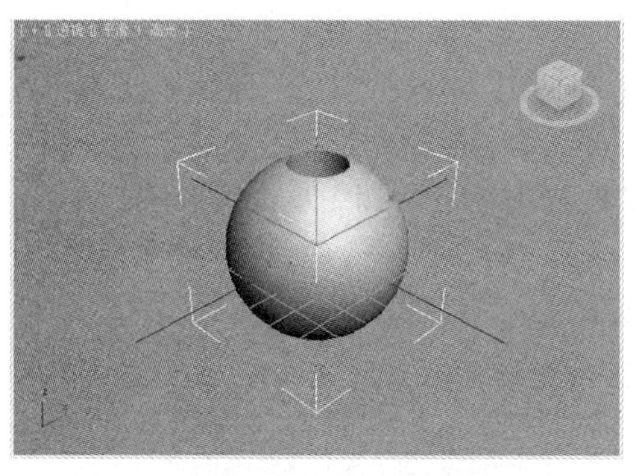

图 6-4　布尔差集后的结果

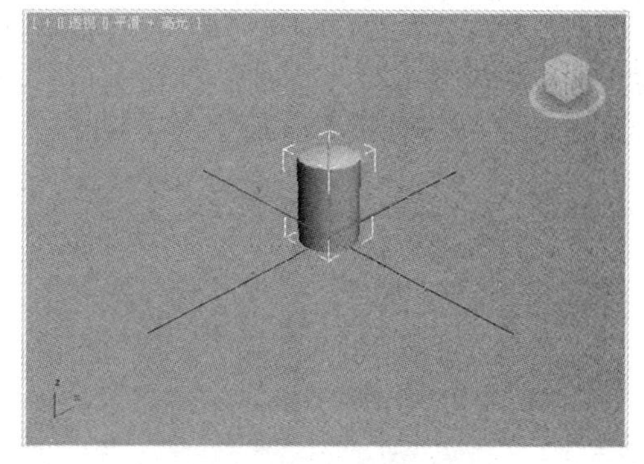

图 6-5　布尔交集后的结果

6.1.2　二维图形的布尔操作

在 3ds Max 中，布尔操作除了可以应用于三维对象外，还可以用于创建二维图形。下面介绍利用"编辑样条线"修改器中的布尔功能来建立一个截面模型，并将它放样制作成一个三维模型。

(1) 选择"应用程序"菜单→[重置]，重置场景。

(2) 选择[创建]→[图形]→[线]，在"顶"视图中创建一个边长为 100 的等腰直角三角形 Line01(打开"2D 捕捉"开关可以精确画线)。

(3) 选择[修改器]→[面片/样条编辑]→[编辑样条线]，面板变为编辑样条线内容；在面板上激活并选择"定点"次级对象。

(4) 在"几何体"卷展栏中，找到并单击"插入"按钮，在三角形斜边上插入一个点。右键单击该点，此点类型设为"Bezier"类型。

(5) 单击，移动该点；然后移动调整切线手柄，制作出如图 6-6 所示的图形。

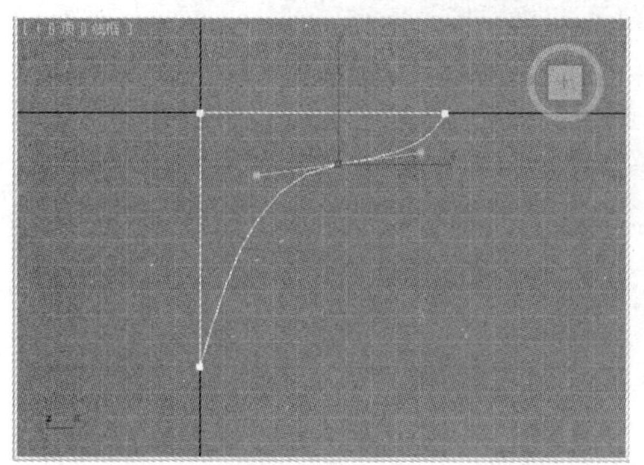

图 6-6　插入点并调整切线手柄的三角形

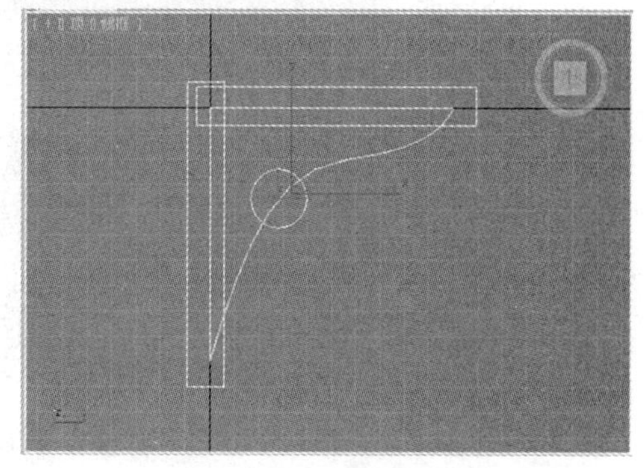

图 6-7　取消"开始新图形"复选框创建的图形

(6) 选择[创建]→[图形]→[矩形]，在面板上取消"开始新图形"复选框，创建两个矩形 Rectangle01 和 Rectangle02，

(7) 然后单击"圆"按钮创建和一个圆 Circle01，结果如图 6-7 所示。

(8) 单击按钮，在修改面板的"选择"组中选择"样条线"级别，然后在视图中选择一个矩形样条线，该样条线变红。

(9) 滚动卷展栏，在“几何体”卷展栏中，单击激活“布尔”按钮，启用默认的并集选项，然后在视图中依次单击另一个矩形以及三角形，结果它们合并为一条样条线，二维图形如图 6-8 所示。

(10) 启用“布尔”按钮后的差集选项，单击“布尔”按钮；然后在视图中单击圆形样条线，最后生成一条复杂的样条线 Line01，结果如图 6-9 所示。

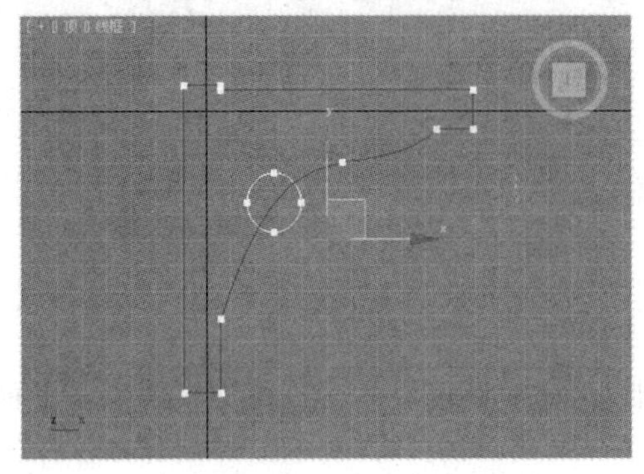
图 6-8 使用并集作布尔操作

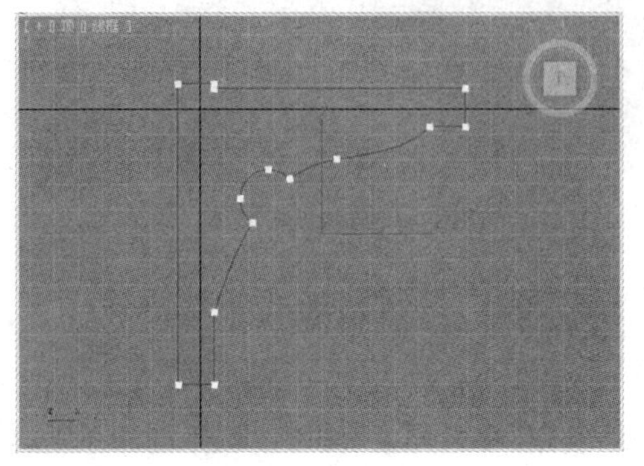
图 6-9 使用差集作布尔操作

(11) 激活“前”视口。选择[创建]→[图形]→[矩形]，在“前”视图中画一个长 800、宽 500 的矩形 Rectangle01。

(12) 选择该矩形 Rectangle01，然后选择[创建]→[复合]→[放样]。

(13) 在面板上的“创建方法”栏中，单击“获取图形”按钮，选择视图中的二维图形 Line01，放样生成一个三维画框，调整透视图视角，结果如图 6-10 所示。

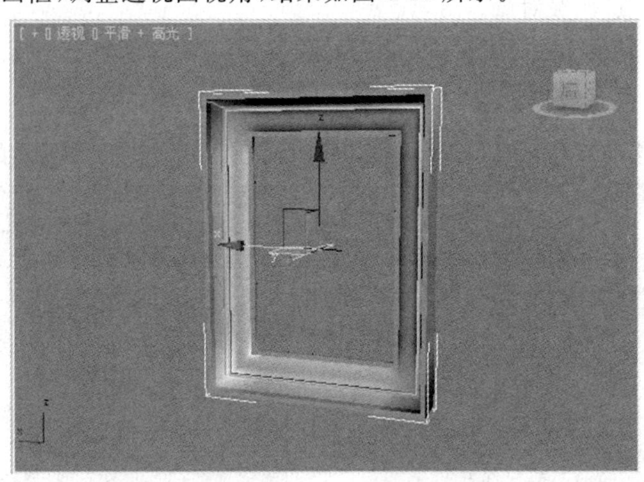
图 6-10 放样生成的三维画框

(14) 选择“应用程序”菜单→[保存]，命名为“练 06_画框. max”文件保存。

6.2 放 样

源于古代造船技术的放样被应用在计算机三维建模中，它就是让一个或几个二维图形(截面)沿另一个二维造型(路径)生长的过程。

放样对象最少要有两部分组成：一部分为截面，包括一个或多个二维图形；另一部分以一个二维图形作路径，相当于造船时的骨架，横截面沿着骨架一个一个摆放，最后组成一个三维造型。沿着路径排列图形时，3ds Max 会在图形之间生成曲面。

一个放样对象可以包括好几个横截面图形，但只能有一个路径。路径可以是一条开放曲线，也可以是一个封闭二维造型。截面图形可以是开放的，也可以是封闭的。

要创建放样对象，首先创建一个或多个图形，然后单击"放样"。可以先选择"获取路径"再选截面图形，也可以先选择"获取图形"再选路径图形。无论采用哪种方法，第 1 次选取的图形不移动，而第 2 次选取的图形会移到第 1 个图形的位置来配合它生成放样对象。

使用"获取图形"时，在无效图形上移动光标同时，该图形无效的原因将显示在提示行中。

创建放样对象之后，可以添加并替换横截面图形或替换路径，也可以更改或设置路径和图形的参数动画。不可以对图形的路径位置设置动画。

6.2.1　放样过程

1. 建立"图形"

(1) 选择"应用程序"菜单→[重置]，重置系统。

(2) 选择[创建]→[图形]→[星形]，在"前"视口中建立一个六角星形 Star01。

(3) 在"对象类型"栏中单击"圆"按钮，在"顶"视口中建立一个圆 Circle01。

(4) 单击"所有视图最大化显示"按钮，"透视"视口显示如图 6-11 所示。

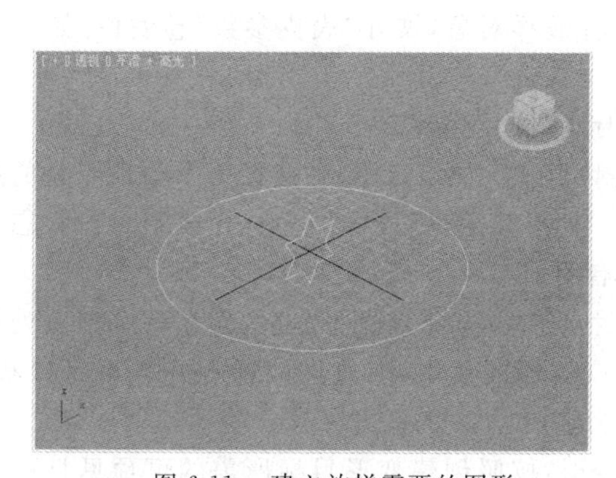

图 6-11　建立放样需要的图形

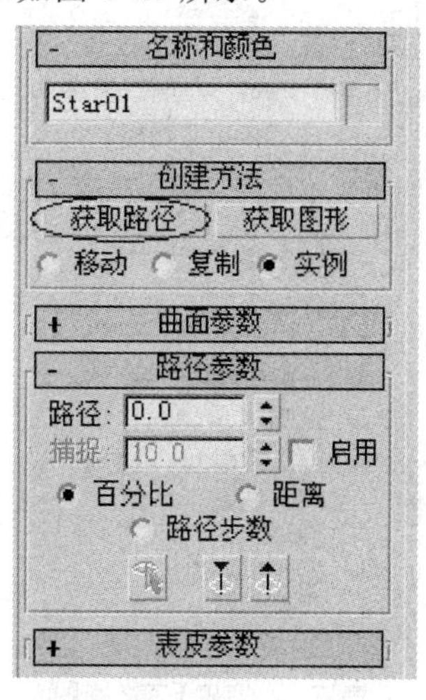

图 6-12　Loft 面板内容

2. 使用"获取路径"方法放样

(1) 在"透视"视口中，选择六角星 Star01。

(2) 选择[创建]→[复合]→[放样]，面板出现放样参数，出现放样面板，如图 6-12 所示。

(3) 在"创建方法"栏中单击"获取路径"按钮，然后在视图中选择圆 Circle01。

(4) 六角形沿直线放样出三维造型，效果如图 6-13 所示，注意六角形的位置未变。

3. 使用"获取图形"方法放样

(1) 选择菜单[编辑]→[撤销]，恢复到放样前的两个二维图形的场景。

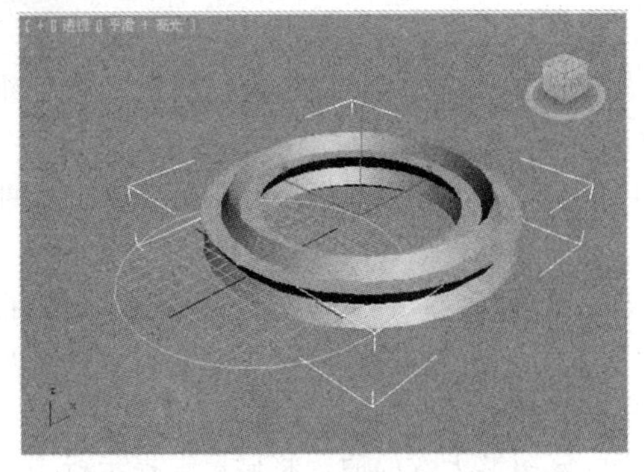

图 6-13 用“获取路径”放样后效果图

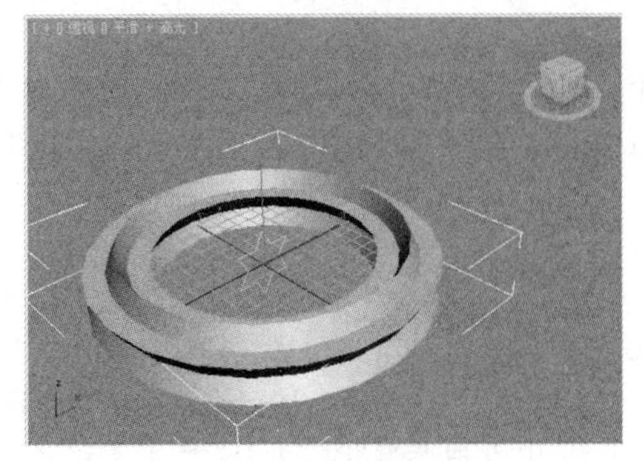

图 6-14 用“获取图形”放样后效果

(2) 在“透视”视口中先单击选择圆 Circle01。

(3) 在“创建方法”栏中单击“获取图形”按钮,然后在视图中单击选择六角形 Star01。

(4) 在视图中发现六角星在圆所在的位置生成放样对象,结果如图 6-14 所示。

(5) 选择“应用程序”菜单→[保存],命名为“练习 06_放样 01. max”保存。

6.2.2 放样对象的“表皮参数”

当建立了放样对象之后,可以使用“修改”面板对它进行编辑。放样对象的面板板共有 5 个卷展栏:“创建方法”、“曲面参数”、“路径参数”、“表皮参数”、“变形”。

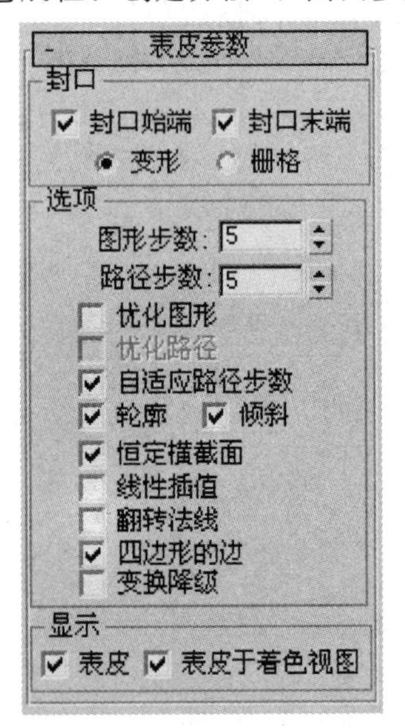

图 6-15 “表皮参数”卷展栏内容

下面了解一下“表皮参数”的部分内容。

• 右键单击“透视”视口的“透视”标签,让视图以“线框”方式显示。

• 选择放样对象,展开“表皮参数”卷展栏,如图 6-15 所示。

1. “封口”组

(1) 封口始端:如果启用,则路径第 1 个顶点处的放样端被封口。如果禁用,则放样端为打开或不封口状态。默认设置为启用。

(2) 封口末端:如果启用,则路径最后一个顶点处的放样端被封口。如果禁用,则放样端为打开或不封口状态。默认设置为启用。

(3) 变形:按照创建变形目标所需的可预见且可重复的模式排列封口面。变形封口能产生细长的面,与那些采用栅格封口创建的面一样,这些面也不可进行渲染或变形。

(4) 栅格:在图形边界处修剪的矩形栅格中排列封口面。此方法将产生一个由大小均等的面构成的表面,这些面可以被其他修改器很容易地变形。

2. “选项”组

(1) 图形步数:设置横截面图形的每个顶点之间的步数。该值会影响围绕放样周界的边的数目。

(2) 路径步数:设置路径的每个主分段之间的步数。该值会影响沿放样长度方向的分段的数目。

(3) 自适应路径步数：如果启用，系统分析放样对象并调整路径分段的数目，以生成最佳表皮。主分段将沿路径出现在路径顶点、图形位置和变形曲线顶点处。如果禁用，则主分段将沿路径只出现在路径顶点处。默认设置为启用。

(4) 轮廓：如果启用，则每个图形都将遵循路径的曲率。每个图形的正 Z 轴与形状层级中路径的切线对齐。如果禁用，则图形保持平行，且与放置在层级 0 中的图形保持相同的方向。默认设置为启用。

(5) 倾斜：如果启用，则只要路径弯曲并改变其局部 Z 轴的高度，图形便围绕路径旋转。倾斜量由 3ds Max 控制。如果是 2D 路径，则忽略该选项。如果禁用，则图形在穿越 3D 路径时不会围绕其 Z 轴旋转。默认设置为启用。

(6) 恒定横截面：如果启用，则在路径中的角处缩放横截面，以保持路径宽度一致。如果禁用，则横截面保持其原来的局部尺寸，从而在路径角处产生收缩。

(7) 线性插值：如果启用，则使用每个图形之间的直边生成放样表皮。如果禁用，则使用每个图形之间的平滑曲线生成放样表皮。默认设置为禁用。

(8) 翻转法线：如果启用，则将法线翻转 180°。可使用此选项来修正内部外翻的对象。默认设置为禁用。

(9) 四边形的边：如果启用该选项，且放样对象的两部分具有相同数目的边，则将两部分缝合到一起的面将显示为四方形。具有不同边数的两部分之间的边将不受影响，仍与三角形连接。默认设置为禁用。

(10) 变换降级：使放样表皮在子对象图形/路径变换过程中消失。例如，移动路径上的顶点使放样消失。如果禁用，则在子对象变换过程中可以看到表皮。默认设置为禁用。

3. "显示"组

(1) 表皮：如果启用，则使用任意着色层在所有视图中显示放样的表皮，并忽略"着色视图中的蒙皮"设置。如果禁用，则只显示放样子对象。默认设置为启用。

(2) 表皮于着色视图：如果启用，则忽略"表皮"设置，在着色视图中显示放样的表皮。如果禁用，则根据"蒙皮"设置来控制表皮的显示。默认设置为启用。

6.2.3 多个截面放样

1. 放样步骤

多个截面放样物体，是在路径不同的层次上布置不同的截面图形，它们之间相互适配，沿路径生成放样对象。

(1) 选择"应用程序"菜单→[重置]，重置场景。

(2) 选择[创建]→[图形]→[圆]，在"顶"视口中建立一个圆 Circle01。

(3) 在面板上单击"矩形"按钮，在"顶"视口中建立一个矩形 Rectangle01。

(4) 单击"星形"按钮，在"顶"视口建立一个星形 Star01，作为放样的截面造型。

(5) 单击"线"按钮，在"前"视口中建立一条直线 Line01，作为放样的路径。

(6) 单击"所有视图最大化显示"按钮，"透视"视口如图 6-16 所示。

(7) 选择作为路径的直线 Line01。

（8）然后选择菜单[创建]→[复合]→[放样]，出现放样面板。

（9）在“创建方法”栏中单击“获取图形”按钮。然后在视图中单击选择圆形 Circle01，此时圆形被拾取为放样物体的一个截面，视图中出现一个圆柱体。

（10）在命令面板上展开“路径参数”卷展栏，如图 6-17 所示，在“路径”框中输入 60。在“前”视口中看到放样对象顶端的黄色十字标记沿着路径直线向移动到路径上 60%处。

图 6-16　3 个图形

（11）确认“获取图形”按钮是激活的，在视图中选择星形 Star01，视图中放样对象的形状发生了改变。

（12）再次设置“路径”值为 80，然后选择中的矩形 Rectangle01，将它作为放样物体的一个截面。

（13）单击“所有视图最大化显示选定对象”按钮，结果如图 6-18 所示。

图 6-17　“路径参数”卷展栏

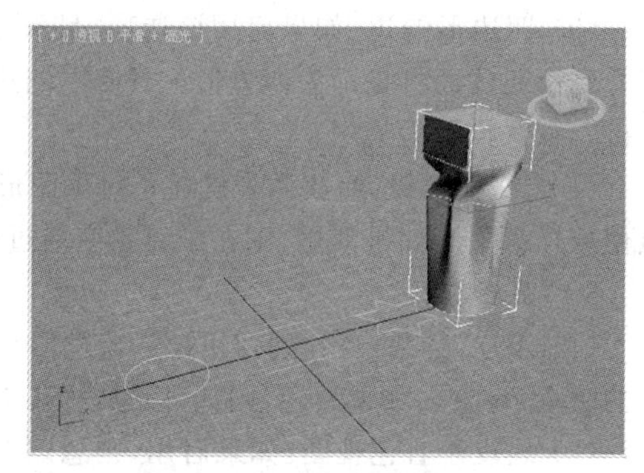

图 6-18　3 个截面放样的结果

（14）该放样对象是在路径的不同层次上放置了圆形 Circle01、星形 Star01、矩形 Rectangle01 等 3 个截面创建的三维对象。可能有些地方不够理想，后面将学习调整它们。

（15）选择“应用程序”菜单→[保存]，保存为“练习 06_放样 02. max”文件。

在图 6-17 所示的“路径参数”卷展栏中，可以控制沿着放样对象路径在不同间隔期间的多个图形位置。

（1）路径：通过输入值或拖动微调器来设置路径的级别。如果“捕捉”处于启用状态，该值将变为上一个捕捉的增量。该路径值依赖于所选择的测量方法。更改测量方法将导致路径值的改变。

（2）捕捉：用于设置沿着路径图形之间的恒定距离。该捕捉值依赖于所选择的测量方法。更改测量方法也会更改捕捉值以保持捕捉间距不变。当启用“启用”选项时，“捕捉”处于活动状态。默认设置为禁用状态。

（3）百分比：将路径级别表示为路径总长度的百分比。

（4）距离：将路径级别表示为路径第一个顶点的绝对距离。

（5）路径步数：将图形置于路径步数和顶点上，而不是作为沿着路径的一个百分比或距离。

当“路径步数”处于启用状态时，将发生以下情况。

（1）该路径微调器指定了沿路径的步长。第 1 步在 0 点，也就是第起始顶点处。

（2）该步长的总数（包括顶点）出现在“路径”微调器旁边的圆括号内。

（3）在当前路径级别成为一个步长时，用标准的黄色“X”表示，当其成为一个顶点时，用小长方体状“X”表示。

（4）使用“获得图形”将选中的图形放置到指定的步数或路径的顶点上。

（5）“表皮参数”卷展栏上的“自适应路径步数”不可用（如果可用，路径步数和图形会沿路径改变位置，具体情况取决于自适应算法的结果）。

2. 调整放样对象的截面图形

当在一个路径上放置了多个的截面图形时，放样对象的表层会根据每个图形的顶点对齐排列。如果它们的顶点没有对齐，放样物体就会有扭曲现象发生。要防止扭曲现象的发生，就是调整它们在路径上的位置，使它们的起始点对齐。

路径上的截面图形是放样对象的“次级对象”，可以通过“修改”面板对它们进行移动、旋转和缩放等调整。

1）对齐起始点

（1）选择“应用程序”菜单→［打开］，打开“练习 06_放样 02. max”文件。

（2）选择视图中的放样对象，单击命令面板上“修改”按钮，进入修改面板。

（3）展开修改堆栈中 Loft（放样）次级对象，激活“图形”次级对象。面板上的“图形命令”卷展栏内容如图 6-19 所示。

图 6-19　“图形命令”卷展栏

（4）在面板上单击“比较”按钮，弹出“比较”对话框，当前没有选择任何界面图形，所以此对话框目前无图形。

（5）在“比较”对话框中，单击左上角的“拾取图形”按钮，然后在视图的放样对象的底部选取圆形（注意光标变化），对话框中出现圆形。

（6）再在放样对象的 60％和顶部的附近选取星形、矩形（注意光标变化），这样 3 个截面图形都出现在了对话框中。

（7）单击对话框中右下角的“最大化显示”按钮。这时可以看到圆和星形的起始点是在一条直线上的（0°方向），而矩形的起始点在右下角，如图 6-20 图所示。这就是为什么放样物体在矩形和星形间会发生扭曲。

（8）选择工具，在“透视”视口中，单击放样对象中的矩形图形，按下 F12 快捷键，在“偏移：局部”组中的 Z 框输入－45。矩形截面图形绕 Z 轴旋转－45°。在“比较”话框中，矩形的起始点与另

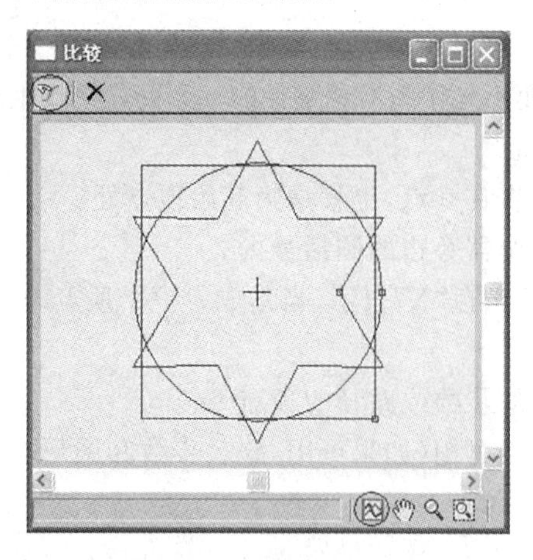

图 6-20 “比较”对话框

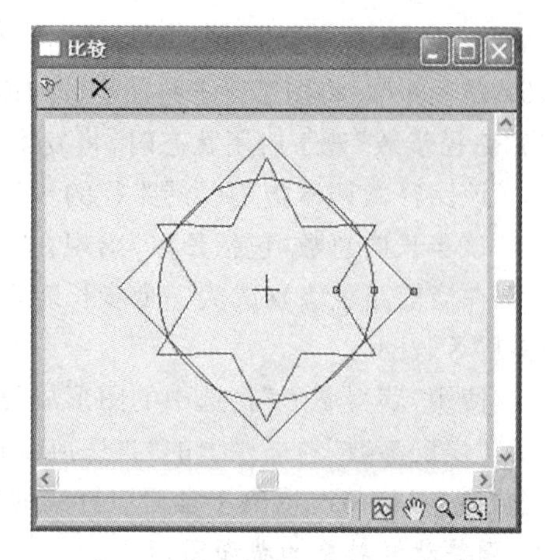

图 6-21 调整后的“比较”对话框

图 6-22 对齐起点后放样对象

两个截面图形的起始点对齐了，如图 6-21 所示。

(9) 关闭“键盘输入”和“比较”对话框。单击按钮，“透视”视口中效果如图 6-22 所示。

(10) 选择“应用程序”菜单→[保存]，更新保存“练习 06_放样 03. max”文件。

当使用“比较”对话框选择放样对象的截面图形时，“拾取图形”按钮将在窗口中出现或者隐藏，光标也随之改变。“＋”号表示显示此造型，减号表示从窗口中消除此造型，窗口中心的黑十字表示路径，二维造型中的小方框是它们的起始点。

2) 移动截面图形

放样对象的截面图形不但可以旋转、缩放，还可以沿着路径进行移动。如果路径上只有一个截面图形，则该图形可以沿着路径任意移动。如果路径上有两个以上的截面图形，则只能在其相邻的两个截面图形之间移动。

(1) 选择放样对象，进入“修改”面板，选择次级对象“图形”。

(2) 单击主工具栏上“选择并移动”按钮，在放样对象上选中圆形截面图形，然后在“透视”视口中移动一段距离。此时圆形离开了路径的红心，放样物体也改变了形状。

(3) 单击面板上“对齐”组中的“中心”按钮，圆截面又回到路径上原来的位置，放样对象恢复原状。

(4) 确认“选择并移动”按钮依然被选中，在“透视”视口中，沿 Z 轴(也就是沿路径)移动圆形截面，发现圆形截面在路径上移动，但只能移动到星形截面，放样对象形状随之发生变化，在面板上“路径级别”中输入 0，将圆形截面放回到起点位置。

(5) 在“透视”视口中选定星形，按住 Shift 键，将星形截面沿着 Z 轴(路径方向)向下拖动一段距离，离下面的圆形还有一段距离，释放鼠标，在弹出的“复制图形”对话框中单击“确认”按钮，这样在路径的新位置复制了一个星形截面。

(6) 调整“透视”视口显示角度，放样对象(柱体)之上而下分成 5 段：四边形柱体、四边形向星形过度、星形、星形向圆形过度、圆形柱体，如图 6-23所示。

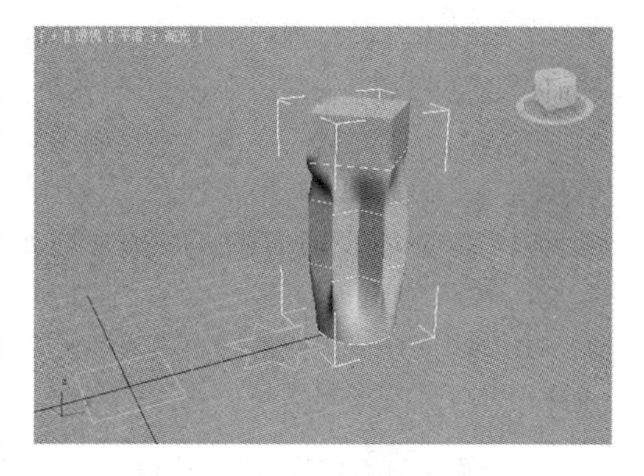
图 6-23　复制星形截面后的放样结果

当要调整放样物体的图形参数时，可以直接调整最初创建的那些图形。因为在使用“获取图形”方法放样对象时，默认选项是“实例”，所以调整它们时，放样对象上的截面图形也会随之改变。但要注意，移动、缩放比例变换不会影响路径上的截面图形。

6.2.4　放样变形控制

在放样对象的修改面板上还有一个重要的卷展栏“变形”。利用变形曲线可以改变放样对象在路径上的不同位置的形态。图 6-24 显示的就是“变形”卷展栏，共有 5 种变形控制工具。在按钮的右边是激活按钮，当这些按钮非激活时，变形效果不影响放样物体，但变形曲线仍然保留。

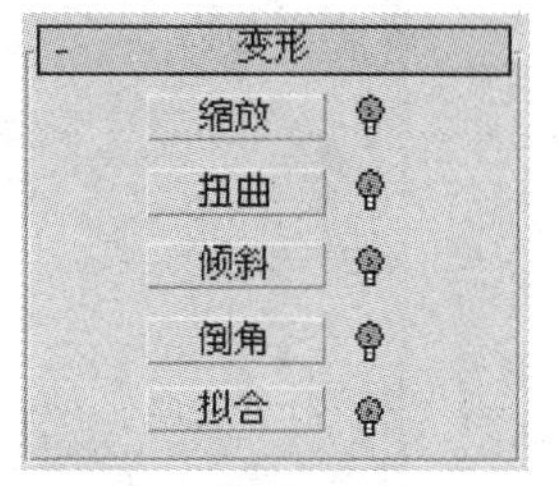

图 6-24　“变形”卷展栏

单击一个变形命令，打开变形控制对话框，图 6-25 为“缩放”变形窗口。变形窗口中有一条可编辑的水平红线，它表示放样物体沿路径的变形曲线，线段的左端点是路径的起始点。水平标尺上的数字表示路径长度的百分比值。而垂直刻度则表示放样物体沿横截面造型的局部 X 或 Y 轴的缩放比例系数。

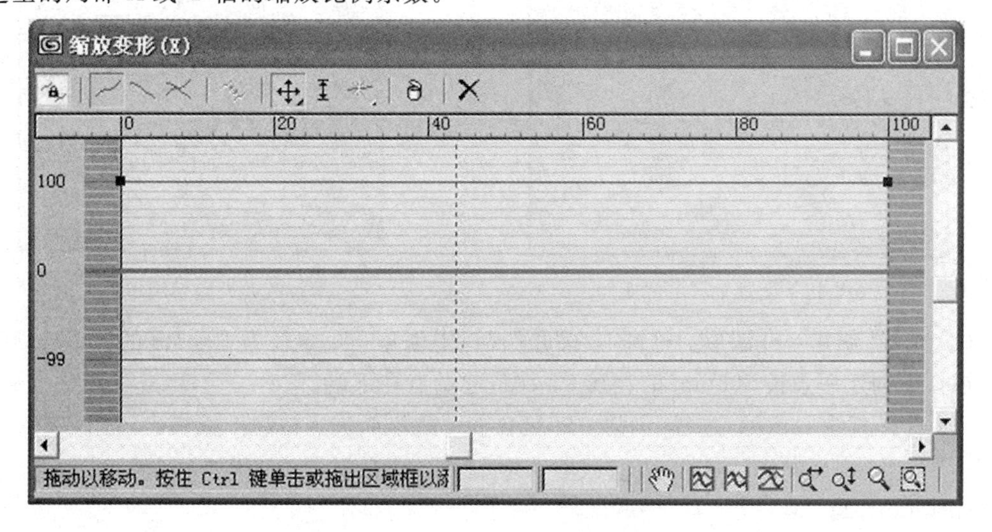

图 6-25　“缩放”变形控制对话框

变形控制窗口中的水平坐标轴始终是表示路径长度的百分比，但垂直坐标轴则随变形工具的不同而表示不同的意思。对于“缩放”变形来说，垂直坐标轴表示比例系数，而对于“扭曲”和“倾斜”而言，垂直坐标轴则表示旋转或倾斜的角度。“拟合”变形工具较为特殊，后面再作具体介绍。

在窗口上部的工具栏中提供了多种编辑变形曲线的工具，可以通过移动、插入、编辑顶点和改变顶点的属性来编辑变形曲线，最终达到编辑放样物体的效果。

在窗口下部右侧是视图显示控制工具，可以缩放或平移窗口。

在窗口下部中间有两个状态栏，第 1 个表示水平坐标值，用来控制顶点的位置；第 2 个表示垂直坐标值，控制截面变形系数，在此处直接输入数据，可以精确控制变形曲线。

1. 缩放变形

“缩放”变形控制截面图形沿着放样对象的 X 或 Y 轴方向缩放，创建丰富的三维造型。下面使用“缩放”变形制作一个花瓶。

(1) 选择“应用程序”菜单→[重置]，重置场景。

(2) 选择[自定义]→[单位设置]，在“单位设置”对话框，设置“显示单位比例”为公制、毫米，如图 6-26 所示。单击“系统单位设置”按钮，设置“系统单位比例”为“1 单位＝1.0 厘米”，如图 6-27 所示。单击“确定”按钮退出“单位设置”对话框。

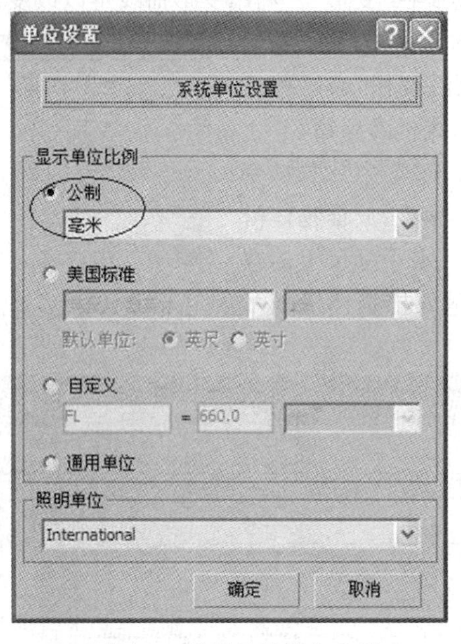

图 6-26　设置显示单位比例

图 6-27　设置系统单位比例

(3) 选择[创建]→[图形]→[圆]，在“顶”视口中创建一个半径为 100mm 的圆 Circle01，在“前”视口中创建一条长 500mm 的直线 Line01，起始点在下端。

(4) 选择直线 Line01，选择[创建]→[复合]→[放样]，进入“放样”面板。

(5) 展开“创建方法”面板，单击“获取图形”按钮，选择视图中的圆 Circle01。创建一个放样圆柱体 Loft01。

(6) 单击“所有视图最大化显示”按钮，最大化显示所有视图。

(7) 选中圆柱体 Loft01，单击“修改”按钮，进入修改命令面板，单击“变形”卷展栏中的“缩放”按钮，出现“缩放变形”窗口。

(8) 在窗口中，确认激活“移动控制点”按钮，将红线的右侧端点上下拖动，这时视图中的放样对象的尾端随之放大或缩小。

(9) 将该端点向下拖动到垂直坐标值60处(也可直接在状态栏的水平参数栏中输入100,垂直参数框中输入60),如图6-28所示。

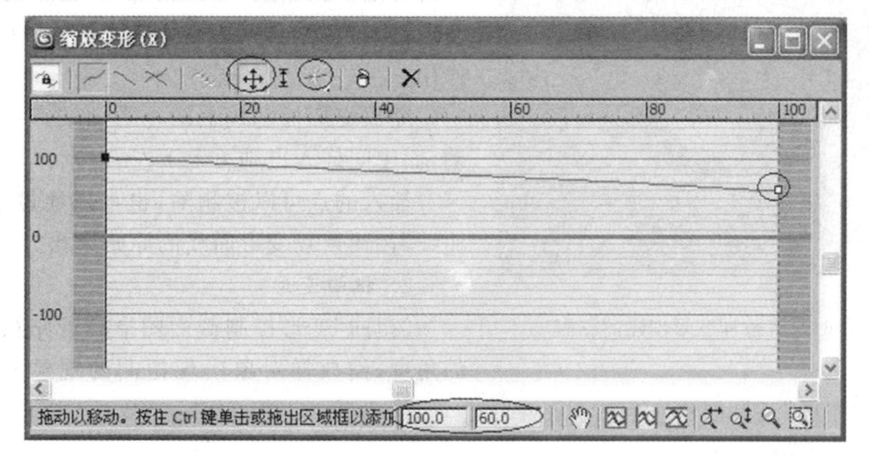

图6-28 调整"缩放"变形曲线的端点

(10) 在窗口中,单击工具栏中的"插入控制点"按钮,在缩放变形曲线的中间插入一点。

(11) 鼠标右键单击该插入点,从快捷菜中选择"Bezier-角点"选项。然后在状态栏的水平参数栏中输入50,垂直参数框中输入90。

(12) 鼠标右键单击最左侧端点,把它也变为"Bezier-角点"类型。

(13) 单击工具栏中的"移动控制点"按钮,调整刚才插入的控制点的句柄,使其结果如图6-29所示。这时,在"透视"视口中,放样对象像一个花瓶,如图6-30所示。

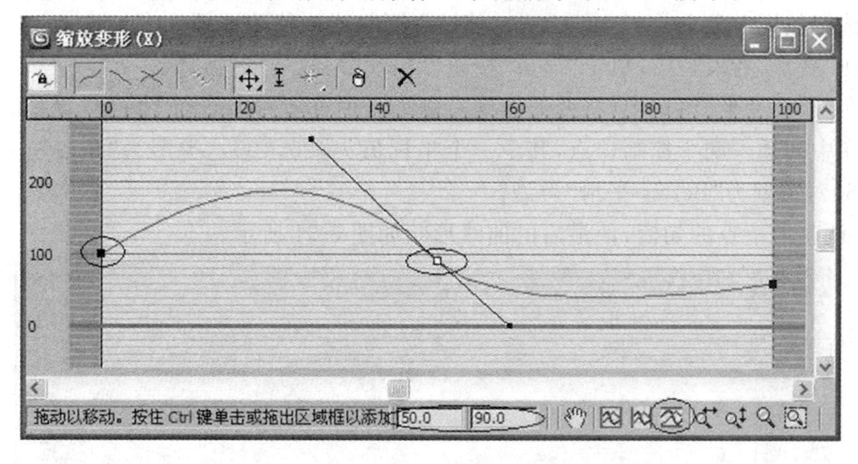

图6-29 调整好的"缩放"变形曲线

(14) 放样对象的表面可能不够细致,可以展开"表面参数"卷展栏,在"选项"组中把"图形步数"和"路径步数"值调大,图4-28结果是"图形步数"和"路径步数"均为12的效果。

(15) 选择"应用程序"→[保存],命名为"练习06_花瓶.max"文件保存。

在图6-29中,发现红色变形曲线和视图中变形物体的外形投影线相似,这是因为当前放样路径是直线。如果放样路径不是直线时,"缩放变形"窗口中的初始变形曲线仍是一条直线,但对它进行调整后,变形曲线则可能与放样对象外形不相似。

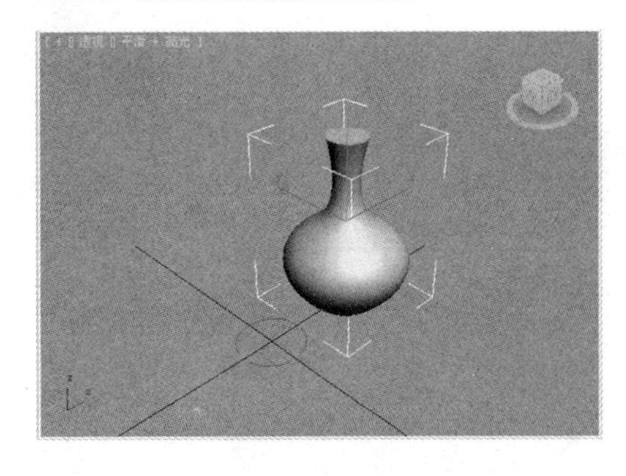
图 6-30 放样变形创建的花瓶

在修改面板上，如果单击关闭“缩放”按钮旁边的灯泡，则“缩放”变形功能被关闭，物体也不再变形。当再次打开该开关时，“缩放”变形又会起作用。

缩放变形控制线上的左右两端点只能上下移动，而中间插入点则可上下左右移动。

插入的点可以被删除，也可以通过单击“还原曲线”按钮恢复变形曲线的原始形状。

2. 扭曲变形

“扭曲”变形控制截面图形绕着路径旋转一定的角度，使放样对象出现扭曲的现象。下面使用“缩放”和“扭曲”工具创建一个钻头。

(1) 选择“应用程序”→[重置]，重置场景。

(2) 选择[创建]→[图形]→[矩形]，在“前”视口中建立一个边长为 20mm 的正方形 Rectangle01。

(3) 单击“线”按钮，在“前”视口中建立一条长度为 100mm 的直线 Line01。

(4) 选择线 Line01，然后选择[创建]→[复合]→[放样]，进入放样面板。

(5) 展开“创建方法”面板，单击“获取图形”按钮，选择视图中的正方形 Rectangle01。创建一个放样立方柱体 Loft01。

(6) 选定放样对象 Loft01，单击“修改”按钮，进入修改面板。

(7) 在“变形”卷展栏中，单击“缩放”按钮。出现“缩放变形”窗口。

(8) 在“缩放变形”窗口中，将变形曲线右侧端点垂直坐标移动到 10 的位置。

(9) 在中间插入两个控制顶点，其中一个坐标值为(20,100)，类型为“角点”；另一点坐标值为(60,80)，类型为“Bezier-平滑”类型。

(10) 调整两个点的句柄，使最后的曲线形状如图 6-31 所示。

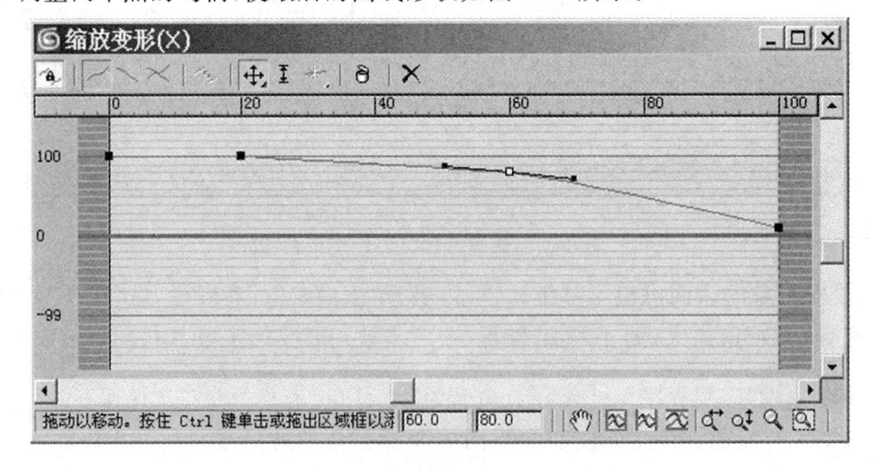

图 6-31 调整好的缩放变形曲线

(11) 面板上单击“扭曲”按钮，出现“扭曲变形”窗口。

(12) 在“扭曲变形”窗口中，变形曲线表示的是旋转角度。用鼠标拖动变形曲线右侧端点向上移动到 720 处，这样放样物体的末端就绕路径旋转了 720°。

(13) 在曲线坐标值为(20,0)处插入一个点，此时变形曲线如图 6-32 所示。

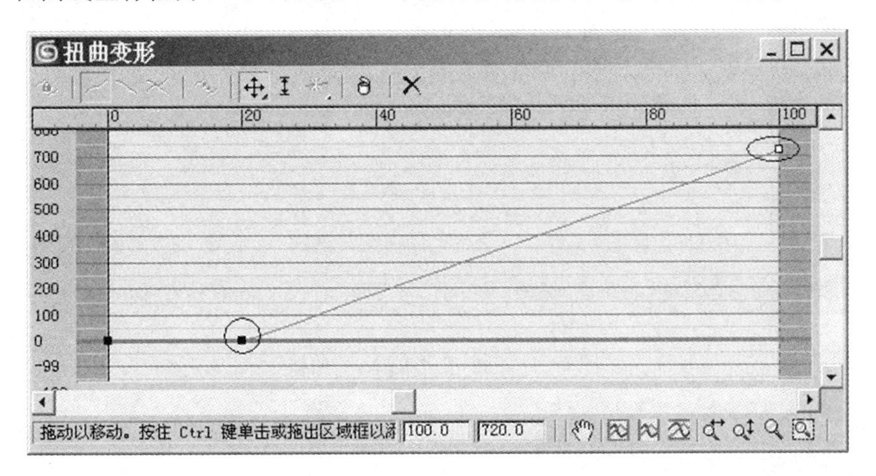

图 6-32　调整好的 Twist 变形曲线

(14) 调整“表皮参数”卷展栏中“路径步数”，放样对象的结果如图 6-33 所示。

(15) 选择“应用程序”菜单→[保存]，命名为“练习 06_钻头. max”文件保存。

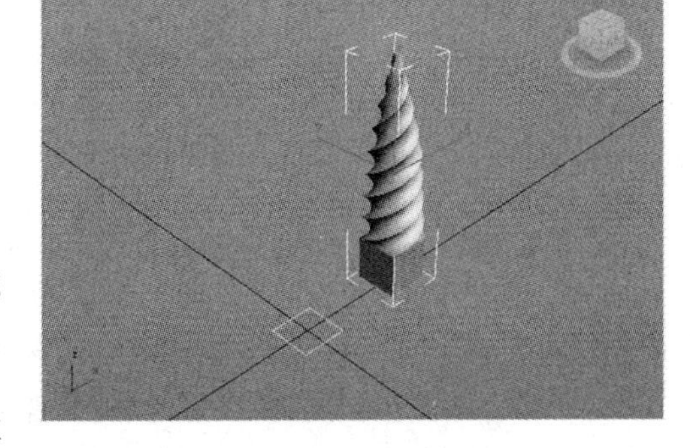

图 6-33　放样变形创建的钻头

3. 倾斜变形

倾斜变形是轴向变形，它使放样对象绕局部坐标 X 或 Y 轴倾斜截面。

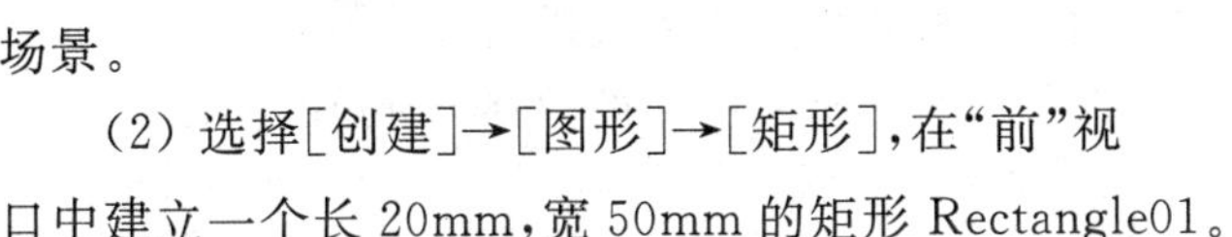

(1) 选择“应用程序”菜单→[重置]，重置场景。

(2) 选择[创建]→[图形]→[矩形]，在“前”视口中建立一个长 20mm，宽 50mm 的矩形 Rectangle01。

(3) 在面板上单击“线”按钮，在“顶”视口中建立一条长 200mm 的直线 Line01。

(4) 选择线 Line01，然后选择[创建]→[复合]→[放样]，进入放样面板。

(5) 展开“创建方法”面板，单击“获取图形”按钮，选择视图中的正方形 Rectangle01。创建一个放样对象 Loft01。

(6) 确认选中放样对象 Loft01，然后单击“修改”按钮，进入修改面板。在“变形”卷展栏中，单击“倾斜”按钮，打开“倾斜变形”窗口。

(7) 在窗口上部，关闭“均衡”按钮。该按钮默认为启用，表示对变形曲线所做的任何修改都将引起放样物体在 X、Y 轴两个方向的对称变形。

(8) 确认激活“显示 X 轴”按钮，现在的变形曲线仅使放样对象在 X 轴方向产生倾斜。拖动左侧端点向上移动至 -45 处，状态栏显示(0，-45)，表示把端点处的截面沿 X 轴倾斜 -45°，如图 6-34 所示，此时的放样物体如图 6-35 所示。

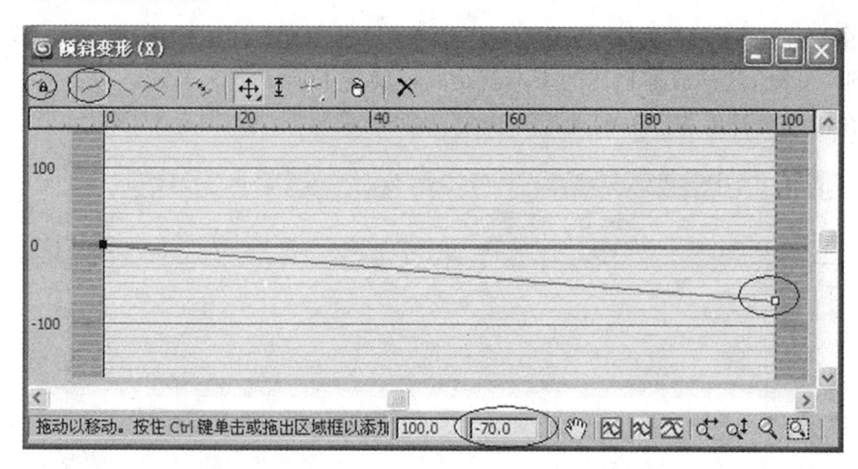

图 6-34　倾斜变形的 X,Y 曲线

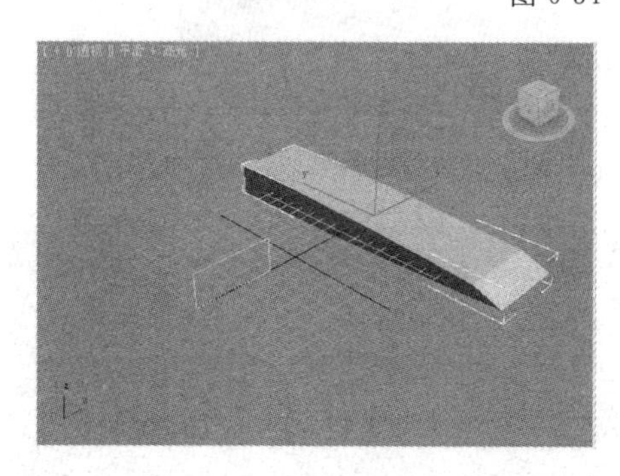

图 6-35　倾斜变形后的放样物体

(9) 选择“应用程序”菜单→[保存],命名为“练习 06_锉刀.max”文件保存。

4. 倒角变形

“倒角”变形类似于制作倒角,使用“倒角”变形可以将一个截面从它的原始位置倒进或者倒出一定的距离。

(1) 选择“应用程序”菜单→[重置],重置场景。

(2) 选择[创建]→[图形]→[圆环],在“顶”视口中建立一个内径 20mm、外经 50mm 的圆环 Donut01。

(3) 在面板上单击“线”按钮,在“前”视口中建立一条长度为 30mm 的直线 Line01。

(4) 选择线 Line01,然后选择[创建]→[复合]→[放样],进入放样面板。

(5) 展开“创建方法”面板,单击“获取图形”按钮,选择视图中的圆环 Donut01。创建一个放样对象 Loft01。

(6) 单击“修改”按钮,进入修改面板,在“变形”栏中单击“倒角”按钮,出现“倒角变形”窗口。

(7) 在窗口上部单击“插入角点”按钮,然后在变形曲线上插入两个控制点,坐标位置分别为(20,0)与(80,0)。

(8) 单击“移动控制点”把左侧端点垂直向上移动到 1,坐标位置为(0,1)。右键单击该点将它变为“Bezier-角点”类型,调整句柄,同样调整另一个点。变形曲线如图 6-36 所示。视图中放样对象两端边缘形成倒角,结果如图 6-37 所示。

(9) 选择“应用程序”菜单→[保存],命名为“练习 06_薄荷糖.max”文件保存。

倒角变形曲线垂直轴是以长度为单位进行计算的,由于系统单位是厘米,所以在变形窗口中的 1 表示的 1cm。向上移动控制点时缩小,向下移动时放大。观察倒角变形的放样对象,可以看到其外边缘向内倒角,内边缘向外倒角。

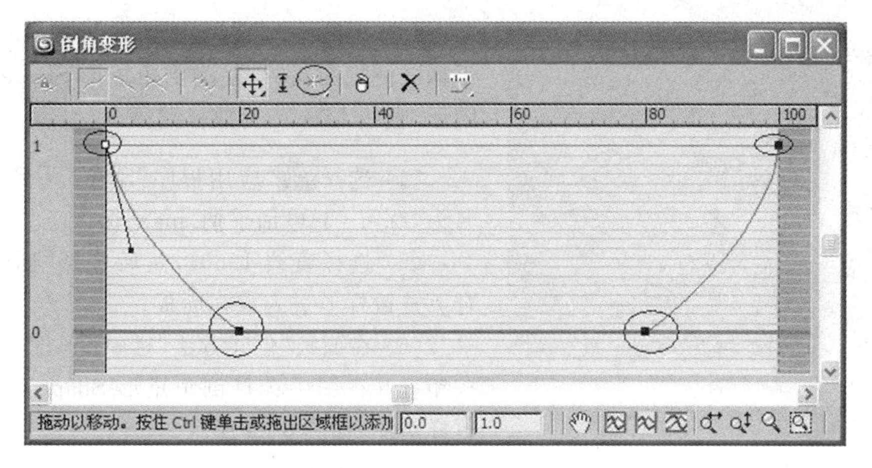

图 6-36　“倒角变形”对话框

5. 拟合变形

拟合变形相当于通过指定顶视图、侧视图和前视图的轮廓来创建三维对象。这个工具对建立一些复杂三维造型非常有效。

拟合变形依赖于为其指定的 3 个轮廓的图形，它们分别被称为“拟合 X”、“拟合 Y”和“放样图形”。“放样图形”就是放样对象的截面，也就是沿路径方向的图形。“拟合 X”和“拟合 Y”则分别决定了放样对象的 X 和 Y 轴方向的形状。下面的练习是利用拟合变形创建一个电话手柄的过程：

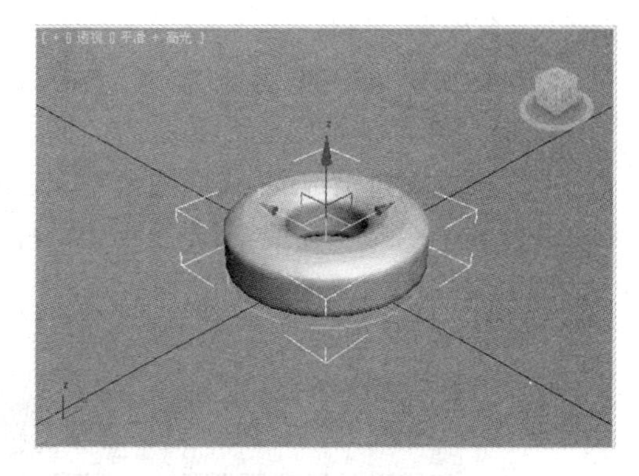

图 6-37　倒角变形后的放样对象

(1) 选择“应用程序”菜单→[重置]，重置场景。

(2) 选择“应用程序”菜单→[打开]，打开文件“loft_fit.max”文件。内容如图 6-38 所示。

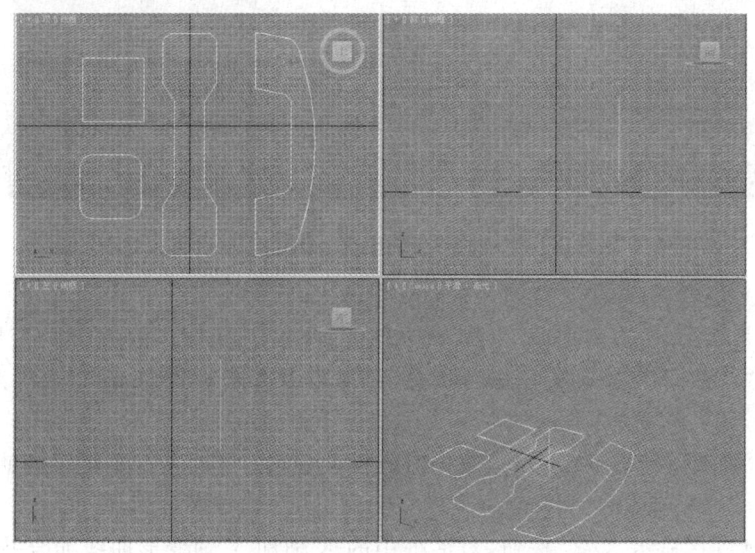

图 6-38　拟合放样对象前的二维图形

图 6-39 “获取图形”形成的放样对象

(3) 视图中间 Shape1 和右侧 Shape2 为电话手柄的侧视图轮廓，左侧倒角矩形 Shape4 为截面图形，直线 Line01 为放样路径。

(4) 选择“应用程序”菜单→[另存为]，命名为“练习 06_电话手柄. max”保存。

(5) 选择直线 Lin01，然后选择[创建]→[复合]→[放样]，进入放样面板。

(6) 在面板“创建方法”栏中，单击“获取图形”按钮。在视图中选择倒角矩形 Shape4，生成一个放样对象，如图 6-39 所示。

(7) 单击“修改”按钮，进入修改面板。展开“变形”卷展栏，单击其中的“拟合”按钮，出现“拟合变形”窗口。

(8) 禁用窗口中的“均衡”按钮，取消 X 和 Y 轴的同步变化；单击启用“显示 X 轴”按钮，窗口中显示红色的 X 轴的变形曲线。

(9) 确认窗口上部的“获取图形”按钮处于激活状态，在视图中选择最右侧图形 Shape2。视图中放样对象形状改变，但不是期望的样子。

(10) 在窗口上部，单击“逆时针旋转 90°”按钮，再单击“生成路径”按钮，电话手柄雏形出来了，“拟合变形”控制曲线如图 6-40 所示。

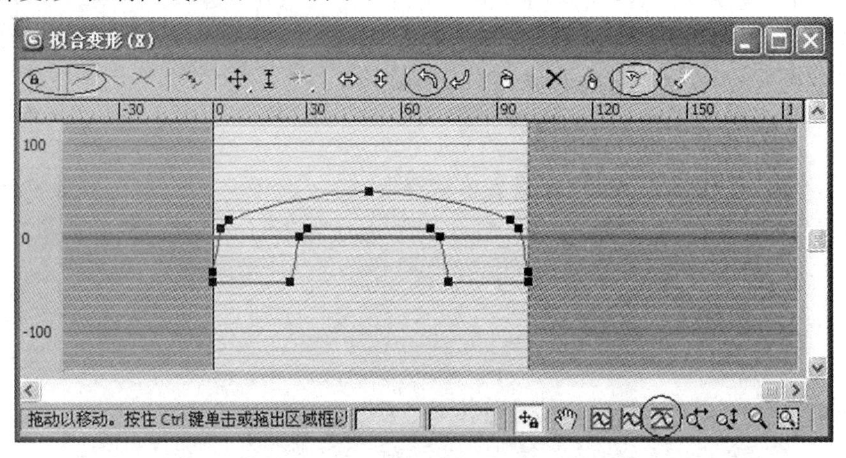

图 6-40 X 轴拟合变形曲线

(11) 此时，“透视”视口中放样对象形状如图 6-41 所示。

(12) 在窗口上部，单击启用“显示 Y 轴”按钮，窗口中显示绿色的 Y 轴的变形曲线。

(13) 确认“获取图形”按钮处于激活状态，在视图中选择图形 Shape1，放样对象形状改变(注意有些怪)。

(14) 单击“逆时针旋转 90°”按钮，放样对象再次变化。这时一个电话手柄就成形了，效果如图6-42所示。

(15) 单击启用“显示 X/Y”按钮，对话框中的 X 轴和 Y 轴变形曲线如合并在一起，如图 6-43所示。如果对曲线有不满意的地方，可以在“拟合变形”窗口中进行调整。

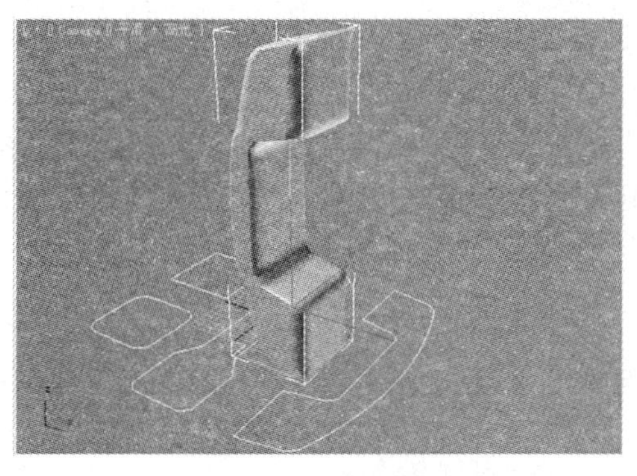

图 6-41　X 轴控制拟合放样对象形状

图 6-42　拟合放样制成的电话手柄

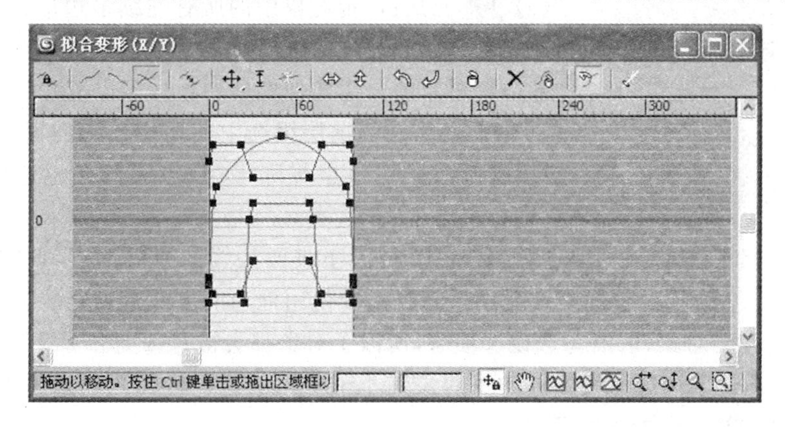

图 6-43　X/Y 拟合变形曲线

(16) 关闭"拟合变形"对话框。

(17) 选择"应用程序"菜单→[保存],更新保存"练习 06_电话手柄.max"文件。

6.3　多边形建模

多边形建模过程,首先使一个对象转换为可编辑多边形对象,然后通过对该多边形对象的各种次对象进行编辑和修改来实现建模过程。"编辑多边形"修改器有 5 个子对象修改级别,包含了顶点、边、边界、多边形和元素。

6.3.1　公用属性卷展栏

公用属性卷展栏中提供有进入各种次对象模式的按钮,同时也提供了有便于次对象选择的各个选项,如图 6-44 所示。

5 种子对象修改级别:

(1) 顶点:选定光标下的顶点;区域选择将选择区域内的顶点。

(2) 边:选定光标下的多边形的边;区域选择将选择区域内的多条边。

(3) 边界:启用"边界"子对象模式,可选择网格上的一个区域,该网格通常描述为洞。

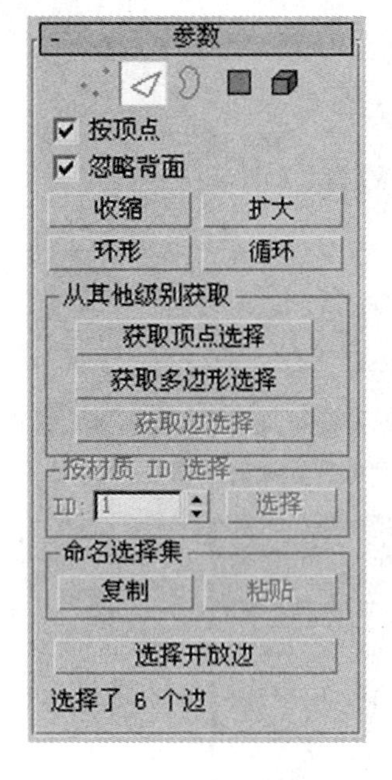

图 6-44 公用属性卷展栏

像这样的区域通常是只在一边有面边的序列。当"边界"子对象层级处于活动状态时，不能选择不在边界上的边。单击边界上的单个边会选择整个边界。边界可以封口(或者以可编辑多边形封口或者通过应用补洞修改器来实现)，也可以连接到其他对象(复合对象连接)。

(4) 多边形：选定光标下的所有共面多边形。通常，多边形是在可视线边中看到的区域。区域选择选中区域中的多个多边形。

(5) 元素：选定对象中的所有连续多边形；区域选择的结果与此相同。

多边形对象的公用属性卷展栏包含了以下几种功能选项。

(1) 按顶点：在当前层级选中使用所单击的顶点的任何子对象，应用到所有子对象层级除了"顶点"；同样也适用于"区域选择"。

(2) 忽略背面：由于表面法线的原因，在当前视角背面的表面不被显示。在视图中使用框选的方式进行选择时，如果勾选此选项，将只能看到子对象；取消勾选该选项时，所以子对象都会被框选上。

(3) 收缩：通过取消选择最外部的子对象缩小子对象的选择区域。如果不再减少选择大小，则可以取消选择其余的子对象。

(4) 扩大：朝所有可用方向外侧扩展选择区域。

(5) 环形：通过选择所有平行于所选中的边来进行扩展边选择。环形只应用于边和边界选择。

(6) 循环：在与选中边相对齐的同时，尽可能远地扩展选择。循环只应用到边和边界选择上，并只通过四个方向的交点传播。

6.3.2 编辑顶点

在"编辑多边形(顶点)"子对象层级上，可以选择单个或多个顶点，并且使用标准方法移动它们。其中包括"编辑顶点"和"编辑几何体"卷展栏，如图 6-45 所示。这里主要介绍一下"编辑顶点"卷展栏中各项的功能。

(1) 移除：移除当前选择的顶点，不会对表面的完整性造成破坏，被移除的顶点周围的点会重新进行结合。

(2) 断开：在与选定顶点相连的每个多边形上，都创建一个新顶点，这可以使多边形的转角相互分开，使它们不再相连于原来的顶点上。如果顶点是孤立的或者只有一个多边形使用，则顶点将不受影响。

(3) 挤出：可以在视图中通过手动方式对选择点进行挤出操作。拖动鼠标，选择点会沿着法线方向在挤出的同时创建出新的多边形表面。

• 点击[挤出]按钮，在视图中移动鼠标越过选择点，会显示为挤出图标。
• 垂直拖动鼠标控制挤出的长度，水平拖动鼠标控制挤出基面的广度。

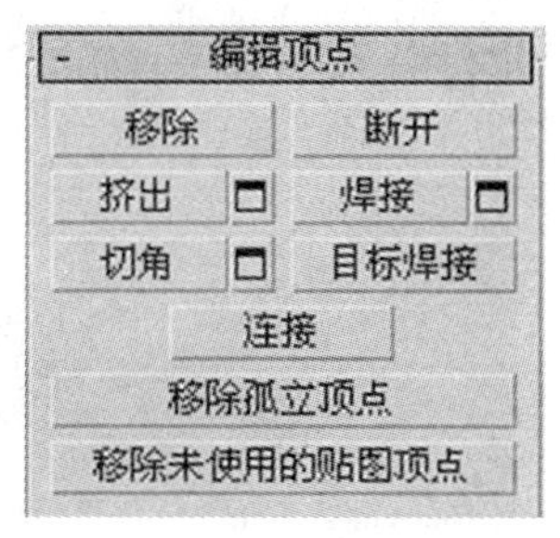

图 6-45　“编辑顶点”和“编辑几何体”卷展栏

• 选定多个顶点时，拖动任何一个，也会同样地挤出所有选定顶点。

• 当[挤出]按钮处于活动状态时，可以轮流拖动其他顶点，以挤出它们。再次单击[挤出]或在活动视口中右键单击，以便结束操作。挤出效果见图 6-46 所示。

• 单击右侧的按钮时，会弹出挤出顶点对话框，如图 6-47 所示。可选择挤出高度和挤出基面宽度。

图 6-46　挤出

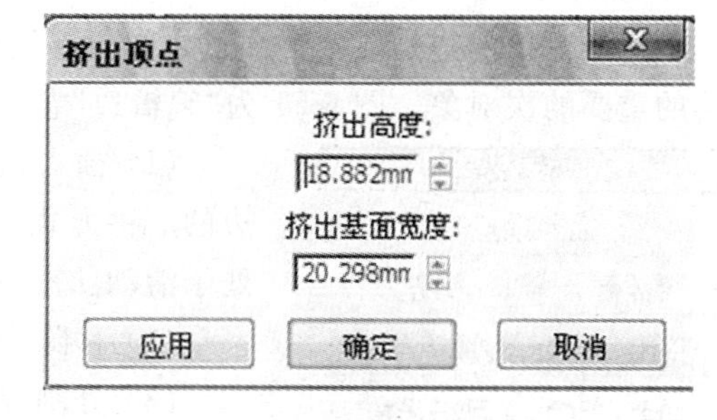

图 6-47　挤出顶点对话框

(4) 焊接：对“焊接对话框”中指定的公差范围之内连续的、选中的顶点，进行合并。所有边都会与产生的单个顶点连接。“焊接对话框”如图 6-48 所示。

(5) 切角：单击此按钮后，拖动选择点会进行切角处理。点击“切角顶点”对话框则会显示切角设置对话框，可以通过数值框调节切角的大小，如图 6-49 所示。

(6) 目标焊接：可以选择一个顶点，并将它焊接到相邻目标顶点。“目标焊接”只焊接成对的连续顶点。

(7) 连接：用于创建新的边，选择一组点进行连接。

(8) 移除孤立顶点：将不属于任何多边形的所有顶点删除。

(9) 移除未使用的贴图顶点：某些建模操作会留下未使用(孤立)的贴图顶点，它们会显示

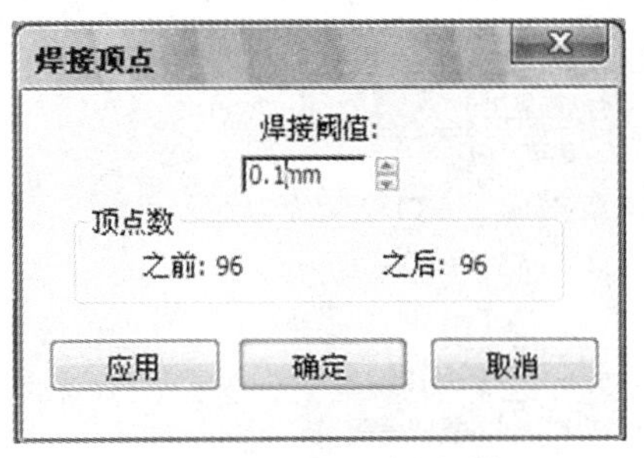

图 6-48　焊接顶点对话框

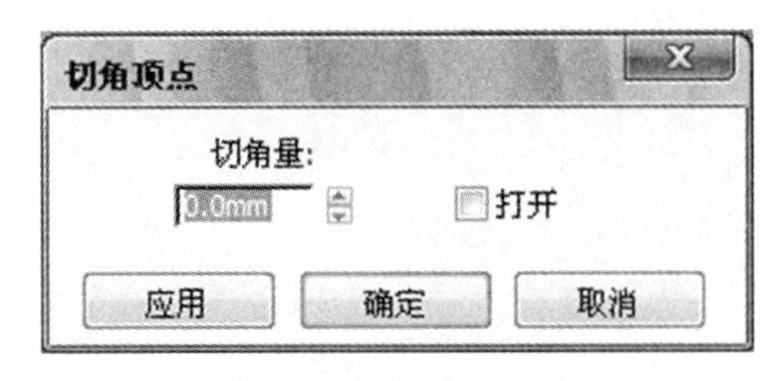

图 6-49　切角顶点对话框

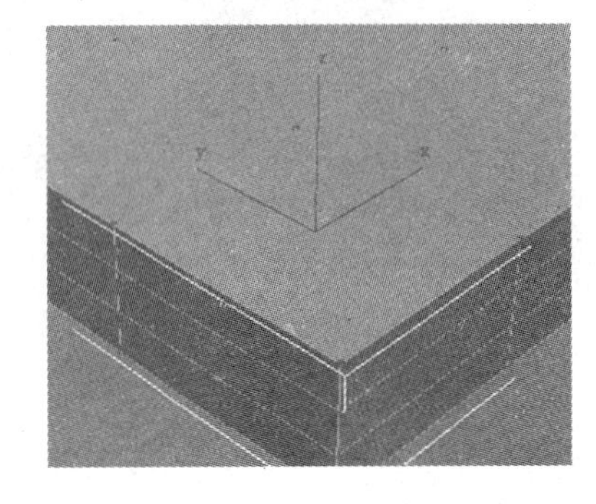

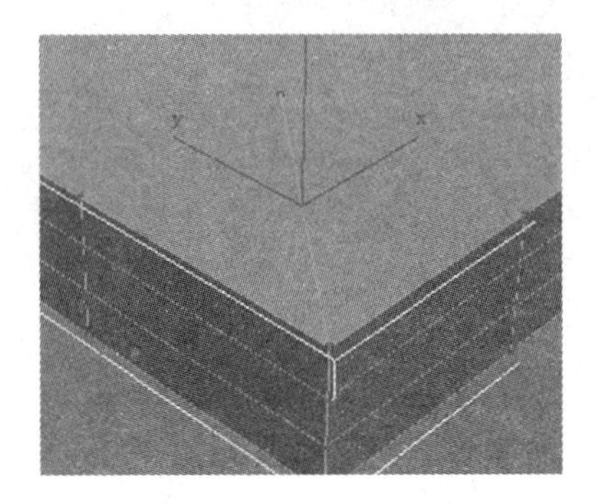

图 6-50　顶点连接效果图

在“展开 UVW”编辑器中,但是不能用于贴图。可以使用这一按钮,来自动删除这些贴图顶点。顶点连接效果如图 6-50 所示。

6.3.3　编辑边和边界

1. 编辑边

多边形对象的边是在两个顶点之间起连接作用的线段。在多边形对象中,边也是一个被编辑的重要的次对象。图 6-51 为“编辑边”卷展栏,主要功能介绍如下。

图 6-51　“编辑边”卷展栏

(1) 插入顶点:该按钮是对选择的边手动插入顶点来分割边的一种方式,单击某边即可在该位置处添加顶点。只要命令处于活动状态,就可以连续细分多边形。

(2) 移除:删除选定的边并组合使用这些边的多边形。

(3) 分割:沿着选定的边分割网格。对网格中心的单条边应用时,不会起任何作用。影响边末端的顶点必须是单独的,以便能使用该选项。

(4) 挤出:对选择的边执行拉伸操作并在新边和原对象之间生成新的多边形。挤出效果图如图 6-52 所示。

(5) 桥:使用多边形的“桥”连接对象的边。桥只连接边界边;也就是只在一侧有多边形的边。创建边循环或剖面时,该工具特别有用。

(6) 创建图形:选择一条或多条边后,单击此按钮可使用选定边,使用“创建图形”对话框,如图 6-53 所示,可以输入名字和选择类型(平滑或线形),而且新型的枢轴点被设置在多边形

图 6-52　挤出效果图

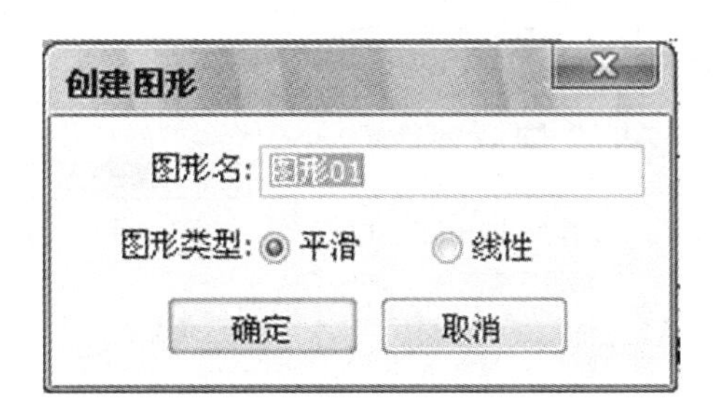

图 6-53　创建图形对话框

的中心位置上。

(7) 编辑三角剖分：用于修改绘制内边或对角线时多边形细分为三角形的方式。单击该按钮，多边形对象所有隐藏的边都会显示出来。首先单击一个多边形的顶点，然后拖动鼠标到另一个不相邻的顶点上，再一次点击即可创建出一个新的三角形。

2. 编辑边界

边界是多边形对象上网格的线性部分，通常由多边形表面上的一系列边一次连接而成。图 6-54 为“编辑边界”卷展栏，主要功能介绍如下。

图 6-54　“编辑边界”卷展栏

(1) 插入顶点：该按钮是对选择的边手动插入顶点来分割边的一种方式。但只对所选择边界中的边有影响，对未选择边界中的边没有影响。

(2) 封口：使用单个多边形封住整个边界环。选择该边界，然后单击“封口”，可以用来为选择的边界创建一个多边形的表面。

(3) 挤出：用于对选择的边界进行拉伸，并且可以在拉伸后的边界上创建出新的多边形面。

其他选项，如切角、连接、桥和旋转与边编辑模式下的含义和作用基本上相同。

6.3.4　编辑多边形和元素

多边形是通过曲面连接的三条或多条边的封闭序列。元素与多边形面的区别在于元素是多边形对象上所有的连续多边形面的集合。类似于顶点、边和边界次对象一样，多边形和元素也有相应的编辑卷展栏，如图 6-55 所示。

多边形和元素编辑卷展栏中的大部分选项与先前介绍相似，主要功能如下。

(1) 挤出：直接在视口中操作时，可以单击此按钮，然后垂直拖动任何多边形，以便将其挤出。挤出多边形时，这些多边形将会沿着法线方向移动，然后创建形成挤出边的新多边形，从而将选择与对象相连，如图 6-56 所示。

(2) 轮廓：用于增加或减小每组连续的选定多边形的外边，如图 6-57 所示。

(3) 倒角：通过直接在视口中执行手动倒角操作。单击此按钮，然后垂直拖动任何多边形，以便将其挤出。释放鼠标按钮，然后垂直移动鼠标光标，以便设置挤出轮廓，单击以完成。

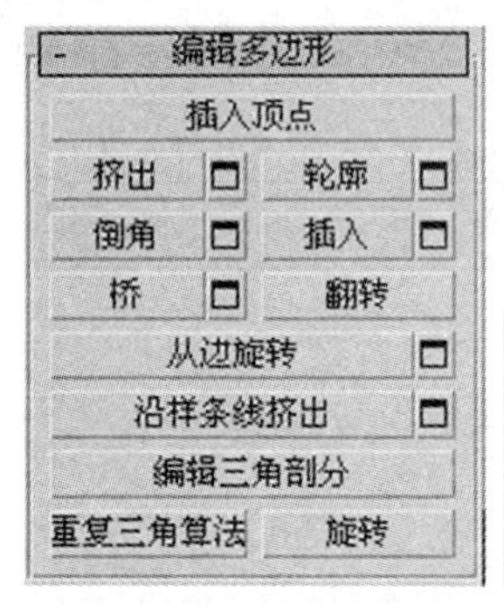

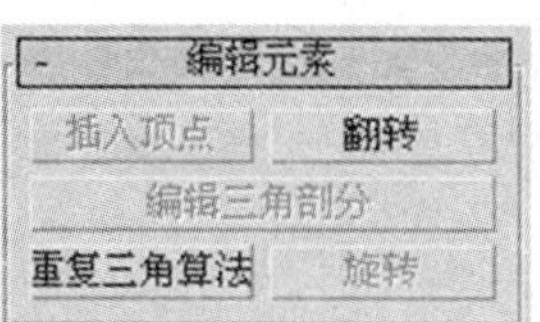

图 6-55 “编辑多边形”和“编辑元素”卷展栏

图 6-56 挤出效果图

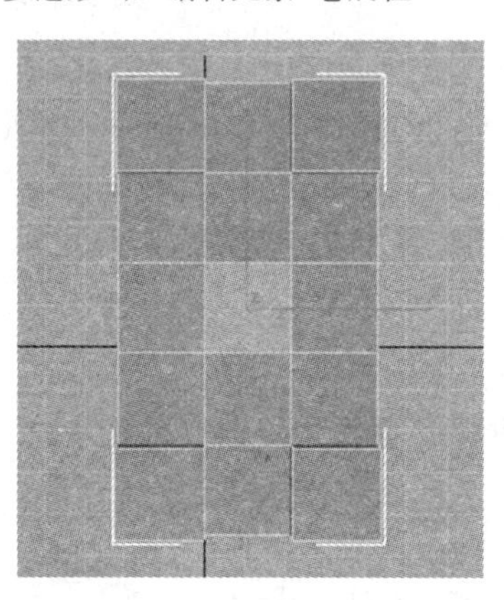

图 6-57 轮廓操作效果图

操作效果如图 6-58 所示。

(4) 插入:执行没有高度的倒角操作,即在选定多边形的平面内执行该操作。单击此按钮,然后垂直拖动任何多边形,以便将其插入。插入效果如图 6-59 所示。

图 6-58 倒角效果图

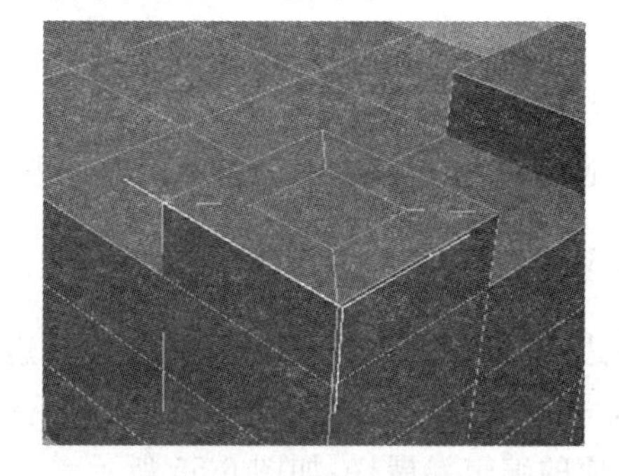

图 6-59 插入效果图

(5) 桥:使用多边形的“桥”连接对象上的两个多边形或选定多边形。

(6) 翻转:用来选择多边形面的法线反向。

(7) 从边旋转:用于通过绕某一边来旋转选择的多边形面。在旋转之后的多边形面和原多边形之间将生成新的多边形面,如图 6-60 所示。“从边旋转”对话框可以设置旋转的角度和拉伸生成新多边形面的段数,如图 6-61 所示。

(8) 沿样条线挤出:可以使被选择的多边形面沿视图中某个样型的走向进行拉伸。

图 6-60　从边旋转效果图

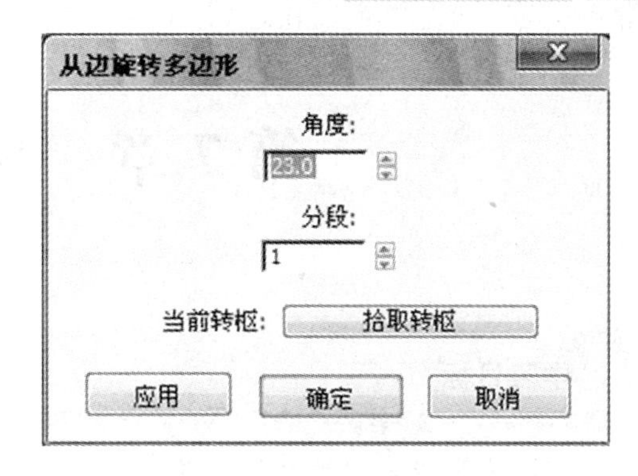

图 6-61　从边旋转对话框

【思考与练习】

1. 布尔运算是否只能对三维对象应用?
2. 放样对象的变形控制有哪几种?
3. 多边形建模可以针对哪些次级类对象进行?

第 7 章　材质编辑器

学习目标

☆　了解材质编辑器的概念及作用。

☆　理解材质的特性以及其对真实场景再现的重要作用。

☆　掌握材质编辑器以及标准材质的类型及使用。

☆　材质是 3ds Max 中最重要的内容之一，正确设置材质是创建真实感场景不可缺少的步骤。

材质是用来描述物体如何反射和透射光线的，在显示时表现为物体特有的外观。在三维软件中，把物体对象的外观属性称为材质。

材质包含两个基本内容，即质感与纹理。质感是指物体的基本属性，例如，金属质感、木材质感、玻璃质感等，它通常是由“明暗器类型”来控制的；纹理是指物体的表面颜色、图案、凹凸以及反射等特性，在软件中是由“贴图”来控制的。

7.1　材质编辑器

在 3ds Max 中，对材质的操作都是由一个名为“材质编辑器”的浮动式窗口来控制的。“材质编辑器”是用于创建、改变和应用场景中的材质的对话框。

可以用 3 种方法打开材质编辑器窗口。

(1) 从主工具栏单击“材质编辑器”按钮。

(2) 在菜单栏，选择[渲染]→[材质编辑器]。

(3) 使用快捷键 M。

图 7-1 为默认的“材质编辑器”窗口内容，它主要包括以下几个部分。

(1) 菜单栏。

(2) 材质示例窗。

(3) 材质编辑器工具栏。

(4) 材质类型和名称区。

(5) 材质参数区。

7.1.1　材质编辑器菜单栏

“材质编辑器”菜单栏在“材质编辑器”窗口的顶部。它提供了另一种调用各种材质编辑器工具的方式。

(1)“材质”菜单：提供了最常用的“材质编辑器”工具。

(2)“导航”菜单：提供导航材质的层次的工具。

(3)“选项”菜单：提供了一些附加的工具和显示选项。

(4)“工具”菜单：提供贴图渲染和按材质选择对象。

一般情况下，用户可以使用“材质编辑器”窗口上的工具按钮完成菜单栏中主要的功能。

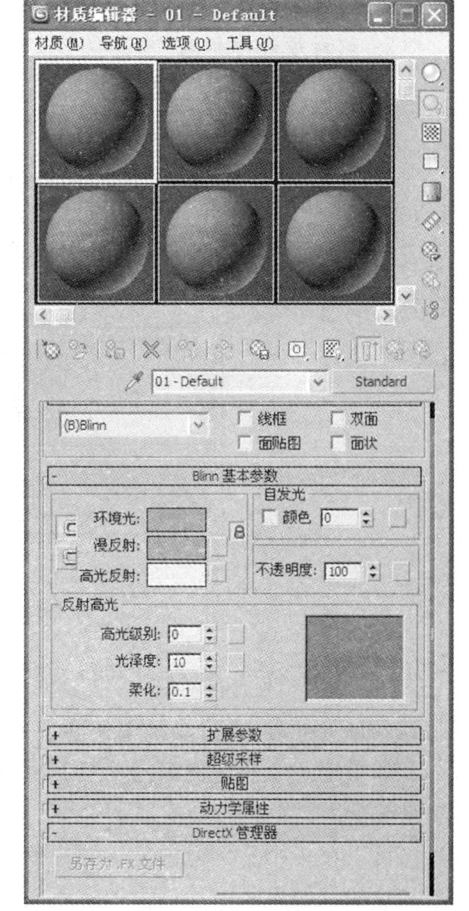

图 7-1　“材质编辑器”窗口

7.1.2　材质示例窗

材质示例窗用来显示材质的预览效果。默认情况下，一次显示 6 个示例窗。

1. 设置示例窗

“材质编辑器”一次可存储 24 种材质。可以使用滚动栏在示例窗之间移动，也可以一次把示例窗的显示数量更改为 15 或 24 个。

右键单击活动示例窗，弹出一个菜单，如图 7-2 所示，在其中选择需要显示的示例窗的数量。

菜单上还有其他一些控制选项，具体如下。

(1) 拖动/复制：将拖动示例窗设置为复制模式。启用此选项后，拖动示例窗时，材质会从一个示例窗复制到另一个，或从示例窗复制到场景中的对象，或复制到材质按钮。

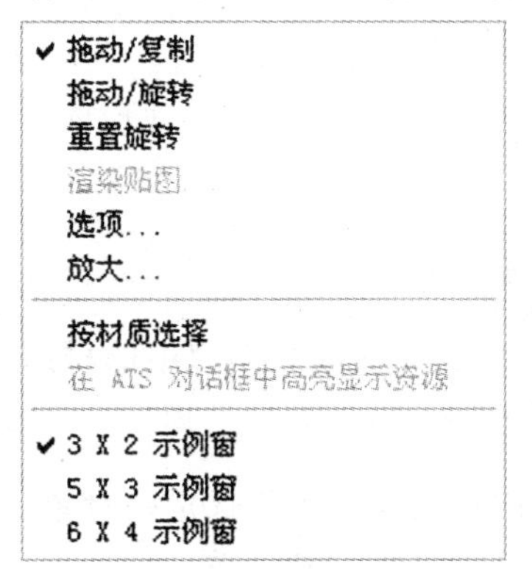

图 7-2　示例窗右键菜单

(2) 拖动/旋转：将拖动示例窗设置为旋转模式。启用此选项后，在示例窗中进行拖动将会旋转采样对象。在对象上进行拖动，能使它绕自己的 X 或 Y 轴旋转；在示例窗的角落进行拖动，能使对象绕它的 Z 轴旋转。另外，如果先按 Shift 键，然后在中间拖动，那么旋转就限制在水平或垂直轴，取决于初始拖动的方向。

(3) 重置旋转：将采样对象重置为它的默认方向。

(4) 渲染贴图：渲染当前贴图，创建位图或 AVI 文件(如果位图有动画的话)，渲染的只是当前贴图级别。如果处在材质级别，而不是贴图级别，那么这个菜单项不可使用。

(5) 选项：显示“材质编辑器选项”对话框。这相当于单击“选项”工具按钮。

(6) 放大：生成当前示例窗的放大视图。最多可以显示 24 个放大窗口，可以调整放大窗口的大小，直接双击示例窗也可以显示放大窗口。

(7) 3×2 示例窗：以 3×2 阵列显示示例窗(默认值为 6 个窗口)。

(8) 5×3 示例窗：以 5×3 阵列显示示例窗(15 个窗口)。

(9) 6×4示例窗：以6×4阵列显示示例窗(24个窗口)。

2. 热材质和冷材质

(1) 热材质：场景中已经使用的材质。当调整热材质时，场景中的材质会同时更改。

(2) 冷材质：场景中没有使用的材质。

材质所处状态，在示例窗的拐角处都有标记。如图7-3所示，左图拐角为实心白色三角形，表明是“热”材质并且应用于当前选定的对象。中图拐角轮廓为白色三角形，表示为“热”材质，已经指定给场景但没有指定给当前选定的对象。右图拐角没有三角形，表示是“冷”材质，没有指定给场景。

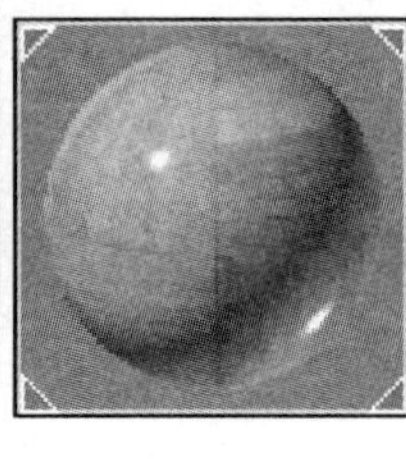
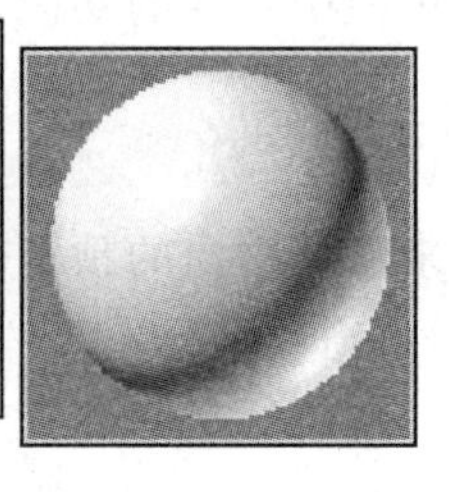

图7-3 冷热材质示例窗区别

单击“生成材质副本”按钮，可以使热示例窗冷却。这个操作会将示例窗中的材质复制到其自身上方，之后场景中就不再使用。

如果把一个热示例窗拖动复制到另一个示例窗中，则复制后的目标窗口是冷的，原窗口仍然是热的。

可以在多个示例窗内显示同样的材质(有同样名称)，但是包含该材质的示例窗中只有一个是热的。如果每个示例窗中有不同的材质，那么可以有多个热示例窗。

7.1.3 材质编辑器工具

位于材质编辑器示例窗下面和右侧的是用于管理和更改贴图及材质的按钮和其他控件。

1. 水平工具栏

(1) 获取材质：显示材质/贴图浏览器，利用它可以选择材质或贴图 。

(2) 将材质放入场景：在编辑材质之后更新场景中的材质。在活动示例窗中的材质与场景中的材质具有相同的名称且活动示例窗中的材质不是热材质时，此工具才可用。

(3) 将材质指定给选定对象：将活动示例窗中的材质应用于场景中当前选定的对象。同时，示例窗成为热材质。

(4) 重置贴图/材质为默认设置：重置活动示例窗中的贴图或材质的值。移除材质颜色并设置灰色阴影，将光泽度、不透明度等重置为其默认值。如果处于贴图级别，该按钮重置贴图为默认值。

(5) 生成材质副本：示例窗不再是热示例窗，但材质仍然保持其属性和名称。

(6) 使唯一：使贴图实例成为唯一的副本。还可以使一个实例化的子材质成为唯一的独立子材质。

(7) 放入库:将选定的材质添加到当前库中。

(8) 材质效果通道:弹出按钮上的按钮将材质标记为 Video Post 效果或渲染效果,或存储以 RLA 或 RPF 文件格式保存的渲染图像的目标(以便通道值可以在后期处理应用程序中使用)。默认值 0 表示未指定材质效果通道。

(9) 在视口中显示贴图:使用交互式渲染器来显示视口对象表面的贴图材质。

(10) 显示最终结果:显示材质的最终结果。当此按钮处于禁用状态时,示例窗只显示材质的当前级别。

(11) 转到父级:在当前材质中向上移动一个层级。只有不在复合材质的顶级时,该按钮才可用。

(12) 转到下一个同级项:将示例窗内容移动到当前材质中相同层级的下一个贴图或材质。当不在复合材质的顶级并且有多个贴图或材质时,该按钮才可用。

(13) 从对象拾取材质:可以从场景中的一个对象选择材质。单击滴管按钮,然后将滴管光标移动到场景中的对象上。

2. 垂直工具栏

(1) 采样类型:此按钮可以选择要显示在活动示例窗中的几何体。它包括球体(默认)、圆柱体、立方体以及使用"材质编辑器选项"对话框设定后才会有的自定义类型。

(2) 背光:启用"背光",将背光添加到活动示例窗中。默认情况下,此按钮处于启用状态。创建金属和 Strauss 材质,背光都特别有用。

(3) 图案背景:启用背景将多颜色的方格背景添加到活动示例窗中。查看不透明度和透明度的效果,该图案背景很有帮助。可以使用"材质编辑器选项"对话框指定位图用作自定义背景。

(4) 采样 UV 平铺:使用弹出的按钮,可以在活动示例窗中调整采样对象上的贴图图案重复。使用此选项设置的平铺图案只影响示例窗,对场景中几何体上的平铺没有影响。

(5) 视频颜色检查:用于检查示例对象上的材质颜色是否超过安全 NTSC 或 PAL 阈值。安全的视频方法是使用饱和度小于 80%～85%的颜色。

(6) 生成预览:包括生成预览、播放预览、保存预览 3 项。可以使用动画贴图向场景添加运动。例如,要模拟天空视图,可以将移动的云的动画添加到天窗窗口。可用于在示例窗中预览动画贴图在对象上的效果。

(7) 选项:打开"材质编辑器选项"对话框。

(8) 按材质选择:基于"材质编辑器"中的活动材质选择场景中的对象。只有活动示例窗包含场景中使用的材质,该按钮才可用。

(9) 材质/贴图导航器:该导航器显示当前活动示例窗中的材质和贴图。通过单击列在导航器中的材质或贴图导航当前材质的层次。

7.1.4 材质类型

材质详细描述对象如何反射或透射灯光,材质将使场景更加具有真实感。

在“材质编辑器”窗口中,单击材质名称栏后面的“类型”按钮,或选择菜单栏[材质]→[更改材质/贴图类型],出现“材质/贴图浏览器”对话框,如图 7-4 所示。也可以其中列出 3ds Max 的材质类型。

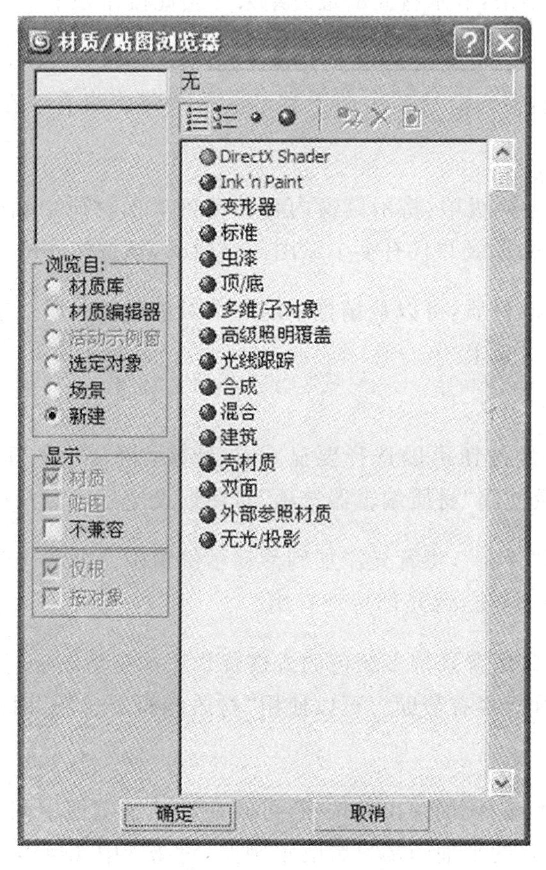

图 7-4 “材质/贴图浏览器”对话框

(1) DirectX Shader 材质:能够使用 DirectX 明暗器为视口中的对象着色。要使用此材质,必须有能支持 DirectX 的显示驱动,同时必须使用 Direct3D 显示驱动。

(2) Ink'n Paint 材质:又称卡通材质。与其他大多数材质提供的三维真实效果不同,它提供带有“墨水”边界的平面着色。

(3) 变形器材质:使用“变形”修改器随时间对多种材质进行管理。它可以用来创建角色脸颊变红的效果,或者使角色在抬起眼眉时前额褶皱。

(4) 标准材质:是“材质编辑器”示例窗中的默认材质。它为表面建模提供了非常直观的方式。在现实世界中,表面的外观取决于它如何反射光线。在 3ds Max 中,标准材质模拟表面的反射属性。如果不使用贴图,标准材质会为对象提供单一统一的颜色。

(5) 虫漆材质:通过叠加将两种材质混合。叠加材质中的颜色称为“虫漆”材质,被添加到基础材质的颜色中。

(6) 顶/底材质:为对象的顶部和底部指定不同的材质。可以将两种材质混合在一起。

(7) 多维/子对象材质:使用子对象层级,根据材质的 ID 值,将多种材质指定给单个对象。创建多维材质,将其指定给对象并使用“网格选择”修改器选中面,然后选择多维材质中的子材质指定给选中的面。

(8) 高级照明覆盖材质:用于微调光能传递或光跟踪器上的材质效果。此材质不需要对高级照明进行计算,但是却有助于改善效果。

(9) 光线跟踪材质:高级表面着色材质。它与标准材质一样,能支持漫反射表面着色。它还创建完全光线跟踪的反射和折射,支持雾、颜色密度、半透明、荧光以及其他特殊效果。

(10) 合成材质:通过添加颜色、相减颜色或者不透明混合的方法,最多可以将 10 种材料混合在一起。

(11) 混合材质:将两种材质混合使用到曲面的一个面上。混合具有可设置动画的“混合量”参数,该参数可以用来绘制材质“变形”功能曲线,以控制随时间混合两个材质的方式。

(12) 建筑材质:该材质设置的是物理属性,因此当与光度学灯光和光能传递一起使用时,其能够提供最逼真的效果。借助这种功能组合,可以创建精确性很高的照明研究。不建议在场景中将建筑材质与标准 3ds Max 灯光或光线跟踪器一起使用。如果不需要建筑材质提供很高逼真效果,则可以使用标准材质或其他材质类型。

(13) 壳材质:用于存储和查看“渲染到纹理”。

(14) 双面材质:为对象的前面和后面指定不同的材质。

(15) 无光/投影材质:专门用于将对象变为无光对象时使用,这样将可以隐藏当前的环境贴图。在场景中看不到虚拟对象,但是却能在其他对象上看到其投影。

材质设计与编辑是 3ds Max 最重要的功能之一,但也是学习的难点之一。“标准”材质是学习、掌握 3ds Max 强大材质功能的基础。“变形器”、“虫漆”、“顶/底”、“多维/子对象”、“合成”、“混合”、“双面”材质等类型材质又统称为“复合”材质。本教材主要介绍“标准”材质和复合材质的常用基本功能。

7.2　标准材质的基本参数

标准材质是“材质编辑器”示例窗中的默认材质。在 3ds Max 中,标准材质模拟表面的反射属性。如果不使用贴图,标准材质为对象提供单一统一的颜色。

7.2.1　“明暗器基本参数”卷展栏

在“材质编辑器”窗口下部,第 1 个就是“明暗器基本参数”卷展栏,如图 7-5 所示。它选择要用于标准材质的明暗器类型。

单击“明暗器下拉列表”,弹出 7 种明暗器类型。根据所选择的明暗器,材质的“基本参数”卷展栏可更改为显示该明暗器的控件。

(1) 各向异性:适用于椭圆形表面,这种情况有“各向异性”高光。如果为头发、玻璃或磨砂金属建模,这些高光很有用。

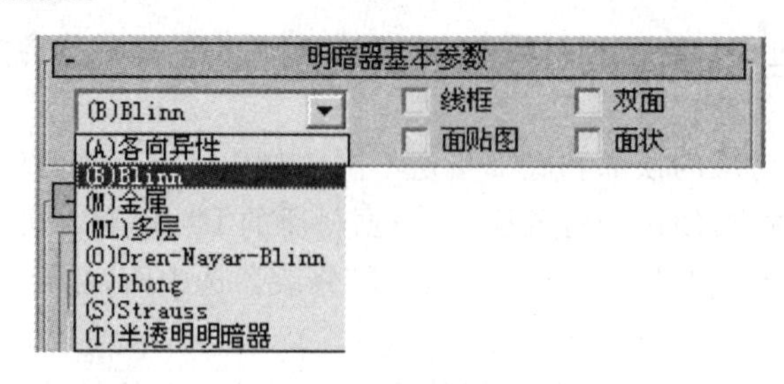

图 7-5 “明暗器基本参数”卷展栏

(2) Blinn:适用于圆形物体,这种情况高光要比 Phong 着色柔和。此为默认类型。

(3) 金属:适用于金属表面。

(4) 多层:适用于比各向异性更复杂的高光。

(5) Oren-Nayar-Blinn:适用于无光表面(如纤维或赤土)。

(6) Phong:适用于具有强度很高的、圆形高光的表面。

(7) Strauss:适用于金属和非金属表面。Strauss 明暗器的界面比其他明暗器的简单。

(8) 半透明:与 Blinn 着色类似,“半透明”明暗器也可用于指定半透明,这种情况下光线穿过材质时会散开。

在“明暗器下拉列表”右边有 4 个选项。

(1) 线框:以线框模式渲染材质。可以在“扩展参数”栏中设置线框的大小。

(2) 双面:使材质成为“双面”。将材质应用到选定面的双面。

(3) 面贴图:将材质应用到几何体的各面。如果材质是贴图材质,则不需要“贴图坐标”,贴图会自动应用到对象的每一面。

(4) 面状:就像表面是平面一样,渲染表面的每一面。

做练习,了解“线框”、“双面”、“面状”选项控制效果。

(1) 在“材质编辑器”中激活第 1 个样本窗,然后单击“图案背景”按钮启用彩色背景。

(2) 选择“明暗器基本参数”卷展栏中“线框”选项,结果如图 7-6 左面第 1 个示例窗所示。

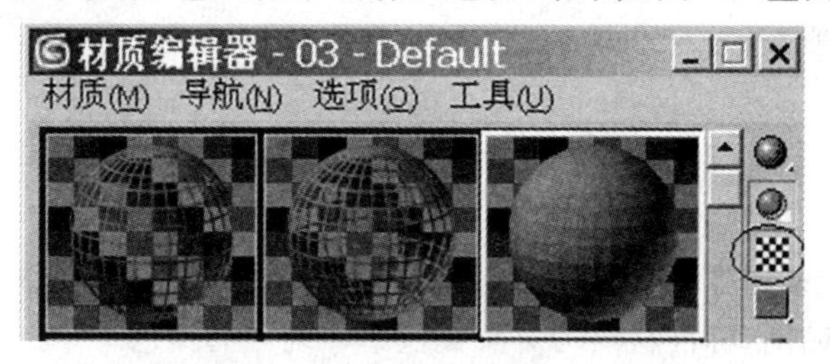

图 7-6 线框、双面、面状选项效果

(3) 激活第 2 个样本窗,单击“图案背景”按钮,启用彩色背景。

(4) 选择“线框”、“双面”选项,结果如图 7-6 中间示例窗所示。

(5) 激活第 3 个样本窗,单击“图案背景”按钮,启用彩色背景。

(6) 选择“面状”选项,结果如图 7-6 第 3 个示例窗所示。

7.2.2 “基本参数”卷展栏

“标准”材质的“基本参数”卷展栏内的控件用来设置材质的颜色、反光度、透明度等设置，并指定用于材质各种组件的贴图。

“基本参数”卷展栏的内容取决于在“明暗器基本参数”中选择的明暗器种类。图7-7为默认 Blinn 明暗器时标准材质的基本参数卷展栏。

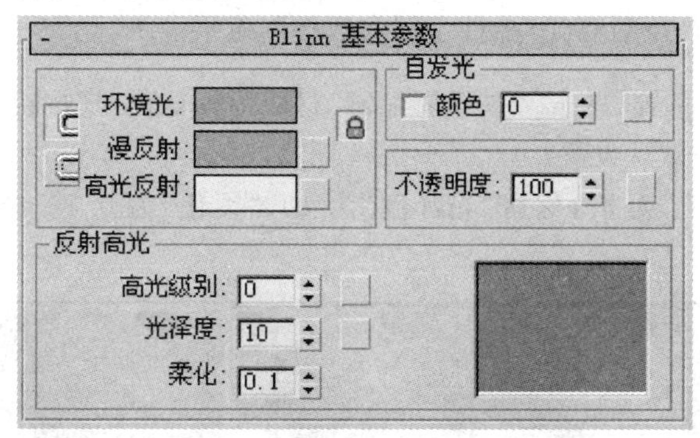

图7-7 标准材质的“Blinn 基本参数”卷展栏

1. 颜色

颜色控件为不同的颜色组件设置颜色，如图7-7左上部分所示。标准材质包括3个颜色控件。

(1) 环境光：环境光颜色是处于阴影中的对象的颜色。当由环境光而不是直接光照明时，这种颜色就是对象反射的颜色。可以将材料的环境光颜色锁定为其漫反射颜色，以便更改一种颜色时，另一种颜色会自动更改。

(2) 漫反射：漫反射颜色是当用“优质灯光”照明(即通过使对象易于观察的直射日光或人造灯光)时对象反映的颜色。人们通常所说的对象的颜色指的是漫反射颜色。

(3) 高光反射：高光颜色是发光表面高亮显示的颜色。为了获得自然的效果，可以对高光颜色进行设置，使其与主要的光源颜色相同，或者使其成为高颜色值低饱和度漫反射颜色。可以将高光颜色设置与漫反射颜色相符，生成一种无光效果，从而降低材质的光泽性。

单击颜色按钮，出现“颜色选择器”对话框，在其中可以设置对应的颜色。在颜色组件前，有“锁定”按钮可以用它来锁定这两个颜色组件。当执行锁定操作时，位于上方的颜色替代下面的颜色。当锁定两种颜色时，调整其中一个颜色组件将影响另外一个颜色组件。

2. 反射高光

Blinn、Oren-Nayar-Blinn 和 Phong 明暗器都具有圆形高光，并且共享相同的高光控件，如图7-7下部所示。Blinn 和 Oren-Nayar-Blinn 高光有时比 Phong 高光更柔和、更平滑。

(1) 高光级别：影响反射高光的强度。随着该值的增大，高光将越来越亮。在0%级别上，没有高光。在100%别上，曲线采用没有超载的最大高度。如果值大于100%，则曲线将超载——曲线将变得更宽，较宽的区域采用最大高光强度。单击后面的“贴图”按钮可将贴图指定给高光级别组件。

(2) 光泽度：影响反射高光区域的大小。随着该值增大，高光区域将越来越小，材质将变得越来越亮。光泽度为0%时，曲线采用其最大宽度。光泽度为100%时，曲线会非常狭窄。

单击贴图按钮可将贴图指定给光泽度组件。

(3) 柔化:柔化反射高光的效果,特别是由掠射光形成的反射高光。当“高光级别”很高,而“光泽度”很低时,表面上会出现剧烈的背光效果。增加“柔化”的值可以减轻这种效果。0表示没有柔化,1.0应用最大的柔化。

(4) 高光图:钟形曲线显示调整“高光级别”和“光泽度”值的效果。如果降低“光泽度”,曲线将变宽;如果增加“高光级别”,曲线将变高。

通过下面练习了解“反射高光”控件不同参数控制效果。

(1) 激活第1个示例窗,单击“重置贴图/材质为默认设置”按钮,在警示对话框中单击“是”,重置贴图/材质为默认设置。

(2) 设置“高光级别”为80,保留“光泽度”为10,“柔化”为0.1。结果如图7-8左示例窗所示。

图7-8 不同“反射高光”参数效果

(3) 激活第2个示例窗,单击“重置贴图/材质为默认设置”按钮,重置贴图/材质为默认设置。

(4) 设置“高光级别”为60,“光泽度”为30,“柔化”保留为0.1。结果如图7-8中间示例窗所示。

(5) 激活第3个示例窗,单击“重置贴图/材质为默认设置”按钮,重置贴图/材质为默认设置。

(6) 设置“高光级别”为60,设置“光泽度”为30,“柔化”为0.6。结果如图7-8右面示例窗所示。

3. 自发光

自发光可以使用漫反射颜色替换曲面上的任何阴影,从而创建白炽效果。阴影可以完全被漫反射颜色替换,从而产生自发光效果。当增加自发光时,自发光颜色将取代环境光。在设置为100时,材质没有阴影区域,虽然它可以显示反射高光。

(1) 颜色复选框:启用此选项后,材质会使用特定的自发光颜色。禁用此选项后,材质使用漫反射颜色来自发光,并且显示一个微调器,来控制自发光的量。默认设置为禁用状态。

(2) 单色微调器:禁用“颜色”选项后,将使用漫反射作自发光颜色,并且微调器可以调整自发光的量。值为0表示没有自发光,100表示漫反射颜色取代环境光颜色。

(3) 色样:启用“颜色”选项后,色样会显示自发光颜色。要更改颜色,请单击色样,然后使用“颜色选择器”设置自发光颜色。随着“数值”的增大,自发光颜色会越来越支配环境和漫反射颜色组件。

单击贴图按钮,可以指定一张贴图到自发光组件上。通过自发光贴图,可以使用贴图影响自发光曲面不同区域的强度。同其他很多贴图类型一样,只有贴图值的强度才会影响自发光。白色贴图的强度最大,而黑色贴图会完全阻碍发光。

通过下面练习了解“反射高光”控件不同参数控制效果。

(1) 激活第 1 个示例窗,单击“重置贴图/材质为默认设置”按钮,重置贴图/材质为默认设置。

(2) 保留禁用“颜色”选项设置,设置“单色微调器”为 50。结果如图 7-9 左示例窗所示。

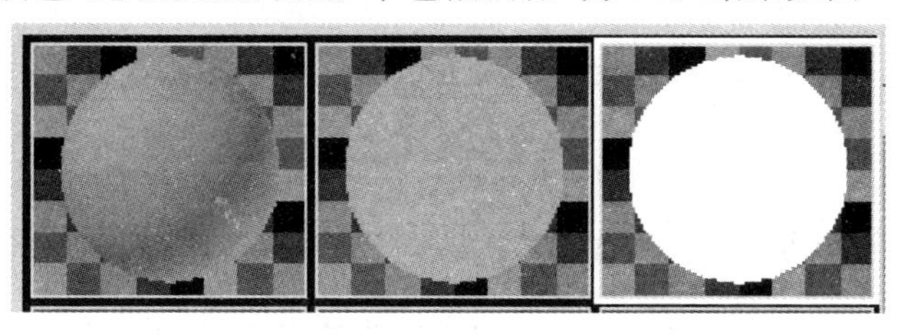

图 7-9　自发光不同设置的效果

(3) 激活第 2 个示例窗,单击“重置贴图/材质为默认设置”按钮,重置贴图/材质为默认设置。

(4) 设置“单色微调器”为 100。结果如图 7-9 中间示例窗所示。

(5) 激活第 3 个示例窗,单击“重置贴图/材质为默认设置”按钮,重置贴图/材质为默认设置。

(6) 启用“颜色”选项,单击后面的“颜色块”,在“颜色选择器”中为“白色(红 255,绿 255,蓝 255)”。结果如图 7-9 右面示例窗所示。

4. 不透明度

不透明度控制材质是不透明、透明还是半透明。0%为完全透明,100%为完全不透明。(物理上生成半透明效果更精确的方法是使用半透明明暗器。)

通过下面练习了解不同“不透明度”参数的效果。

(1) 激活第 1 个示例窗,单击“重置贴图/材质为默认设置”按钮,重置贴图/材质为默认设置。

(2) 在“反色高光”组中,设置“高光级别”为 60,“光泽度”为 30。

(3) 在“自发光”组中,启用“颜色”选项,单击后面的“颜色块”,在“颜色选择器”中为“灰色(红 100,绿 100,蓝 100)”。结果如图 7-10 左示例窗所示。

(4) 用鼠标左键拖动第 1 个示例窗复制到第 2 个示例窗。

(5) 设置“不透明度”为 50。在“明暗器基本参数”卷展栏中,启用“双面”选项。结果如图 7-10 中间示例窗所示。

(6) 用鼠标左键拖动第 2 个示例窗复制到第 3 个示例窗。

设置“不透明度”为 50。结果如图 7-10 右面示例窗所示。

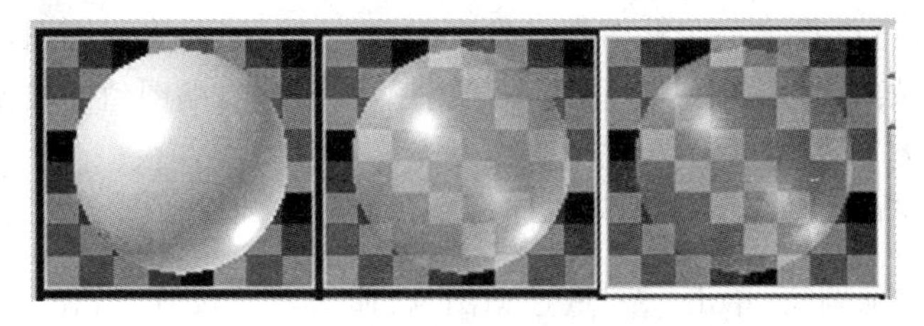

图 7-10　不同不透明度的效果

7.3　标准材质的扩展参数

“扩展参数”卷展栏对于“标准”材质的所有着色类型来说都是相同的。它包括与透明度和反射相关的控件，还有“线框”模式的选项。图 7-11 为标准材质“扩展参数”卷展栏。

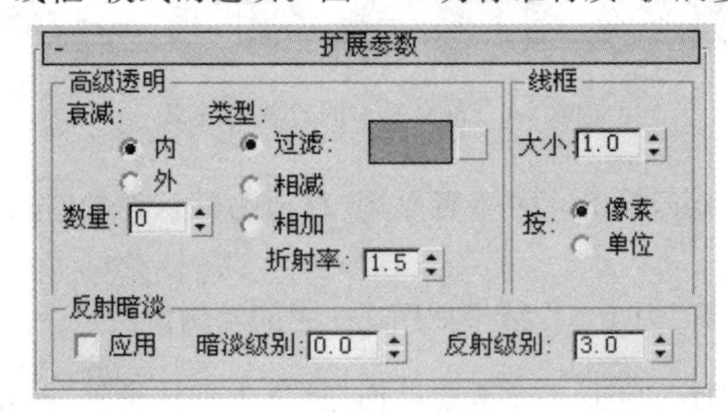

图 7-11　标准材质的“扩展参数”卷展栏

7.3.1　“高级透明”组

在“高级透明”组的控件主要影响透明材质的不透明度衰减，以产生更加真实的感觉。

(1) 衰减：设置是在内部还是外部进行衰减，以及衰减的程度。“内”表示从外向内增加不透明度，类似玻璃瓶一样。“外”表示从内向外部增加不透明度，类似烟雾一样。

(2) 数量：指定最外或最内的不透明度的数量。

(3) 类型：设置如何应用不透明度。

• “过滤”不透明性使用特定的过渡色对材质后面的颜色进行渲染，它是系统的默认设置。图 7-12(a)图右边的球体使用了浅绿色不透明性“过滤”设置。

• “相减”不透明度可以从背景颜色中减去材质的颜色，使该材质背后的颜色变深。如果只想明显地减少材质的不透明度，同时保持其漫反射(或贴图)属性的颜色值，可以使用“相减”不透明度。图 7-12(b)图右侧的球体使用了“相减”不透明度。

• “相加”不透明度将材料的颜色添加到背景颜色中，使材料后面的颜色变亮。它对于光束或烟雾的特殊效果非常有用。图 7-12(c)图右侧的球体使用了“相加”不透明度。

(4) 折射率：“折射率”(IOR)用来控制材质对透射光的折射程度。空气的折射率略大于大于 1.0，透明对象后面的对象将不发生扭曲。

玻璃球折射率为 1.5 时，后面的对象就会发生严重扭曲。折射率略低于 1.0 时，对象就会沿着它的边进行反射，就像从水底下看到的气泡一样。默认设置为 1.5。真空的折射率为

(a)

(b)

(c)

图 7-12　不同类型的不透明度效果

1.0；空气的折射率为 1.0003；水的折射率为 1.333；玻璃的折射率为 1.5～1.7；钻石的折射率为 2.417。

7.3.2　“线框”组

“线框”组的控件是对应“明暗器基本参数”卷展栏中“线框”选项的。

大小——启用“线框”模式时设置线框尺度大小。可以按像素或当前单位进行设置。

- “像素”选项为默认设置。以像素为单位，线框保持相同的外观厚度，而不考虑几何体的比例或对象的远近。
- “单位”选项以 3ds Max 单位进行测量。具有空间尺度感，像在几何体中进行建模一样。

7.3.3　“反射暗淡”组

“反射暗淡”组的选项使阴影中的反射贴图显得暗淡。

(1) 应用：启用反射暗淡。禁用该选项后，反射贴图材质就不会因为直接灯光的存在或不存在而受到影响。默认设置为禁用状态。

(2) 暗淡级别：阴影中的暗淡量。该值为 0.0 时，反射贴图在阴影中为全黑。该值为 0.5 时，反射贴图为半暗淡。该值为 1.0 时，反射贴图没有经过暗淡处理，材质看起来好像禁用“应用”一样。默认值为 0.0。

(3) 反射级别：影响不在阴影中的反射强度。“反射级别”值与反射明亮区域的照明级别相乘，用以补偿暗淡。在大多数情况下，默认值为 3.0，会使明亮区域的反射保持在与禁用反射暗淡时相同的级别上。

7.4　使用材质

前面介绍了材质的参数，下面来学习如何设计、使用材质。

7.4.1　建立场景

(1) 选择“应用程序”菜单→[重置]，重置系统。

(2) 选择“应用程序”菜单→[打开]，打开“练习 06_花瓶.max”文件。

(3) 选择[创建]→[标准基本体]→[茶壶]，在“透视”视口中，创建半径为 120mm 的茶壶

Teapot01。再创建半径为 80mm，仅有“壶体”和“壶盖”两部分的对象 Teapot02。

(4) 选择[创建]→[标准基本体]→[长方体]，在“透视”视口中，创建长方体 Box01。长、宽均为 1000mm，高分为－20mm，长度分段和宽度分段均为 10。

(5) 在面板上单击“显示”按钮，进入显示控制面板。

(6) 在“按类别隐藏”卷展栏中，启用“图形”选项，场景中“图形”类型对象消失。

(7) 使用“移动”、“旋转”工具调整个对象位置。

(8) 使用视图导航控制的“弧形旋转”、“缩放”等工具调整“透视”视口，场景如图 7-13 所示。

(9) 选择“应用程序”菜单→[另存为]，命名为“练习 07_材质 01. max”保存文件。

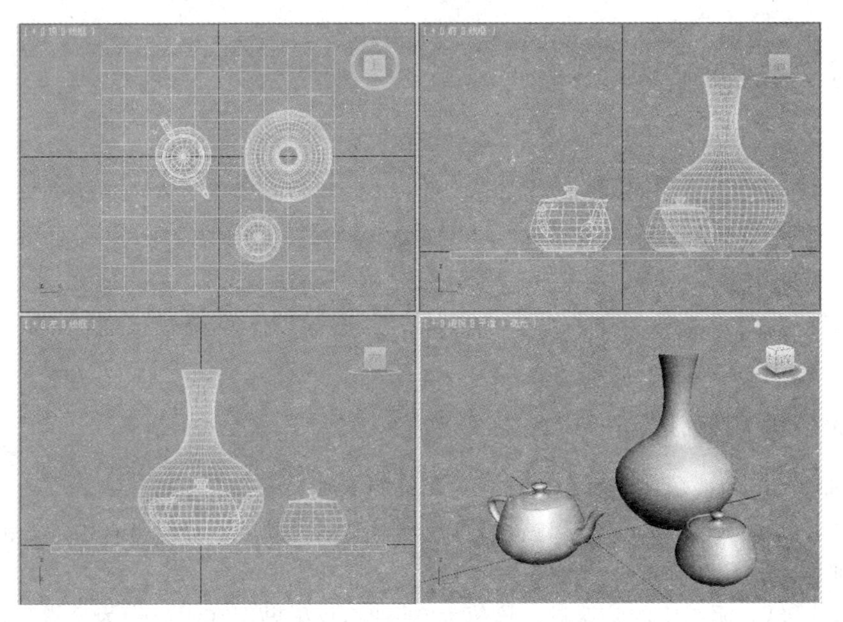

图 7-13　建立场景

7.4.2　使用线框材质

(1) 选择“应用程序”菜单→[另存为]，将文件保存为“练习 07_材质 02. max”。

(2) 单击“材质编辑器”按钮，打开“材质编辑器”窗口。

(3) 激活第一个样本示例窗，启用“背景”图案。

(4) 在“名称栏”输入“竹编”。

(5) 展开“明暗器基本参数”栏，启用“线框”、“双面”选项。

(6) 展开“Blinn 基本参数”栏，在“反射高光”组中，设置“高光级别”为 30，“光泽度”保留为 10，“柔化”为 0.5。

(7) 展开“扩展参数”栏，在“线框”组中，选择“按单位”选项，并设置“大小”为 5。

(8) 在场景中选择 Teapot02，然后单击“材质编辑器”的“将材质制定给选定对象”按钮。场景中的 Teapot02 变样了。

(9) 单击"快速渲染"按钮,"透视"视口渲染得结果如图7-14所示。

(10) 选择"应用程序"菜单→[保存],更新"练习07_材质02.max"文件。

图7-14　使用了"竹编"材质图

图7-15　使用了"陶瓷"材质

7.4.3　使用陶瓷材质

(1) 选择"应用程序"菜单→[另存为],将文件保存为"练习07_材质03.max"。

(2) 激活第2个样本示例窗,启用"背景"图案。

(3) 在"名称栏"输入"陶瓷"。

(4) 在"Blinn基本参数"栏,单击"漫反射"后色块,在"颜色选择器"对话框中设置为陶瓷色(红180,绿140,蓝100)。

(5) 在"反射高光"组中,设置"高光级别"为20。

(6) 在场景中选择Teapot01,单击"将材质制定给选定对象"按钮。

(7) 单击"快速渲染"按钮,"透视"视口渲染得结果如图7-15所示。

(8) 选择"应用程序"菜单→[保存],更新"练习07_材质03.max"文件。

7.4.4　使用玻璃材质

(1) 选择"应用程序"菜单→[另存为],将文件保存为"练习07_材质04.max"。

(2) 激活第3个样本示例窗,启用"背景"图案。

(3) 在"名称栏"输入"玻璃"。

(4) 在"明暗器基本参数"栏中,勾选启用"双面"。

(5) 在"Blinn基本参数"栏,在"反射高光"组中,设置"高光级别"为60,"光泽度"为70。

(6) 在"自发光"组中,设置"不透明度"为75。

(7) 展开"扩展参数"栏。在"高级透明"组中,保留"衰减"为"内",设置"数量"为100,设置"类型"为"相加"。

(8) 在场景中选择代表花瓶的Loft01,单击"将材质制定给选定对象"按钮。

(9) 单击"快速渲染"按钮,看看效果。

(10) 为了突出透明材质,现在调换一下渲染的黑色背景。选择主界面菜单[渲染]→[环境],出现“环境和效果”对话框,如图 7-16 所示。

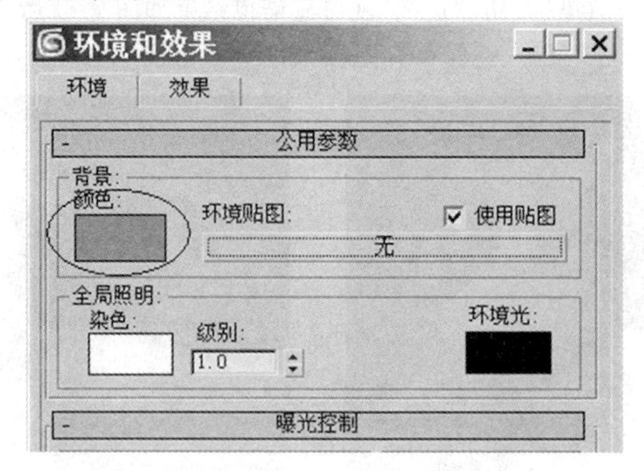

图 7-16 “环境和效果”对话框

(11) 在“公用参数”栏中,单击“背景”组中的颜色色块按钮,将颜色调解为蓝色(红 120,绿 120,蓝 220)。关闭“环境和效果”对话框。

(12) 单击 “快速渲染”按钮,“透视”视口渲染得结果如图 7-17 所示。

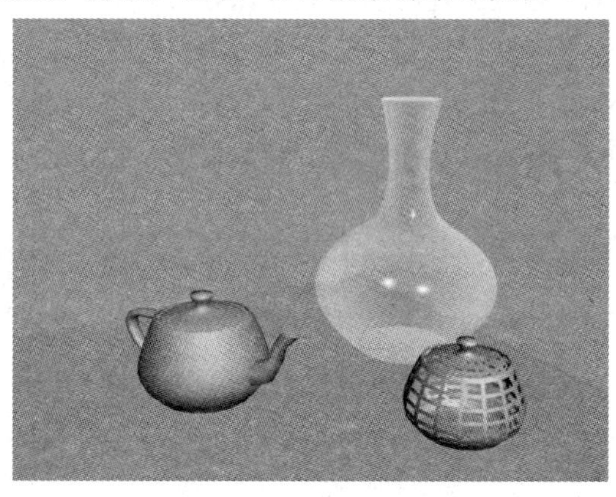

图 7-17 使用了“玻璃”材质

(13) 选择“应用程序”菜单→[保存],更新“练习 05_材质 04. max”文件。

7.5 材质/贴图浏览器

除了使用自己设计新材质指定给场景的对象外,还可以直接使用材质库中的已有材质。可以把自己设计的材质保存在材质库中以备以后再次使用。很多的时候,可以通过对已有的材质进行编辑、重命名,建立新的材质。

7.5.1 材质/贴图浏览器界面

若想使用材质库,首先必须了解“材质/贴图浏览器”。调用“材质/贴图浏览器”的方法有多种。

(1) 在主界面中,选择[渲染]→[材质/贴图浏览器],打开“材质/贴图浏览器”窗口。

（2）在“材质编辑器”中，选择[材质]→[获取材质]，打开“材质/贴图浏览器”窗口。此操作等同于单击“获取材质”按钮。

（3）在“材质编辑器”中，选择[材质]→[更改材质/贴图类型]，打开“材质/贴图浏览器”对话框。此操作等同于单击材质名称栏后的“材质类型”按钮或“贴图类型”按钮。

前两种方式打开的浏览器是无模式的，可以在做其他工作时保持其显示，如图 7-18(a)图所示。后一种方式打开的浏览器为包含“确定”和“取消”按钮的模式对话框，如图 7-18(b)图所示。

(a)

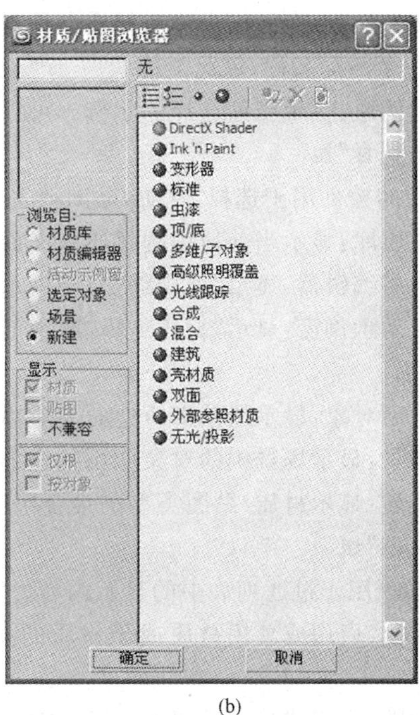

(b)

图 7-18　“材质/贴图浏览器”无模式与模式窗口

1. 材质/贴图列表

在“材质/贴图浏览器”右面最大一个区域为“材质/贴图列表”区域。列表中用蓝色球体表示材质，用绿色平行四边形表示贴图。当既列出材质又列出贴图时，材质列在贴图的前面。

2. “工具”按钮

在“材质/贴图列表”上面有一些“工具”按钮，一部分控制查看列表的方式，另一部分用于控制材质库。

（1）查看列表：以列表格式显示材质和贴图。蓝色球体为材质，绿色平行四边形为贴图。如果某材质启用“在视口中显示贴图”，则绿色平行四边形会变红。

（2）查看列表＋图标：在小图标列表中显示材质和贴图。

（3）查看小图标：使用小图标显示材质和贴图。在图标上移动鼠标时，会弹出工具提示标签，显示材质或贴图的名称。

（4）查看大图标：使用大图标显示材质和贴图。

(5) 从库更新场景材质:使用库中储存的同名材质更新场景中的材质。

(6) 从库中删除:删除库中所选材质或贴图。在保存库之前,原保存在磁盘上的库不受影响。

(7) 清除材质库:删除库中所有材质。在保存库之前,原保存在磁盘上的库不受影响。

3. 文本输入与示例窗

在"材质/贴图列表"左侧上部为"文本输入"框和样本"示例窗"。

(1) 文本输入:在此框中输入材质名称时,将选择列表中的第1个匹配的文本项,按Enter键选择下一个匹配名称,依此类推。

(2) 示例窗:显示当前选择的示例。可以将此示例拖动到任何其他示例窗或材质按钮。

4. "浏览自"组

此组中的控件用于选择"材质/贴图列表"中显示的材质来源。

(1) 材质库:显示当前使用的材质库文件的内容。启用此项后,"文件"下的选项可用。

(2) 材质编辑器:显示"材质编辑器"中示例窗的内容。

(3) 活动示例窗:显示"材质编辑器"中活动示例窗的内容。在模式版本的"浏览器"中,此选项不可用。

(4) 选定对象:显示场景中所选对象应用的材质。

(5) 场景:显示场景中的对象应用的全部材质。

(6) 新建:显示材质/贴图类型的集合用以创建新材质。

5. "显示"组

该组选项用于过滤列表中的显示内容。"材质"或"贴图"之一始终启用,或同时启用。

(1) 材质:启用或禁用材质或子材质的显示。在模式版本的"浏览器"中,此选项始终不可用。

(2) 贴图:启用或禁用贴图的显示。在模式版本的"浏览器"中,此选项始终不可用。

(3) 不兼容:启用时,显示与当前的活动渲染器不兼容的材质、贴图和明暗器。不兼容材质显示为灰色。默认为禁用状态。

6. "根/对象"组

(1) 仅根:启用时,材质/贴图列表仅显示材质层次的根。禁用时,列表中会显示整个层次。

(2) 按对象:仅在从"场景"或"所选"进行浏览时才可用。启用时,列表按场景中的对象指定列出材质。禁用时,该列表仅显示材质名称。

7. "显示"组

只有在"浏览自"组中选择了"新建"项后,才显示该组单选按钮。它控制在"材质/贴图列表"中所显示的贴图类型。

(1) 2D贴图:仅列出2D贴图类型。

(2) 3D贴图:仅列出3D(程序)贴图类型。

(3) 合成器:仅列出合成器贴图类型。

(4) 颜色修改器:仅列出颜色修改器贴图类型。

(5) 其他:列出反射和折射贴图类型。

(6) 全部：默认设置。列出全部贴图类型。

8. “文件”组

当“浏览自”组中选择了“材质库”、“材质编辑器”、“所选”或“场景”时，才会显示此按钮组。只有在选择了“材质库”时才显示全部 4 个按钮，其他时候仅显示“另存为”按钮。

(1) 打开：打开材质库。

(2) 合并：从其他材质库或场景合并材质。

(3) 保存：保存打开的材质库。

(4) 另存为：以其他名称保存打开的材质库。

7.5.2　使用材质库

1. 从材质库中获取材质

(1) 选择“应用程序”菜单→[打开]，打开“练习 07_材质 04. max”文件。

(2) 选择“应用程序”菜单→[另存为]，命名为“练习 07_材质 05. max”文件保存。

(3) 单击“材质编辑器”按钮，打开“材质编辑器”窗口。

(4) 激活第 2 排第 1 个示例窗。单击“获取材质”按钮，出现“材质/贴图浏览器”。

(5) 在“浏览自”组中，选择“材质库”选项。在“文件”组中，单击“打开”按钮。

(6) 在“打开材质库”的对话框中找到并打开 Wood 材质库文件，如图 7-19 所示。

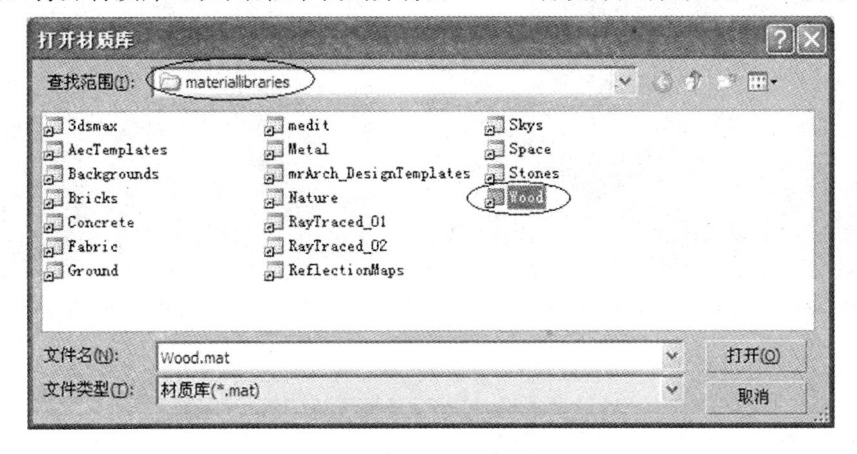

图 7-19　打开 Wood 材质库

(7) 单击“查看大图标”按钮，“材质/贴图列表”中以大图标显示 Wood 材质库的内容，如图 7-20 所示。

(8) 找到并双击 Wood_Oak 材质，该材质出现在“材质编辑器”中激活的示例窗。

(9) 在场景中选择表示台面的 Box01，然后单击“将材质制定给选定对象”按钮。场景发生变化，如图 7-21 所示。

(10) 单击“快速渲染”按钮，“透视”视口渲染得结果如图 7-22 所示。

(11) 选择“应用程序”菜单→[保存]，更新保存“练习 07_材质 05. max”文件。

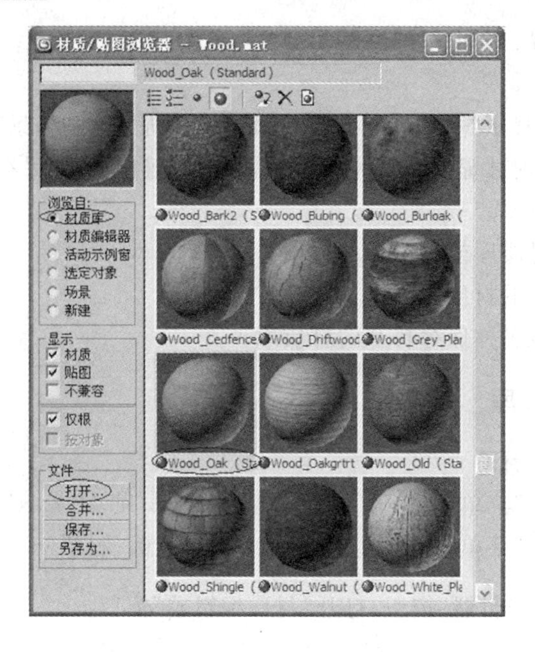

图 7-20　Wood材质库内容

图 7-21　“透视”视口渲染前效果

图 7-22　“透视”视口渲染后效果

提示：

由于类似wood.mat等材质库中使用了贴图，假如在3ds Max程序默认的Map文件夹中没有那些被使用的贴图，则材质的使用会出错。这时需要把那些图片文件复制到Map文件夹中，或者采用下面的方法把包含那些图片的文件夹添加进来。

(1) 选择“应用程序”菜单→[管理]→[资源追踪]，出现“资源追踪”对话框，如图7-23所示。

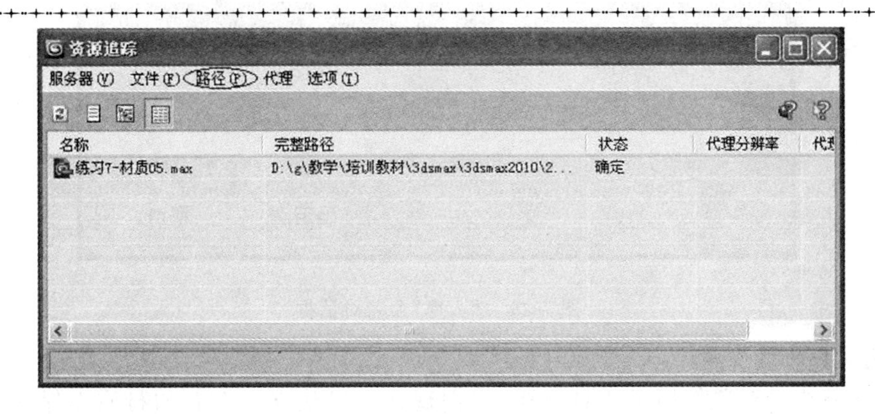

图 7-23　“资源追踪”对话框

(2) 选择[路径]→[配置用户路径],出现“配置用户路径”对话框,如图 7-24 所示。选择“外部文件”选项卡,单击“添加”按钮,找到图片所在文件夹添加进来。

(3) 单击“确定”,并退出“资源追踪”对话框,这样材质就可以正常使用了。

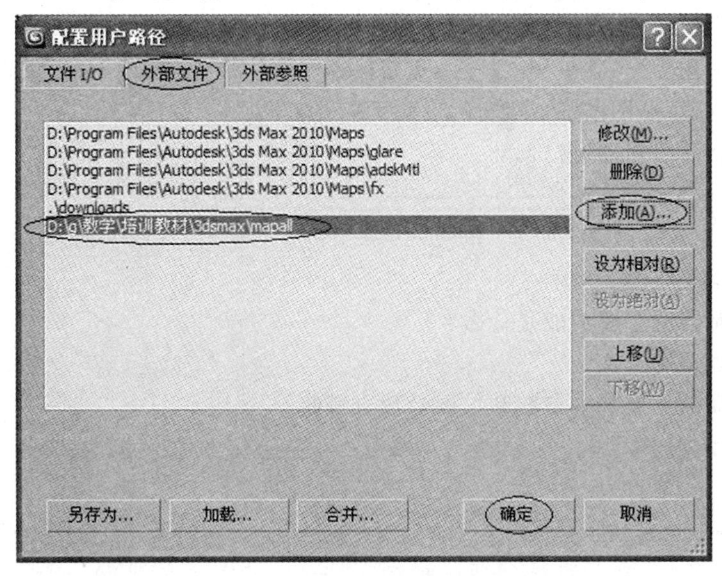

图 7-24　“配置用户路径”对话框

2. 保存材质及材质库

把设计的材质保存在已有的材质库中。

(1) 在“材质编辑器”窗口中激活“玻璃”材质所在的示例窗。单击“放入库”按钮,出现“入库”命名对话框,如图 7-25 所示。

(2) 单击“确定”按钮,保留“玻璃”名称放入到了当前的 Wood 材质库中。目前在“材质/贴图浏览器”中可以看到这个材质。

(3) 在“材质/贴图浏览器”中的“文件”组中。单击“保存”按钮,磁盘上的 Wood 材质库更新存盘。

图 7-25 “入库”命名对话框

3. 建立新的材质库

目前场景中的对象使用了 4 种材质,我们现在可以建立一个新的材质库保存场景中的材质。

(1) 在“材质/贴图浏览器”中的“浏览自”组中,选择“场景”项。这时“材质/贴图列表”中显示出所有在场景中使用的 4 种材质。

(2) 单击“文件”组中的“另存为”按钮。

(3) 在“保存材质库”对话框中,命名 Mylib01 存盘。

(4) 选择“应用程序”菜单→[保存],更新保存“练习 07_材质 05. max”文件。

(5) 关闭“材质/贴图浏览器”窗口。

(6) 关闭“材质编辑器”窗口。

(7) 退出 3ds Max 程序。

【思考与练习】

1. 材质编辑器的主要功能是什么?
2. 材质的类型有哪些?
3. 标准材质的主要基本参数和扩展参数有哪些?
4. 如何使用材质库?

第 8 章　贴　图

学习目标

☆　了解材质贴图在材质中的作用。

☆　理解标准材质与复合材质的关系。

☆　掌握复合材质中常用的种类以及各种贴图及其参数的控制。

☆　材质编辑是 3ds Max 中比较复杂的部分，但其不可或缺的强大功能又要求必须掌握。

使用贴图通常是为了改善材质的外观和真实感。贴图可以模拟纹理、凹凸、反射、折射以及其他的一些效果。与材质一起使用，贴图将为对象几何体添加一些细节而不会增加它的复杂度（“置换”贴图会增加复杂度）。

8.1　贴图类型

在 3ds Max 中贴图（Map）包括：位图（由水平和垂直像素组成的图像）和通过数学方程式运算形成的程序贴图两大类。

在 3ds Max 的“材质/贴图浏览器”中，贴图类型是根据其功能加以分类的。

选择[渲染]→[材质/贴图浏览器]，打开“材质/贴图浏览器”窗口，如图 8-1 所示。在“显示”组中，取消“材质”选项，右侧的“材质/贴图列表”默认显示出所有的贴图类型。在“显示”组的最下面可以看到贴图的 5 个分类：2D 贴图、3D 贴图、合成器、颜色修改器、其他等。

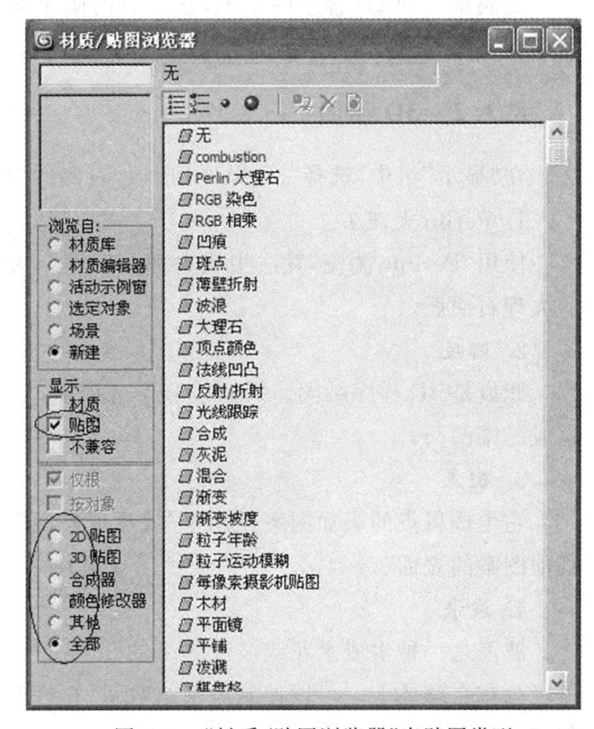

图 8-1　“材质/贴图浏览器”中贴图类型

8.1.1　2D 贴图

在“显示”组中，选择“2D 贴图”选项，右侧的“材质/贴图列表”显示出以下几种类型。

1. Combustion 贴图

使用 Combustion 贴图，可以同时使用 Autodesk Combustion 软件和 3ds Max 交互式创建贴图。使用 Combustion 在位图上进行绘制时，材质将在“材质编辑器”和明暗处理视口中自动更新。

2. 渐变

从一种颜色到另一种颜色进行明暗处理。为渐变指定两种或 3 种颜色，3ds Max 将插补中间值。

3. 渐变坡度

与“渐变”贴图相似的 2D 贴图，它从一种颜色到另一种进行着色。在这个贴图中，可以为渐变指定任何数量的颜色或贴图。它有许多用于高度自定义渐变的控件，几乎任何“渐变坡度”参数都可以设置动画。

4. 平铺

可以创建砖、彩色瓷砖或材质贴图。

5. 棋盘格

将两色的棋盘图案应用于材质。默认是黑白方块图案；方格贴图是 2D 程序贴图；方格既可以是颜色，也可以是贴图。

6. 位图

由彩色像素的固定矩阵生成的图像，如马赛克。位图可以用来创建多种材质，从木纹和墙面到蒙皮和羽毛，也可以使用动画或视频文件替代位图来创建动画材质。

7. 漩涡

旋涡是一种 2D 程序的贴图，它生成的图案类似于两种口味冰淇淋的外观。如同其他双色贴图一样，任何一种颜色都可用其他贴图替换。例如，大理石与木材也可以生成旋涡。

8.1.2 3D 贴图

在“显示”组中，选择“3D 贴图”选项，右侧的“材质/贴图列表”显示出以下几种类型。

1. Perlin 大理石

使用“Perline 湍流”算法生成大理石图案。大理石贴图针对彩色背景生成带有彩色纹理的大理石曲面。

2. 凹痕

凹痕是 3D 程序贴图。扫描线渲染过程中，“凹痕”根据分形噪波产生随机图案，在曲面上生成三维凹凸。

3. 斑点

它生成斑点的表面图案。用于“漫反射贴图”和“凹凸贴图”，以创建类似花岗岩的表面和其他图案的表面。

4. 波浪

波浪是一种生成水花或波纹效果的 3D 贴图。它生成一定数量的球形波浪中心并将它们随机分布在球体上。可以控制波浪组数量、振幅和波浪速度。此贴图相当于同时具有漫反射和凹凸效果的贴图。

5. 大理石

使用两个显示颜色和第3个中间色模拟大理石的纹理。

6. 灰泥

生成类似于灰泥的分形图案。对于“凹凸贴图”创建灰泥表面的效果非常有用。

7. 粒子年龄

用于粒子系统。它基于粒子的寿命更改粒子的颜色(或贴图)。系统中的粒子以一种颜色开始,在指定的年龄,它们开始更改为第二种颜色(通过插补),然后在消亡之前再次更改为第3种颜色。

8. 粒子运动模糊(MBlur)

用于粒子系统。该贴图基于粒子的运动速率更改其前端和尾部的不透明度。该贴图通常应用作为不透明贴图,但是为了获得特殊效果,可以将其作为漫反射贴图。

9. 木材

创建3D木材纹理图案。此贴图将整个对象体积渲染成波浪纹图案。可以控制纹理的方向、粗细和复杂度。

10. 泼溅

生成类似于灰泥的分形图案。该图案对于漫反射贴图创建类似于泼溅的图案非常有用。

11. 衰减

基于几何体曲面法线的角度衰减生成从白色到黑色的值。在创建不透明的衰减效果时,衰减贴图提供了很大的灵活性。

12. 细胞

生成用于各种视觉效果的细胞图案,包括马赛克平铺、鹅卵石表面和海洋表面。

13. 烟雾

生成基于分形的湍流图案,以模拟一束光的烟雾效果或其他云雾状流动贴图效果。其主要设计用于设置动画的“不透明贴图”。

14. 噪波

噪波贴图基于两种颜色或材质的交互创建曲面的随机扰动。

8.1.3 合成器

在“显示”组中,选择“合成器”选项,右侧的“材质/贴图列表”显示出以下几种类型。

1. RGB相乘

通常用于凹凸贴图,在此有时可能要组合两个贴图,以获得需要的效果。

2. 合成

合成贴图类型由其他贴图组成,并且可使用Alpha通道和其他方法将某层置于其他层之上。对于此类贴图,可使用已含Alpha通道的叠加图像,或使用内置遮罩工具仅叠加贴图中的某些部分。

3. 混合

将两种颜色或材质合成在曲面的一侧。可以使用指定混合级别调整混合的量。

4. 遮罩

使用遮罩贴图,可以在曲面上通过一种材质查看另一种材质。它控制应用到曲面上的第

2个贴图的位置。

8.1.4 颜色修改器

在“显示”组中，选择“颜色修改器”选项，右侧的“材质/贴图列表”显示出以下几种类型。

1. RGB染色

调整图像中3种颜色通道的值。3种色样代表3种通道，更改色样可以调整其相关颜色通道的值。

2. 顶点颜色

设置应用于可渲染对象的顶点颜色。

3. 输出

将输出设置应用于没有这些设置的程序贴图，如方格或大理石。

4. 颜色修正

为使用基于堆栈的方法修改并入基本贴图的颜色提供了一类工具。校正颜色的工具包括单色、倒置、颜色通道的自定义重新关联、色调切换以及饱和度和亮度的调整。

8.1.5 其他

在“显示”组中，选择“其他”选项，右侧的“材质/贴图列表”显示出以下几种类型。

1. 薄壁折射

模拟缓进或偏移效果，类似查看通过一块玻璃的图像就会看到这种效果。对于为玻璃建模的对象，这种贴图的速度更快，所用内存更少，并且提供的视觉效果要优于“反射/折射”贴图。

2. 法线凹凸

使用纹理烘焙法线贴图。

3. 反射/折射

基于周围的对象和环境，自动生成反射和折射。

4. 光线跟踪

创建精确的、全部光线跟踪的反射和折射。生成的反射和折射比“反射/折射”贴图的更精确。渲染光线跟踪对象的速度比使用“反射/折射”的速度低。另一方面，光线跟踪对渲染3ds Max场景进行优化，并且通过将特定对象或效果排除于光线跟踪之外，可以进一步优化场景。

5. 每像素的摄影机

从特定的摄影机方向投射贴图。

6. 平面镜

生成平面的反射。用于指定面，而不是整体指定给对象。

8.2 “贴图”卷展栏

在“材质编辑器”中，“贴图”卷展栏用于访问并为材质的各个组件指定贴图。展开“贴图”卷展栏，图8-2为“材质编辑器”默认的“贴图”卷展栏内容。

“贴图”卷展栏包含多个贴图类型的按钮。单击此按钮可选择磁盘上存储的位图文件，也

可以选择程序性贴图类型。选择好贴图后,其名称和类型显示在按钮上。使用该按钮左侧的复选框,禁用或启用贴图效果。禁用该复选框时,不计算该贴图,且它在渲染器中不生效。

“数量”微调器决定该贴图影响材质的量度,一般使用百分比表示(“凸凹”不是用百分比)。例如,100%的漫反射贴图完全不透明并覆盖基础材质,50%时,则该贴图为半透明且基础材质(漫反射、环境光和未贴图材质的其他颜色)可被透视。

“贴图”卷展栏底部存在未使用、禁用的控件行。这是因为可贴图的组件数因当前使用“明暗器”不同而异。尝试在“明暗器基本参数”卷展栏中改变“明暗器”的类型,“贴图”卷展栏的内容会发生改变。不过,最后4行始终依次为“凹凸”、“反射”、“折射”和“置换”。

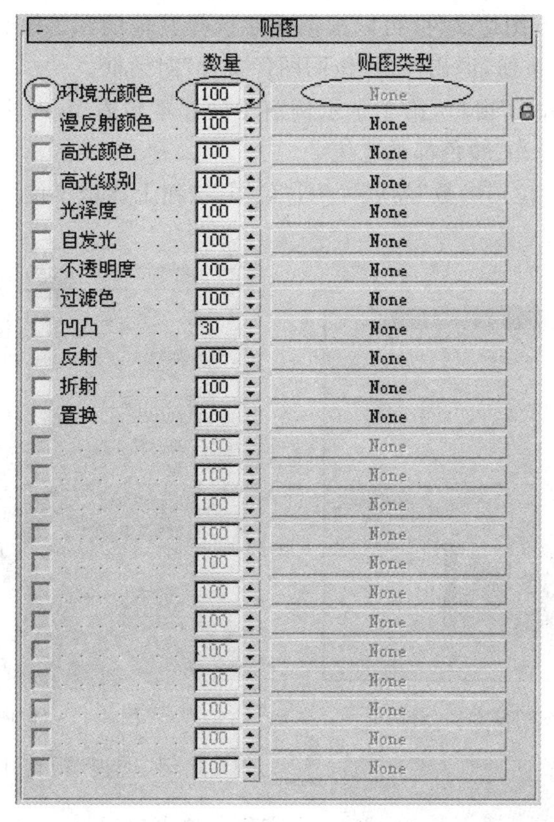

图 8-2 “贴图”卷展栏

8.2.1 “漫反射颜色”与“环境光颜色”贴图

默认情况下,漫反射贴图也将应用于环境光颜色。很少需要对漫反射组件和环境光组件使用不同的贴图,因此两个组件被锁定。如果想单独应用环境光贴图,可以单击来取消锁定按钮。

选择位图文件或程序贴图,以将图案或纹理指定给材质的漫反射颜色。贴图的颜色将替换材质的漫反射颜色组件。设置漫反射颜色的贴图与在对象的曲面上绘制图像类似。例如,如果要用砖头砌成墙,则可以选择带有砖头图像的贴图。

(1) 启动或重置 3ds Max。

(2) 在“透视”视口建立一个茶壶 Teapot01。

(3) 单击"材质编辑器"按钮。打开"材质编辑器"窗口,激活第 1 个示例窗。选择场景中的茶壶 Teapot01,单击"将材质指定给选定对象"按钮,场景中 Teapot01 变成灰色(样本球的颜色)。

(4) 展开"贴图"卷展栏,单击"漫反射颜色"贴图控件后的宽按钮,出现"材质/贴图浏览器"对话框。

(5) 在对话框右侧列表中,找到并双击"位图"选项,出现"选择位图图像文件"对话框,如图 8-3 所示。

(6) 选择 tiger.bmp 图像文件(可以根据需要选择其他的图像文件),在预览区显示出图像的内容。单击"打开"按钮,退出"选择位图图像文件"对话框。

(7) 回到"材质编辑器"窗口,第 1 个示例窗中的样本包着 tiger.bmp 图像的样子。原有的"漫反射"颜色与"环境光"颜色都被遮住。

(8) 在参数区域的"位图参数"卷展栏中,"位图"按钮上显示了位图文件的完整路径,如图 8-4 所示。

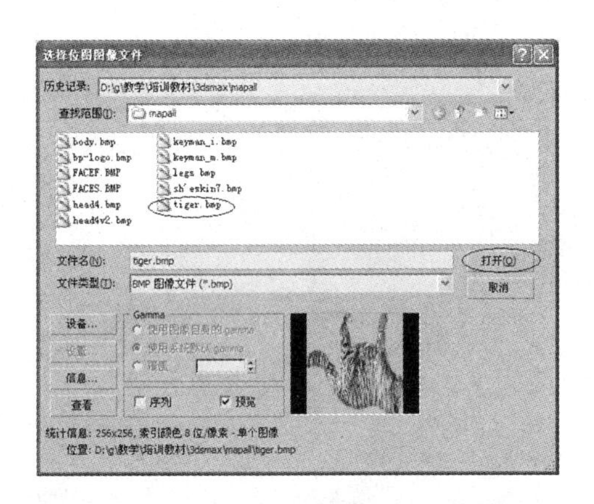

图 8-3 "选择位图图像文件"对话框

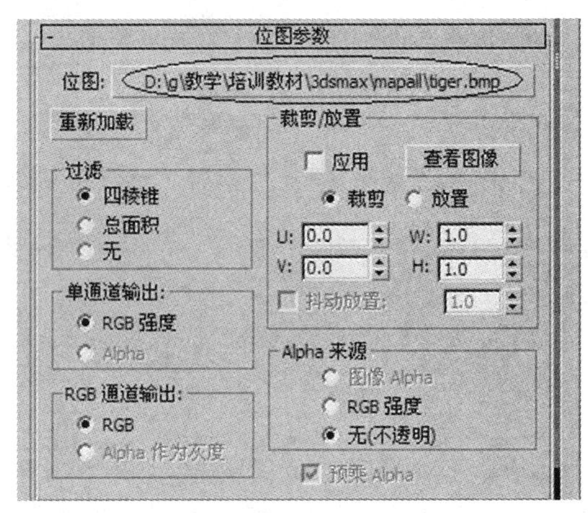

图 8-4 "位图参数"卷展栏

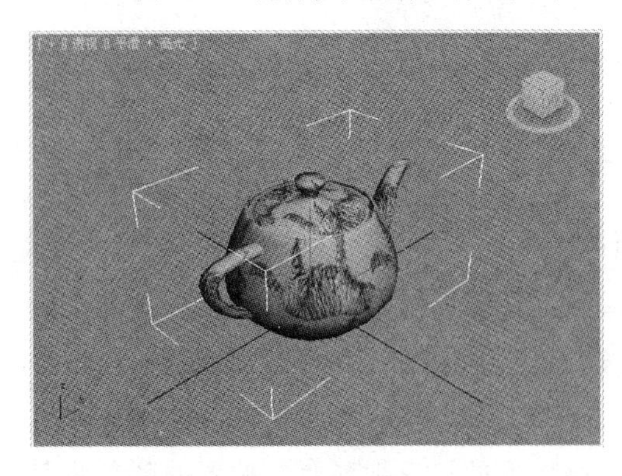

图 8-5 "漫反射颜色"与"环境光颜色"贴图材质的茶壶

(9) 此刻"透视"视口中的 Teapot01 似乎没什么变化。单击启用"在视口中显示贴图"按钮,茶壶 Teapot01 也变成了包着 tiger.bmp 图像的样子,如图 8-5 所示。

(10) 单击"转到父级"按钮,回到"贴图"卷展栏,调整"数量"值,示例窗中的样本球跟随变化,但"透视"视口无变化,因为视口使用的是 ActiveShade 渲染器。

(11) 选择主菜单[渲染]→[环境],出现"环境和效果"对话框,如图 8-6 所示。

(12) 单击"环境贴图"下的按钮,出现"材质/贴图浏览器"对话框,如图 8-7 所示。

(13) 在“材质/贴图浏览器”对话框右侧列表中双击“位图”选项，出现“选择位图图像文件”对话框。

(14) 在“选择位图图像文件”对话框中，找到并双击 Cloud7. tga 图像文件，回到“环境和效果”对话框。在按钮上显示出 Cloud7. tga 的名称，“使用贴图”选项被启用。

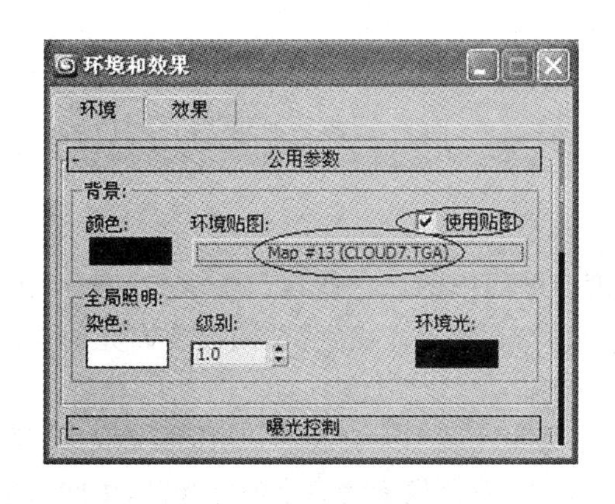

图 8-6　“环境和效果”对话框

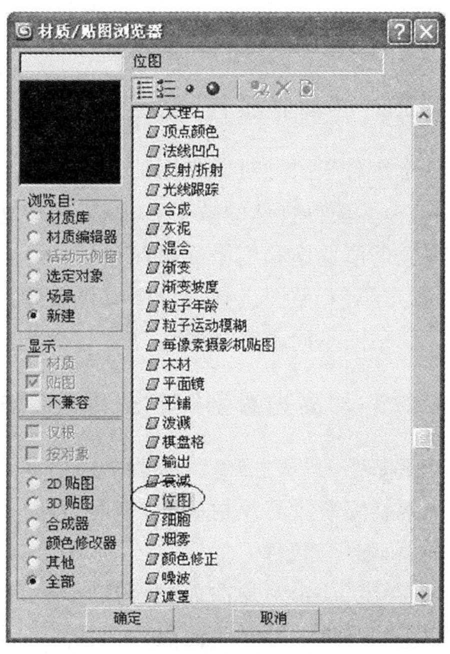

图 8-7　使用“位图”

(15) 关闭“环境和效果”对话框。单击 “快速渲染(产品级)”按钮，就可以看出与示例窗同样的变化。图 8-8 是量值 100 时的效果，图 8-9 是量值 30 时的效果。

图 8-8　量值 100 时的效果

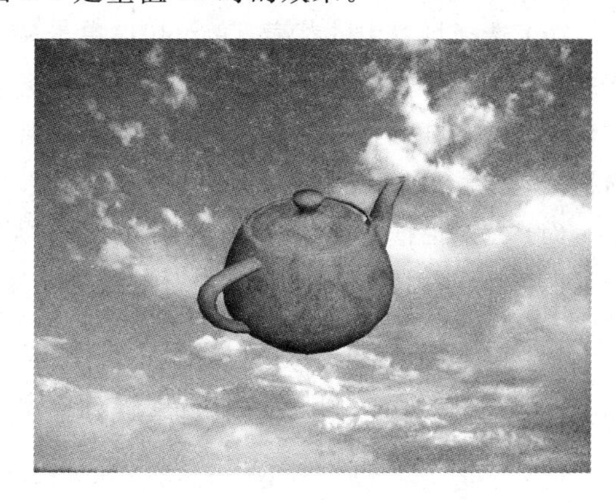

图 8-9　量值 30 时的效果

(16) 选择“应用程序”菜单→[保存]，命名为“练习 08_贴图 01. max”文件保存。

提示：

在“Blinn基本参数”卷展栏中，单击“漫反射”色块后的按钮也可以进入设置“漫反射”贴图过程。

8.2.2 “高光颜色”贴图

高光是对于照亮对象表面的灯光的反射，高光颜色是指发光表面高亮显示的颜色。一般情况下，为了获得自然的效果，对高光颜色进行设置时，使其与主要的光源颜色相同，或者使其成为高颜色值低饱和度漫反射颜色。

“高光颜色”贴图选择的位图文件或程序贴图只出现在反射高光区域中。与“高光级别”或“光泽度”贴图不同，“高光颜色”贴图仅改变反射高光的颜色，而后二者会改变高光的位置。

8.2.3 “高光级别”与“光泽度”贴图

基于贴图的“灰色强度”来改变反射高光的强度。贴图中的白色像素产生全部反射高光，黑色像素将完全没有反射高光，中间值相应减少反射高光。“高光级别”贴图改变高光的强度和位置而不改变颜色。

“光泽度”决定对象曲面的哪些区域更具有光泽，哪些区域不太有光泽，具体情况取决于贴图中颜色的强度。贴图中的黑色像素将产生全面的光泽，白色像素将完全消除光泽，中间值会减少高光的大小(与“高光级别”贴图正好相反)。

当光泽和高光级别指定相同的贴图时，光泽贴图的效果最好。

(1) 在“材质编辑器”窗口，激活第2个示例窗。

(2) 选择场景中的茶壶Teapot01，单击“将材质指定给选定对象”按钮，景中Teapot01变成灰色(样本球02的颜色)。

(3) 展开“贴图”卷展栏，单击“高光级别”贴图后的宽按钮，出现“材质/贴图浏览器”对话框。

(4) 在对话框右侧列表中，找到并双击“大理石”贴图类型，回到“材质编辑器”窗口。第2个示例窗中的样本变成了带大理石条纹的灰度高亮球体，如图8-10所示。

(5) 单击启用“在视口中显示贴图”按钮，视口中的Teapot01包裹上了“大理石”贴图。在“大理石参数”组中调整“纹理宽度”数值，观看不同效果

(6) 单击“快速渲染(产品级)”按钮，结果如图8-11所示。

(7) 单击“转到父级”按钮，回到“贴图”卷展栏，将“高光级别”后的贴图(Marble)按钮拖到“光泽度”贴图按钮，出现“复制(实例)贴图”对话框。选择“实例”选项，单击“确定”按钮。

(8) 单击“快速渲染(产品级)”按钮，观察效果。然后再将“高光级别”后的贴图(Marble)按钮拖到“漫反射”贴图的按钮上，再次渲染，结果如图8-12所示。

(9) 选择“应用程序”菜单→[另存为]，命名为“练习08_贴图02.max”保存。

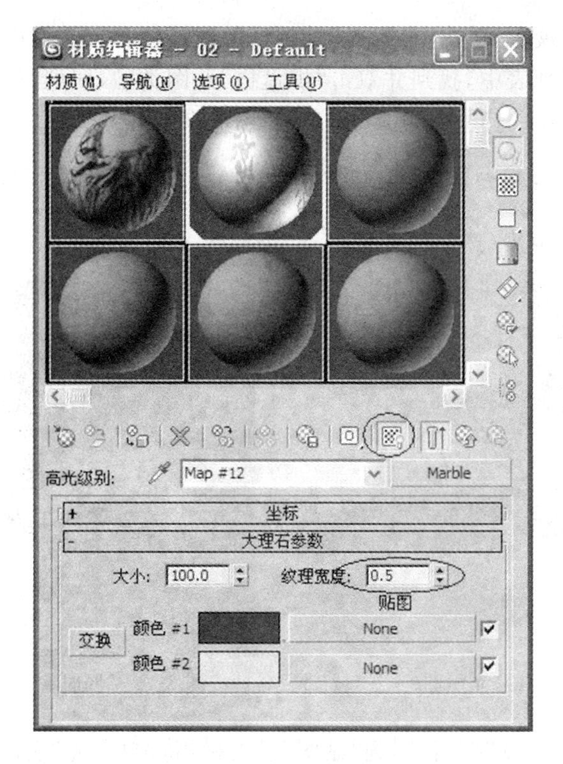

图 8-10　使用"大理石"贴图

图 8-11　使用"高光级别"贴图后

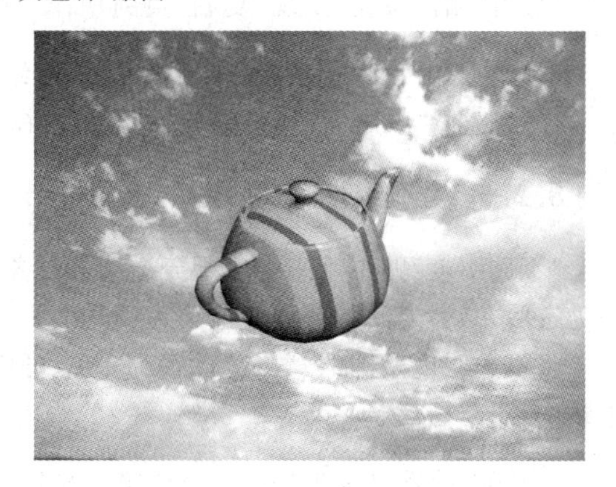

图 8-12　同时使用几种贴图

8.2.4 "自发光"贴图

"自发光"贴图可以使对象的部分出现发光。贴图的白色区域渲染为完全自发光,黑色区域不使用自发光渲染,灰色区域决于灰度值渲染为部分自发光。

自发光意味着发光区域不受场景(其环境光颜色组件消失)中的灯光影响,并且不接收阴影。

(1) 在"材质编辑器"窗口,激活第 3 个示例窗,单击启用"图案背景"。

(2) 选择场景中的茶壶 Teapot01,单击"将材质指定给选定对象"按钮,景中 Teapot01 变成灰色(样本球 03 的颜色)。

(3) 展开“贴图”卷展栏，单击“自发光”贴图后的宽按钮，出现“材质/贴图浏览器”对话框。

(4) 在对话框右侧列表中，找到并双击“棋盘格”贴图类型，回到“材质编辑器”窗口。

(5) 第 3 个示例窗中的样本球变成了带棋盘格的自发光球体。

(6) 单击启用“在视口中显示贴图”按钮，视口中的 Teapot01 包裹上了“棋盘格”贴图。

(7) 单击“快速渲染(产品级)”按钮，结果如图 8-13 所示。

图 8-13　使用自发光贴图

图 8-14　同时使用自发光、漫反射贴图

(8) 单击“转到父级”按钮，回到“贴图”卷展栏，将“自发光”后的贴图(Checker)按钮拖到“漫反射”贴图按钮，出现“复制(实例)贴图”对话框。保留“实例”选项，单击“确定”按钮。

(9) 单击“快速渲染(产品级)”按钮，结果如图 8-14 所示。

(10) 选择“应用程序”菜单→[另存为]，命名为“练习 08_贴图 03. max”保存。

8.2.5　“不透明度”贴图

“不透明度”贴图用来生成部分透明的对象。贴图的白色区域渲染为不透明，黑色区域渲染为透明，二者之间的灰度值渲染为半透明。

将不透明度贴图的“数量”设置为 100，可应用于所有贴图。将“数量”设置为 0 相当于禁用贴图。

(1) 在“材质编辑器”窗口，激活第 2 排第 1 个示例窗(07 样本球)，单击启用“图案背景”。

(2) 选择场景中的茶壶 Teapot01，单击“将材质指定给选定对象”按钮，景中 Teapot01 变成灰色(样本球 07 的颜色)。

(3) 展开“贴图”卷展栏，单击“不透明度”贴图后的宽按钮，出现“材质/贴图浏览器”对话框。

(4) 在对话框右侧列表中，找到并双击“棋盘格”贴图类型，回到“材质编辑器”窗口。

(5) 单击启用“在视口中显示贴图”按钮。视口中的 Teapot01 包裹上了“棋盘格”贴图。

(6) 单击“转到父级”按钮，回到“贴图”卷展栏，将“不透明度”后的贴图(Checker)按钮

拖到"漫反射"贴图按钮，出现"复制(实例)贴图"对话框。保留"实例"选项，单击"确定"按钮。

(7) 在"明暗器基本参数"卷展栏中，启用"双面"选项，单击"快速渲染(产品级)"按钮，结果如图 8-15 所示。

(8) 选择"应用程序"菜单→[另存为]，命名为"练习 08_贴图 04. max"保存。

图 8-15 使用不透明度贴图的渲染效果

8.2.6 "凹凸"贴图

"凹凸"贴图使对象的表面看其来凹凸不平或呈现不规则形状。用凹凸贴图材质渲染对象时，贴图较明亮(较白)的区域看上去突出，而较暗(较黑)的区域看上去凹进。

灰度图像可用来创建有效的凹凸贴图。黑白之间渐变着色的贴图，通常比黑白之间分界明显的贴图效果更好。

凹凸是由扰动面法线创建的模拟效果，因此，凹凸贴图对象的轮廓上不出现凹凸效果。凹凸贴图的效果不能在视口中预览，必须渲染场景才能看到凹凸效果。

(1) 在"材质编辑器"窗口激活第 2 排第 2 个示例窗，单击"启用图案背景"。

(2) 选择场景中的茶壶 Teapot01，单击按钮，景中 Teapot01 变成灰色(08 样本球的颜色)。

(3) 展开"贴图"栏，单击"凹凸"贴图后按钮，出现"材质/贴图浏览器"对话框。

(4) 在对话框右侧列表中，找到并双击"凹痕"贴图类型，回到"材质编辑器"窗口。

(5) 单击启用"在视口中显示贴图"按钮，Teapot01 包裹上了"凹痕"贴图。在"凹痕参数"栏中，调整"大小"及"强度"数值，观察效果，如图 8-16 所示。

(6) 单击"转到父级"按钮，回到"贴图"卷展栏，将"凹凸"贴图后的数量调整为 10。单击"快速渲染(产品级)"按钮，结果如图 8-17 所示。

(7) 选择"应用程序"菜单→[另存为]，命名为"练习 08_贴图 05. max"保存。

8.2.7 "反射"贴图

可以创建三种反射：基本反射贴图、自动反射贴图和平面镜贴图。

(1) 基本反射贴图：用来创建铬合金、玻璃或金属的效果，方法是在几何体上使用一张贴图，使得图像看起来好像表面反射的一样。

(2) 自动反射贴图：不使用指定的贴图，它从对象的中心向外看，把看到的东西映射到表面上。另一种生成自动反射的方法是，指定"光线跟踪贴图"作为反射贴图。

(3) 平面镜贴图：用于一系列共面的面，把面对它的对象反射，与实际镜子一模一样。

反射贴图不需要"贴图坐标"，因为它们锁定于世界坐标系，而不是几何坐标系。贴图不随着对象移动，而是随着视图的更改而移动，与实际的反射一样。

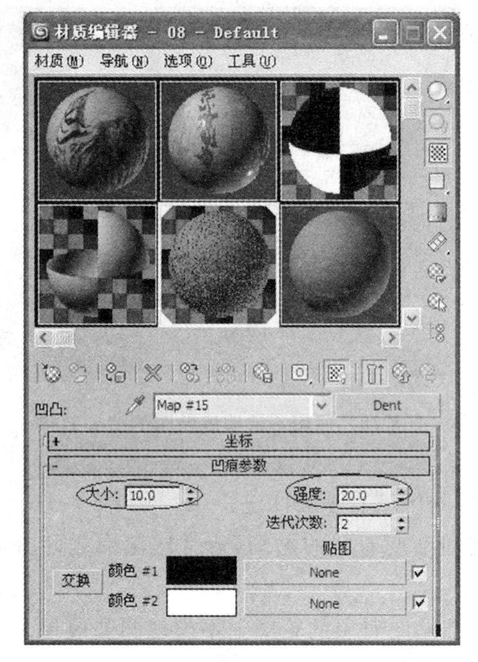

图 8-16 使用"凹凸"贴图样本球

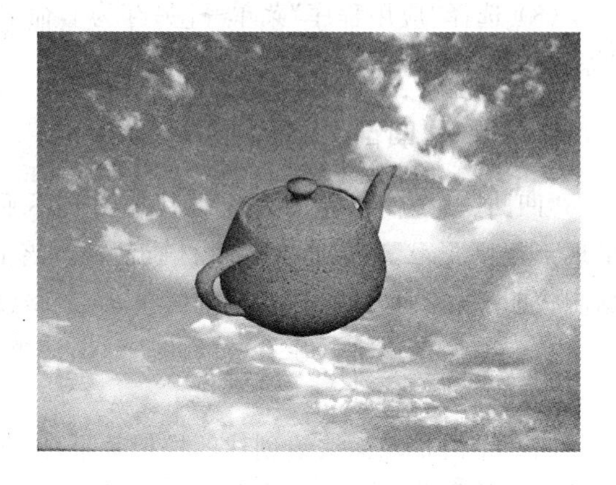

图 8-17 使用"凹凸"贴图的渲染效果

(1) 在"材质编辑器"窗口,激活第 2 排第 3 个示例窗,单击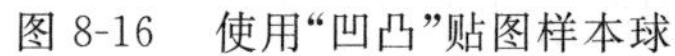"启用图案背景"。

(2) 选择场景中的茶壶 Teapot01,单击按钮,景中 Teapot01 变成灰色。

(3) 展开"贴图"卷展栏,单击"反射"贴图后的按钮,出现"材质/贴图浏览器"对话框。在对话框右侧列表中,找到并双击"位图"贴图类型,在"选择位图图像文件"对话框中,找到并双击 Cloud7. tga 图像文件,回到"材质编辑器"窗口。

(4) 单击启用"在视口中显示贴图"按钮。视口中的 Teapot01 包裹上了 Cloud7. tga 贴图。

(5) 单击"转到父级"按钮,回到"贴图"卷展栏,将"反射"贴图后的数量调整位 75。单击"快速渲染(产品级)"按钮,结果如图 8-18 所示。这就是基本反射贴图的效果。

图 8-18 使用基本反射贴图的渲染效果

(6) 在“贴图”卷展栏，拖动“凹凸”贴图后的宽按钮(None)到“反射”贴图后的按钮，反射贴图消失(变为 None)。

(7) 在茶壶周围建立 4 个球体，如图 8-19 所示。

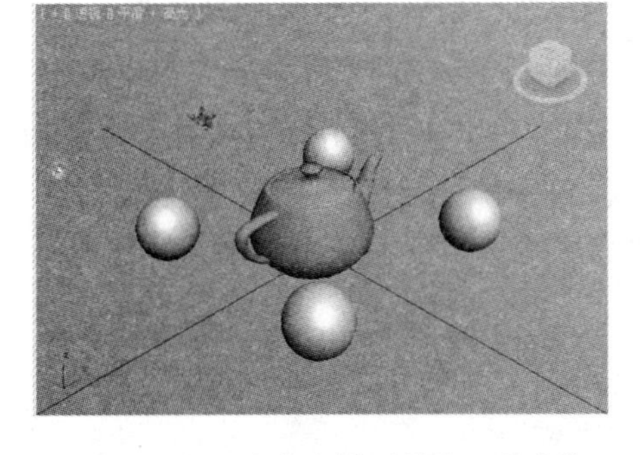

图 8-19　在茶壶周围创建 4 个球体

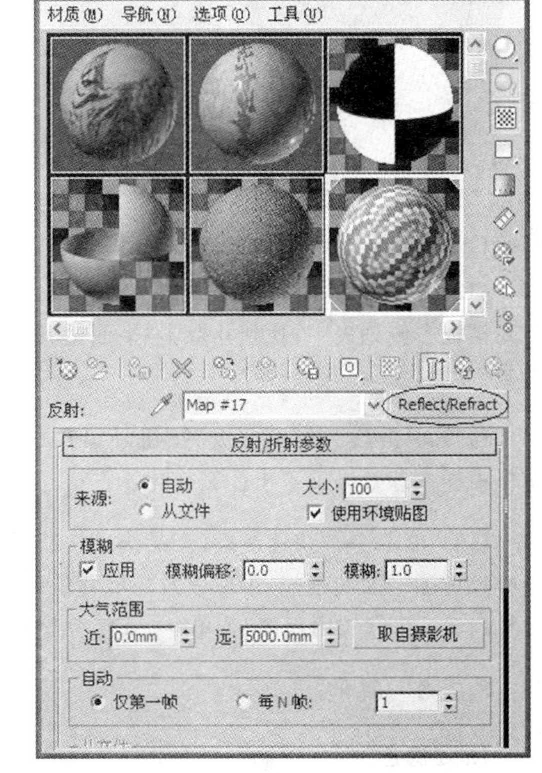

图 8-20　“反射/折射参数”卷展栏

(8) 展开“贴图”卷展栏，单击“反射”贴图后的宽按钮，出现“材质/贴图浏览器”对话框。在对话框右侧列表中，找到并双击“反射/折射”贴图类型，回到“材质编辑器”窗口。显示“反射/折射参数”卷展栏，如图 8-20 所示。

(9) 单击“转到父级”按钮，回到“贴图”卷展栏，将“反射”贴图后的数量调整位 60。单击按钮，结果如图 8-21 所示。茶壶上反射了周围小球和背景贴图，这就是自动反射贴图的效果。

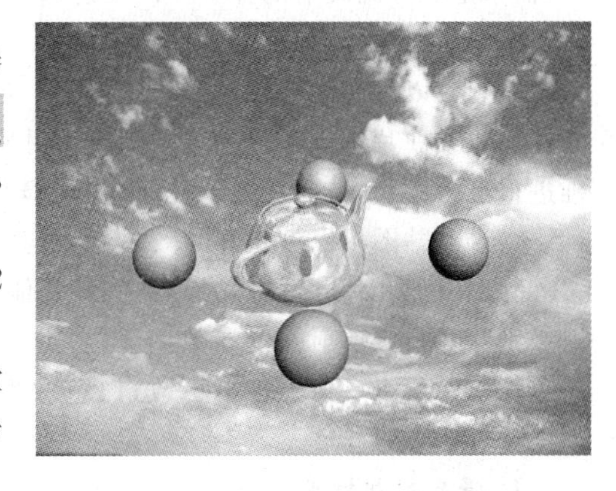

图 8-21　使用自动反射贴图的渲染效果

(10) 在茶壶下面建立一个长方体，如图 8-22 所示。

(11) 在“材质编辑器”窗口，滚动示例窗。激活第 3 排第 1 个示例窗(13 样本球的颜色)，单击启用图案背景。

(12) 选择场景中的长方体 Box01，单击

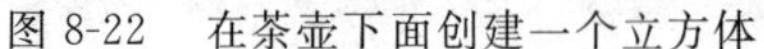

图 8-22 在茶壶下面创建一个立方体

图 8-23 使用平面镜反射贴图的渲染效果

“将材质指定给选定对象”按钮，场景中 Box01 变成灰色。

(13) 展开“贴图”卷展栏，单击“反射”贴图后的宽按钮，出现“材质/贴图浏览器”对话框。在对话框右侧列表中，找到并双击“平面镜”贴图类型，回到“材质编辑器”窗口。显示“平面镜参数”卷展栏。

(14) 单击“转到父级”按钮，回到“贴图”卷展栏，将“反射”贴图后的数量调整位 40。示例窗样本球效果看不出什么变化。

(15) 单击“快速渲染(产品级)”按钮，结果如图 8-23 所示。长方体 Box01 像一面镜子一样反射了上面的茶壶、小球以及环境背景贴图，这就是平面镜反射贴图的效果。

(16) 选择“应用程序”菜单→[另存为]，命名为“练习 08_贴图 06. max”保存。

8.2.8 其他

1. 过滤色

“过滤色”贴图过滤或传送的颜色是通过透明或半透明材质(如玻璃)透射的颜色。

2. 折射

贴图类似于“反射”贴图，它将视图贴在表面上，这样图像看起来就像透过表面所看到的一样，而不是从表面反射的样子。同反射贴图一样，折射贴图的方向锁定到视图而不是对象。

3. 置换

贴图可以使曲面的几何体产生位移。与“凹凸贴图”不同，“置换”贴图实际上更改了曲面的几何体或面片细分。“置换”贴图应用材质的灰度生成位移。2D 图像中亮色要比暗色向外推进得更为厉害，从而产生了几何体的 3D 位移。

“置换”贴图可以创建好的效果，不过会耗费大量的时间。

除了以上几种贴图方式外，在使用其他的明暗器时，还有另外一些方式的贴图。如“漫反射级别”贴图：漫反射强度参数用于“各向异性”、Oren-Nayar-Blinn 和“多层”明暗器。贴图中白色像素保留漫反射强度无更改，黑色像素将漫反射强度减为 0，中间的值相应调整漫反射强度。

4. 漫反射粗糙度

只能用于 Oren-Nayar-Blinn 和“多层”明暗器。贴图中的白色像素增加粗糙度，黑色像素将粗糙度减少为 0，中间的值相应调整粗糙度。

5. 各向异性

用于“各向异性”和“多层”明暗器。贴图控制各向异性高光的形状，大致(但不是一定)位于光泽度参数指定的区域内。黑色值和白色值具有一定影响，具有大量灰度值的贴图(如噪波或衰减)可能非常有效。

6. 方向

用于“各向异性”和“多层”明暗器。控制各向异性高光的位置，设置“方向”贴图可更改高光的位置。黑色值和白色值具有一定影响，具有大量灰度值的贴图(如噪波或衰减)可能非常有效。

为“方向”贴图和“凹凸”贴图使用相同的贴图也可以获得很好的效果。

7. 金属度

用于 Strauss 明暗器。贴图中的白色像素增加金属度，黑色像素将金属度减少为 0，中间的值相应调整金属度。

在 3ds Max 中，贴图的功能非常强大，但也比较复杂，初学者常常被搞得有些迷惑。其实，在最开始的时候，掌握“漫反射颜色”、“环境光颜色”、“凹凸”、“反射”等常用贴图方式，就可以制作许多质感不错的材质。熟练以后，再循序渐进地学习更多的贴图功能。

8.3　贴图坐标

使用贴图，必须告诉系统贴图要从物体的何处开始出现，这就要依靠“贴图坐标”。贴图坐标用于指定贴图位于物体上的位置、方向及大小比例。坐标通常以 U、V 和 W 指定，其中 U 是水平维度，V 是垂直维度，W 是可选的第 3 维度，表示深度。

3ds Max 提供了多种方式应用贴图坐标。

(1) 使用任何标准基本体的创建参数卷展栏中的“生成贴图坐标”选项。对于大多数对象来说，这个选项在默认情况下处于启用状态，它提供了专门为每个基本体而设计的贴图坐标。但是它需要额外的内存，因此，如果不需要的话请关闭此选项。

(2) 应用“UVW 贴图”修改器。可以从几种贴图坐标系类型中进行选择，并通过定位贴图图标来自定义对象上贴图坐标的位置。另外，可以设置贴图坐标变换的动画。

(3) 对于特殊的对象使用特殊的贴图坐标控件。例如，放样对象提供了内置的贴图选项，可以沿着它们的长度和周界应用贴图坐标。

(4) 应用“曲面贴图”修改器。这个世界空间修改器将贴图指定给“NURBS 曲面”，并将其投射到修改的对象上。将单个贴图无缝地应用到同一 NURBS 模型内的曲面子对象组时，曲面贴图显得尤其有用。它也可以用于其他类型的几何体。

如果将贴图材质应用到没有贴图坐标的对象上，“渲染器”就会指定默认的贴图坐标。内置贴图坐标是针对每个对象类型而设计的。“长方体”贴图坐标在它的六个面上分别放置重复的贴图。对于“圆柱体”，图像沿着它的面包裹一次，而它的副本则在末端封口进行扭曲。对于“球体”，图像也会沿着它的球面包裹一次，然后在顶部和底部聚合。“收缩—包裹”贴图也是球形的，但是它会截去贴图的各个角，然后在一个单独的极点将它们全部结合在一起，创建一个奇点。

在 3 种情况下不需要贴图坐标。

(1) 反射/折射贴图和环境贴图:这些情况使用了环境贴图系统,其中贴图的位置基于渲染视图,并固定到场景中的世界坐标上。

(2) 3D 程序贴图(如"噪波"或"大理石"):这些是程序生成的,基于对象的局部轴。

(3) 朝向贴图材质:贴图是基于几何体内的面而放置的。

8.3.1 "坐标"卷展栏(2D)

许多对象在创建时就拥有了默认的贴图坐标,针对这些对象使用 2D 和 3D 贴图类型,在"材质编辑器"中会出现内容不同 2D 或 3D"坐标"卷展栏。图 8-24 为"坐标"卷展栏(2D)内容。

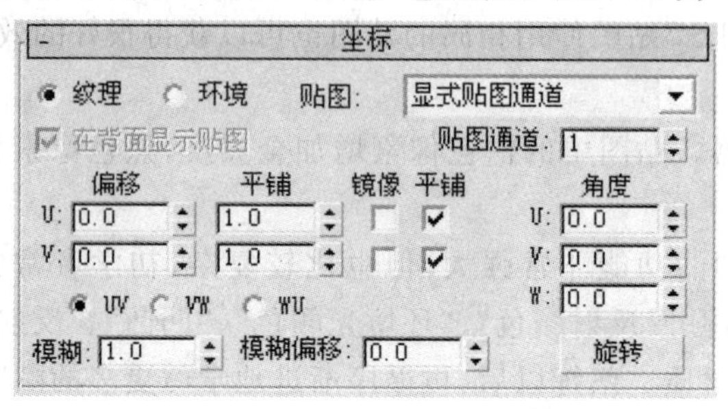

图 8-24 "坐标"卷展栏(2D)内容

(1) 纹理:将该贴图作为纹理贴图对表面应用。

(2) 环境:使用贴图作为"环境"贴图。

(3) "贴图"列表:包含的选项因选择"纹理"贴图或"环境"贴图而不同。

(4) 在背面显示贴图:如启用该项,平面贴图(对象 XYZ 平面,或使用"UVW 贴图"修改器)穿透投影,渲染在对象背面上。禁用时,平面贴图不会渲染在对象背面。默认设置为启用。仅在两个维中都禁用平铺时,此切换才可用。

(5) 偏移:在"UV 坐标"中更改贴图的位置。

(6) UV/VW/WU:更改贴图使用的贴图坐标系。

(7) 平铺:贴图沿每根轴重复的次数。

(8) 镜像:将贴图从左至右(U 轴),从上至下(V 轴)镜像。

(9) 平铺:在 U 轴或 V 轴中启用或禁用平铺。

(10) U/V/W 角度:绕 U、V 或 W 轴旋转贴图的角度。

(11) 旋转:显示图解的"旋转贴图坐标"对话框。

(12) 模糊:根据贴图与视图的距离影响其清晰度和模糊度。贴图距离越远,模糊就越大。

(13) 模糊偏移:影响贴图的清晰度和模糊度,而与其同视图的距离无关,它模糊图像本身。当要柔和或散焦贴图中的细节以实现模糊图像的效果时,请使用此选项。

做下面的练习,了解"坐标"卷展栏(2D)。

(1) 选择"应用程序"菜单→[打开],打开"练习 08_贴图 01.max"文件。

(2) 选择"应用程序"菜单→[另存为],命名为"练习 08_贴图 07.max"保存。

(3) 单击"材质编辑器"按钮,打开"材质编辑器"窗口。

(4) 在"贴图"卷展栏中,单击"漫反射颜色"贴图后的按钮,进入贴图子层的参数栏。由于使用的"位图"是 2D 贴图类型,因此第一栏就是 2D"坐标"卷展栏。

（5）将“角度”中的 W 设为 180，视口中贴图原来倒个的“茶壶”图片被倒了过来（变正），如图 8-25 所示。

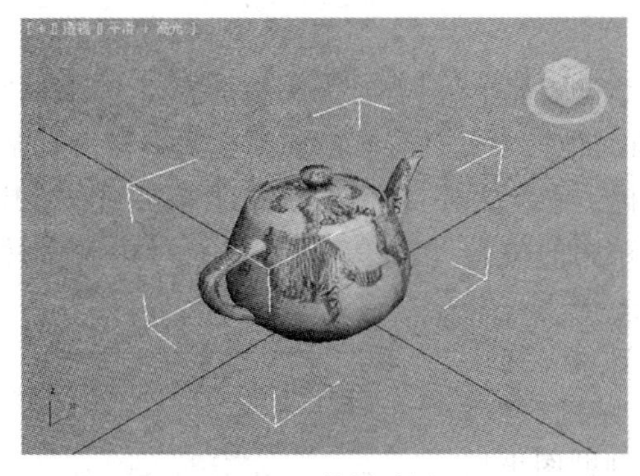

图 8-25　旋转贴图

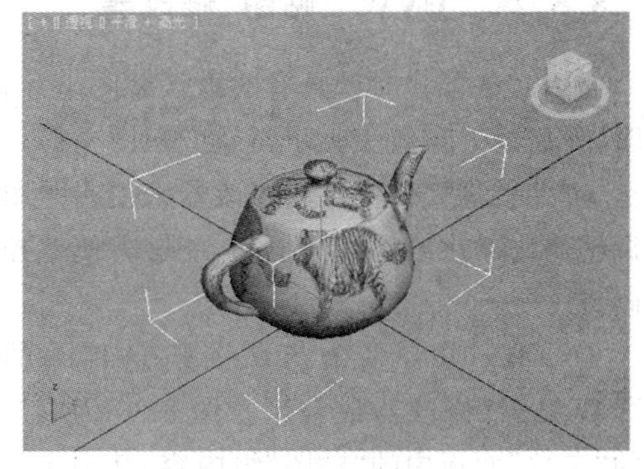

图 8-26　偏移贴图

（6）把“偏移”的 U 值设为 0.3，茶壶向右偏移，如图 8-26 所示。

（7）启用 U、V“镜像”，“透视”视口效果如图 8-27 所示。

（8）禁用 U、V“镜像”，重新启用 U、V“平铺”，并把 U“平铺”设为 2，V“平铺”值设为 3。“透视”视口效果如图 8-28 所示。

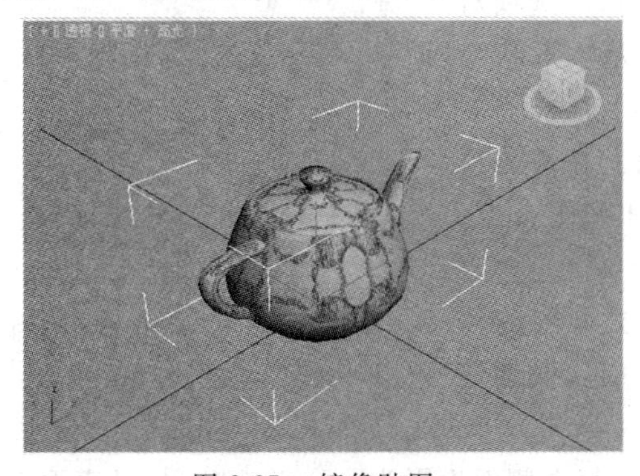

图 8-27　镜像贴图

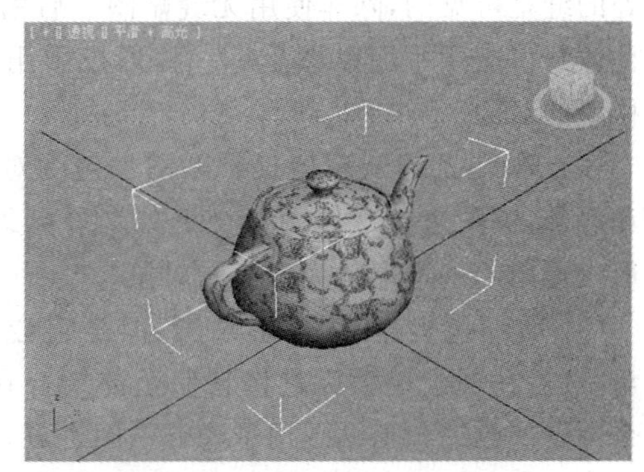

图 8-28　重复贴图

（9）设置“模糊偏移”为 0.2，“透视”视口效果未变，必须渲染后才能看到模糊效果。图 8-29为渲染后的效果。

图 8-29　使用“模糊偏移”后的渲染效果

(10) 选择"应用程序"菜单→[保存],更新保存"练习 08_贴图 07. max"。

8.3.2 "UVW 贴图"修改器

使用对象创建时就具有的默认贴图坐标,虽然比较简单,但有时无法满足需要。例如,"布尔"操作后的对象就失去了默认的贴图坐标,还有其他三维软件导入的模型也大多数没有贴图坐标,因此就需要使用编辑修改器来设置贴图坐标。除此之外,使用修改器设置贴图坐标提供了调解修改器次级层级的便利,能够方便地控制贴图的位置、尺寸等细节,并且可以制作材质动画。

3ds Max 中有多个与贴图信息相关的修改器,其中"UVW 贴图"修改器最常用。图 8-30 为"UVW 贴图"修改器的"参数"面板中的"贴图"组内容,其中包括 7 种贴图坐标方式。

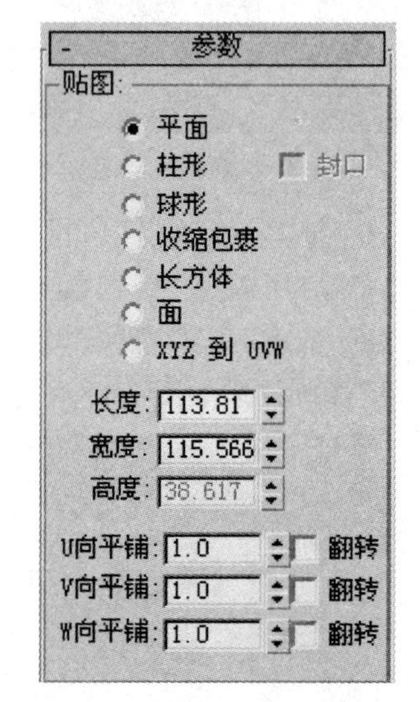

图 8-30 "UVW 贴图"修改器的"参数"面板的"贴图"组

(1) 平面:从对象上的一个平面投影贴图,在某种程度上类似于投影幻灯片。

(2) 柱形:从柱体投影贴图,使用它包裹对象。位图接合处的缝是可见的,除非使用无缝贴图。启用"封口"选项对圆柱体封口应用平面贴图坐标。柱形投影用于基本形状为圆柱形的对象。

(3) 球形:通过从球体投影贴图来包围对象。在球体顶部和底部,位图边与球体两极交汇处会看到缝和贴图奇点。球形投影用于基本形状为球形的对象。

(4) 收缩包裹:使用球形贴图,但是它会截去贴图的各个角,然后在一个单独极点将它们全部结合在一起,仅创建一个奇点。收缩包裹贴图用于隐藏贴图奇点。

(5) 长方体:从长方体的 6 个侧面投影贴图。每个侧面投影为一个平面贴图,且表面上的效果取决于曲面法线。从其法线几乎与其每个面的法线平行的最接近长方体的表面贴图每个面。

(6) 面:对对象的每个面应用贴图副本。使用完整矩形贴图来共享隐藏边的成对面。使用贴图的矩形部分贴图不带隐藏边的单个面。

(7) XYZ 到 UVW:将 3D 程序坐标贴图到 UVW 坐标。这会将程序纹理贴到表面。

通过下面的练习,了解最常用的"UVW 贴图"修改器的贴图坐标功能。

(1) 选择"应用程序"菜单→[重置],重置系统。

(2) 在"透视"视口中建立一个长方体 Box01,一个球体 Sphere01,一个圆柱体 Cylinder01。

(3) 单击"材质编辑器"按钮,打开"材质编辑器"窗口。

(4) 选择示例窗 1 的材质,进入"贴图"卷展栏,在"漫反射颜色"贴图上使用"位图"类型,选择 BRICK-2A. TGA 文件。单击按钮,将此材质给场景中的 3 个对象。

(5) 启用"在视口中显示贴图","透视"视口的效果如图 8-31 所示。目前贴图使用的是对象默认的贴图坐标。

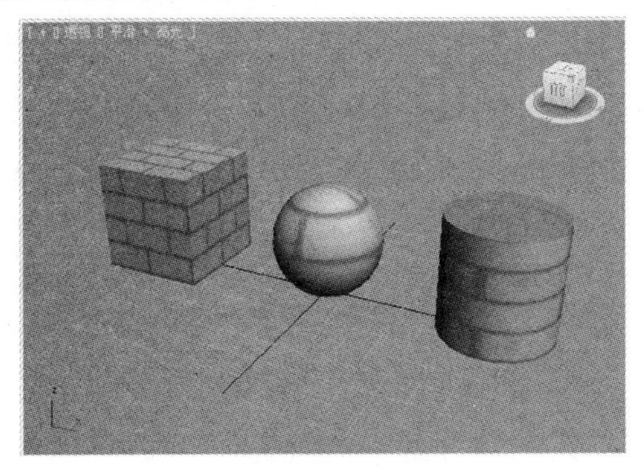

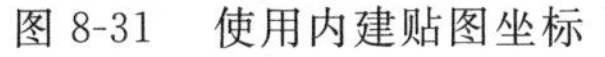

图 8-31　使用内建贴图坐标

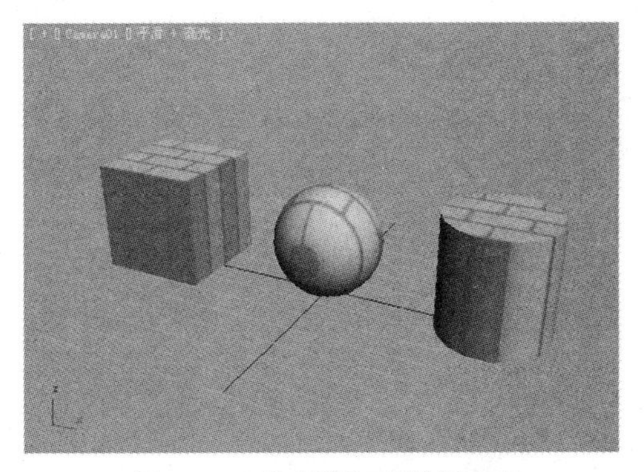

图 8-32　使用“平面”贴图坐标

（6）分别对 3 个对象施加“UVW 贴图”修改器，“透视”视口的效果如图 8-32 所示。打开“UVW 贴图”修改器的“参数”面板，可以看到默认使用的是“平面”UVW 贴图坐标。

（7）把贴图坐标方式调整为“柱形”，效果如图 8-33 所示。启用“封口”选项的效果如图 8-34所示。

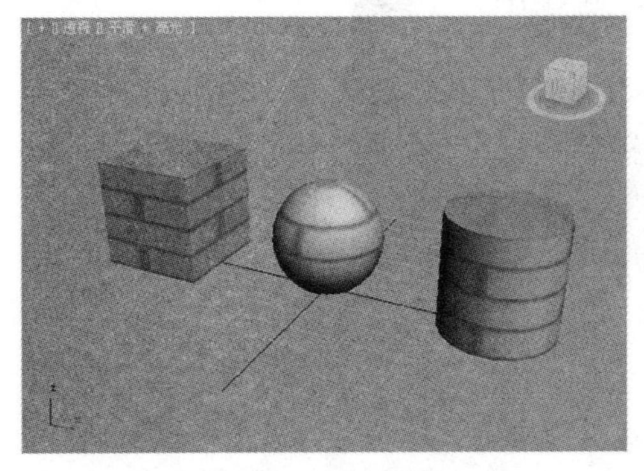

图 8-33　使用“柱形”贴图坐标

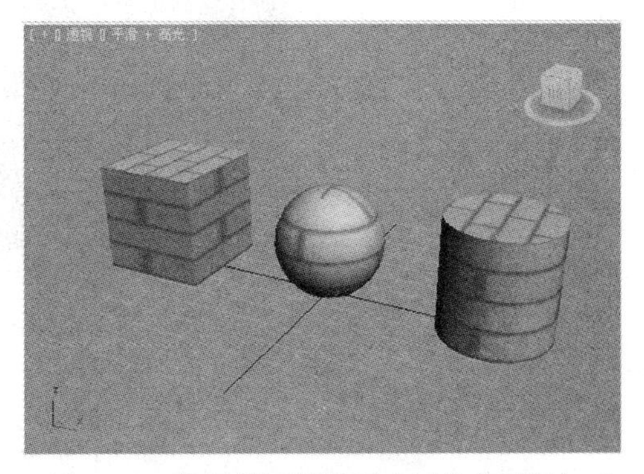

图 8-34　使用“柱形”贴图坐标并启用“封口”

（8）把贴图坐标方式调整为“球形”，效果如图 8-35 所示。

（9）把贴图坐标方式调整为“收缩包裹”，效果如图 8-36 所示。

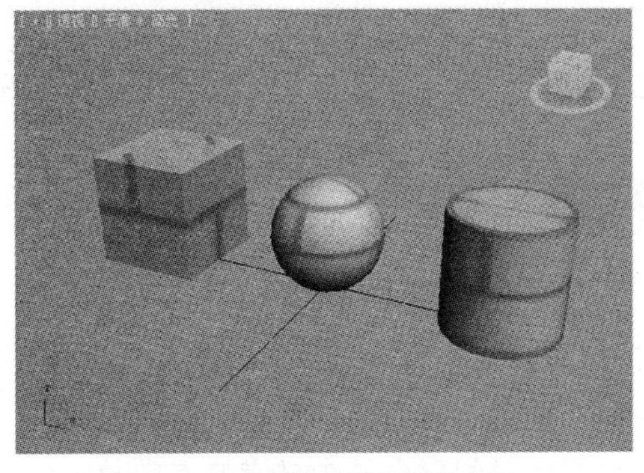

图 8-35　使用“球形”贴图坐标

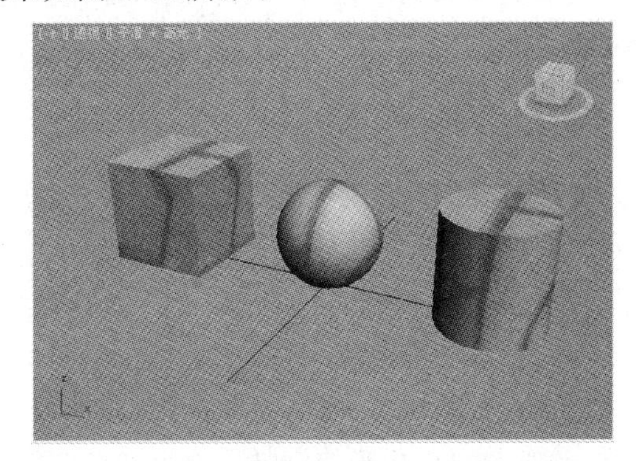

图 8-36　使用“收缩包裹”贴图坐标

（10）把贴图坐标方式调整为“长方体”，效果如图 8-37 所示。

（11）把贴图坐标方式调整为“面”，效果如图 8-38 所示。

（12）把贴图坐标方式调整为“XYZ 到 UVW”，并把贴图调换为 3D 类型的“泼溅

(Splat)”,渲染后的效果如图 8-39 所示。

图 8-37　使用“长方体”贴图坐标

图 8-38　使用“面”贴图坐标

图 8-39　使用“XYZ 到 UVW”贴图坐标应用 3D 贴图的效果

(13) 选择“应用程序”菜单→[保存],命名为“练习 08_贴图 08. max”保存。

8.4　复合材质

复合材质将两个或多个子材质组合在一起。使用“材质/贴图浏览器”可以加载或创建复合材质。

大多数材质和贴图的子材质按钮和子贴图按钮的旁边都有复选框。可以使用这些复选框打开或关闭材质或贴图分支。

复合材质包括 7 个类型:混合、合成、双面、变形器、多维/子对象、虫漆、顶/底。以下介绍其中几种复合材质的使用。

8.4.1　“混合”材质

混合材质可以在曲面的单个面上将两种材质进行混合。混合具有可设置动画的“混合量”参数,该参数可以用来绘制材质变形功能曲线,以控制随时间混合两个材质的方式。

(1) 选择“应用程序”菜单→[重置],重置系统。

(2) 在“透视”视口中建立一个球体 Sphere01。

(3) 打开“材质编辑器”窗口,激活一个示例窗。单击按钮将材质指定给 Sphere01。

(4) 单击材质名称栏后的“类型按钮”(默认为 Standard),在弹出的“材质/图片浏览器”对话框中双击选择“混合”。

(5) 在随后出现的“替换材质”对话框中,选择“丢弃旧材质”选项,然后单击“确定”。

(6) 现在“材质编辑器”面板内容变为“混合基本参数”卷展栏,如图 8-40 所示。

(7) 单击“材质 1”后的按钮,进入材质 1 控制层。此时就是一个标准材质的编辑过程。

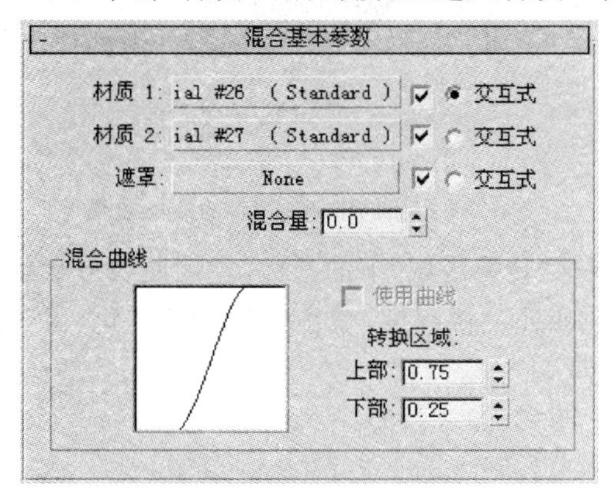

图 8-40 “混合基本参数”卷展栏

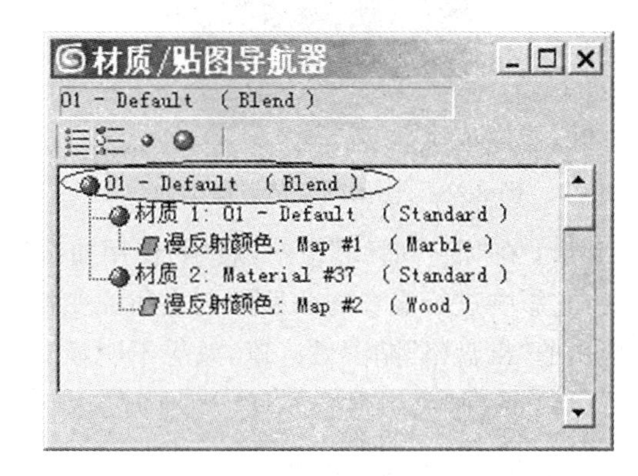

图 8-41 “材质/贴图导航器”窗口

(8) 在“贴图”卷展栏中,使用“大理石”类型给“漫反射”贴图。

(9) 单击“转到下一个同级项”按钮,进入“材质 2”编辑。给“漫反射”贴图使用“木材”类型。

(10) 单击“材质/贴图导航器”按钮,在“材质/贴图导航器”窗口中可以看到材质以及贴图的内容,如图 8-41 所示。

(11) 回到顶层材质,设置“混合量”分别为 0、50、100,渲染场景(为了增强效果,建议把场景背景改为灰色),效果如图 8-42 所示,(a)图完全显示材质 1,(b)图是材质 1 与材质 2 混合,(c)图只显示材质 2。

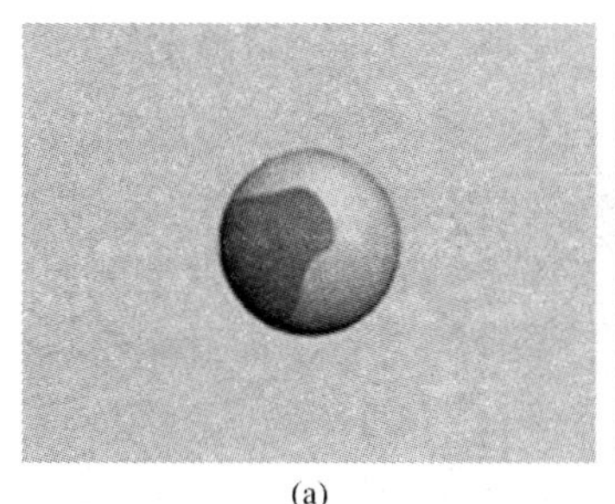
(a)

(b)

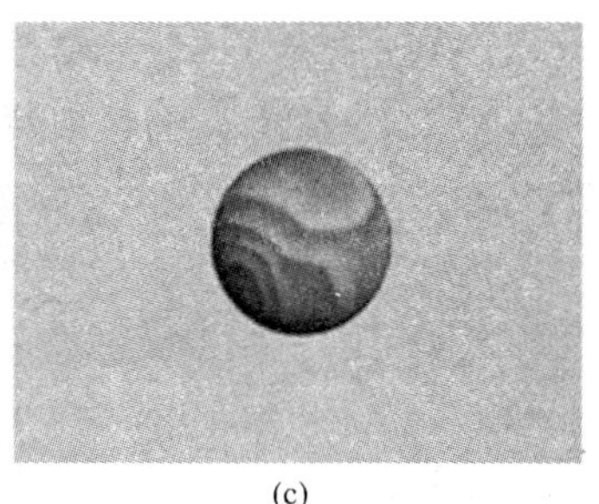
(c)

图 8-42 使用不同混合量的混合材质效果

(12) 在顶层材质的“混合基本参数”卷展栏,单击“遮罩”后的按钮,在“材质/贴图浏览器”中双击选择“棋盘格”贴图。示例窗样本球变化,如图 8-43 所示。

(13) 单击“快速渲染(产品级)”按钮,结果如图 8-44 所示。球体一部分显示“大理石”贴图,一部分显示“木材”贴图。“棋盘格”贴图中黑色部分显示“材质 1”,白色部分显示“材质 2”。

图 8-43　使用“遮罩”后样本球

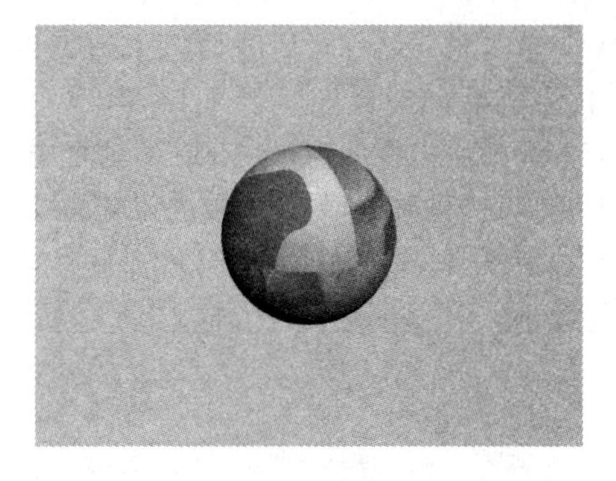

图 8-44　使用“遮罩”后的渲染效果

(14) 在“混合曲线”组中，启用“使用曲线”，调整“转换区域”下的参数，左侧曲线形状跟随改变，它影响进行混合的两种颜色之间的变换的渐变或尖锐程度，观察“样本球”变化（由于此处使用的“棋盘格”贴图做遮罩，效果不明显）。

(15) 选择“应用程序”菜单→[保存]，命名“练习 08_混合材质.max”保存。

8.4.2 “双面”材质

双面材质可以向对象的前面和后面指定两个不同的材质。

(1) 选择“应用程序”菜单→[重置]，重置系统。

(2) 在“透视”视口中建立一个球体 Sphere01。

(3) 选择[修改器]→[网格编辑]→[编辑网格]，对球体施加“编辑网格”修改器。启用“顶点”次级对象选择，选中球体上半部的顶点，删除它们。关闭次级对象选择，结果变成了半球。

(4) 打开“材质编辑器”窗口，激活一个示例窗。单击将材质指定给 Sphere01。

(5) 单击材质名称栏后的“类型按钮”，在弹出的“材质/图片浏览器”对话框中双击选择“双面”。

(6) 在随后出现的“替换材质”对话框中，选择“丢弃旧材质”选项，然后单击“确定”。

(7) “材质编辑器”面板内容变为“双面基本参数”卷展栏，如图 8-45 所示。

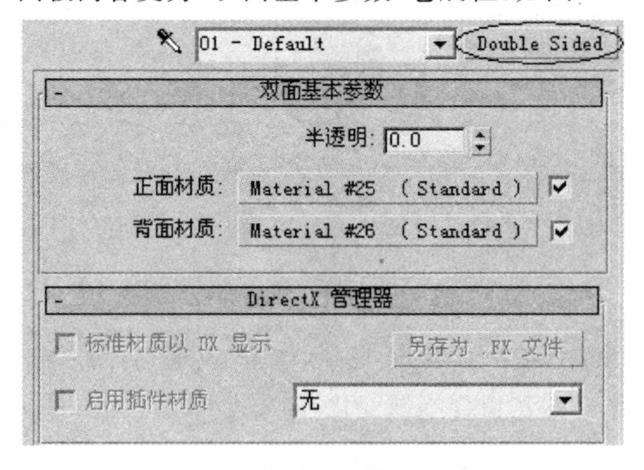

图 8-45　“双面基本参数”卷展栏

(8) 单击“正面”后的按钮，进入“正面”材质控制。

(9) 在“贴图”卷展栏中,使用“棋盘格”类型给“漫反射”贴图。并在“坐标”参数栏中,将U、V的“平铺”均设为5。

(10) 单击“材质/贴图导航器”按钮,在“材质/贴图导航器”窗口选择进入“背面”材质编辑,给“漫反射”贴图使用“大理石”。此时,“材质/贴图导航器”显示如图8-46所示。

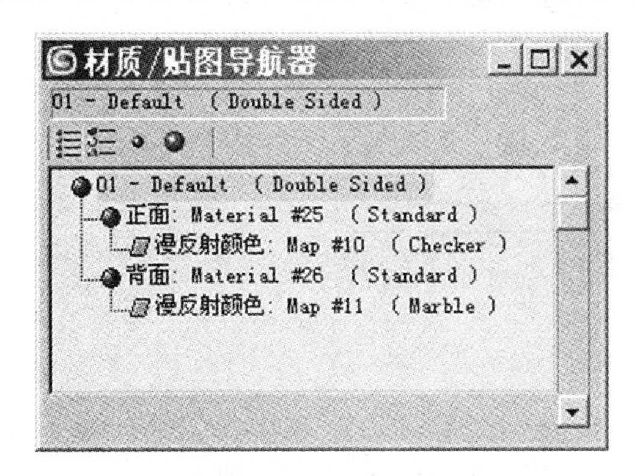

图8-46 双面材质时的材质/贴图导航器

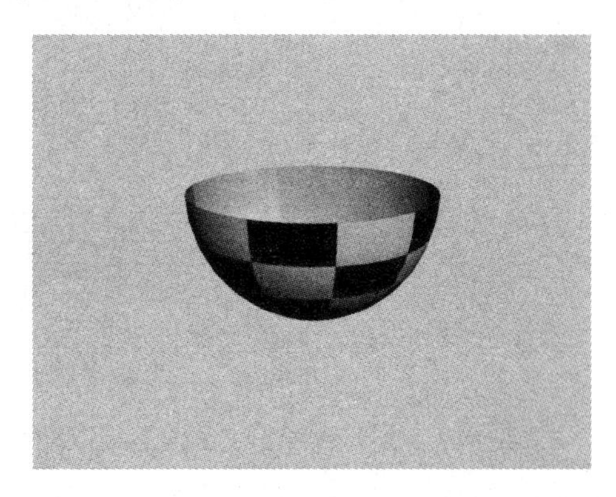

图8-47 使用双面材质的半球

(11) 单击“快速渲染(产品级)”按钮,结果如图8-47所示。半球外面(正面)显示“棋盘格”材质,里面(背面)显示“大理石”材质。

(12) 选择“应用程序”菜单→[保存],命名“练习08_双面材质.max”保存。

8.4.3 “顶/底”材质

使用“顶/底”材质可以给对象的顶部和底部指定两个不同的材质,并将两种材质混合在一起。对象的顶面是法线向上的面,底面是法线向下的面。

(1) 选择“应用程序”菜单→[重置],重置系统。

(2) 在“透视”视口中建立一个球体Sphere01。

(3) 打开“材质编辑器”窗口,激活一个示例窗。单击将材质指定给Sphere01。

(4) 单击材质名称栏后的“类型按钮”,在弹出的“材质/图片浏览器”对话框中双击选择“顶/底”。

(5) 在随后出现的“替换材质”对话框中,选择“丢弃旧材质”选项,然后单击“确定”。

(6) 现在“材质编辑器”面板内容变为“顶/底基本参数”卷展栏,如图8-48所示。

(7) 单击“顶材质”后的按钮,进入“顶材质”编辑。在“贴图”卷展栏中,使用“棋盘格”类型给“漫反射”贴图。

(8) 单击“材质/贴图导航器”按钮,在“材质/贴图导航器”窗口选择进入“底材质”编辑,给“漫反射”贴图使用“大理石”。此时,“材质/贴图导航器”显示如图8-49所示。

(9) 单击“快速渲染(产品级)”按钮,结果如图8-50所示。半球上面显示“棋盘格”材质,里面下面显示“大理石”材质。

(10) 尝试调整“混合”和“位置”的数值,看看有什么变化。

(11) 选择“应用程序”菜单→[保存],命名“练习08_顶底材质.max”保存。

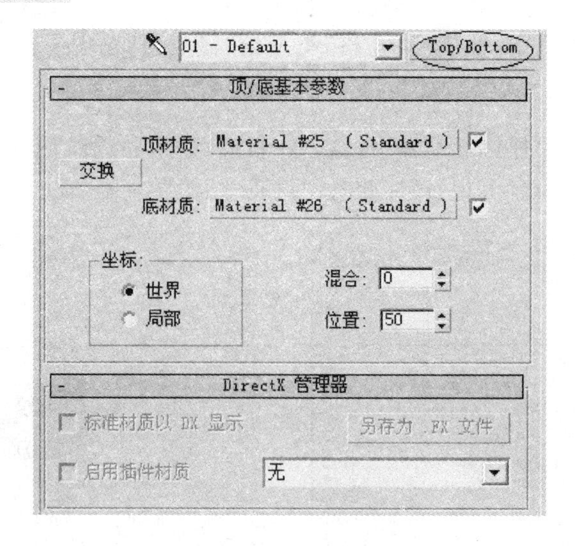

图 8-48 “顶/底基本参数”卷展栏

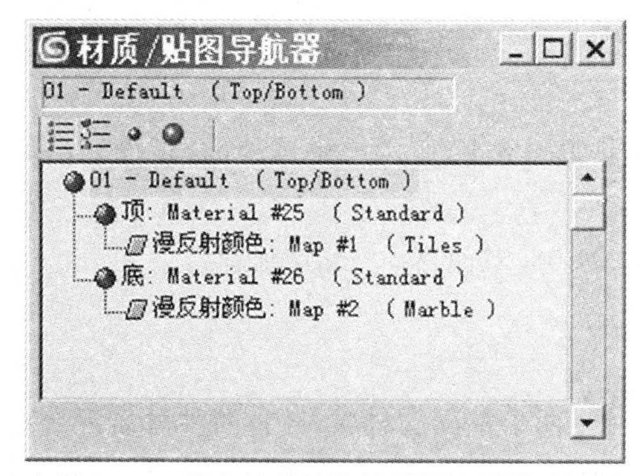

图 8-49 顶底材质时的材质/贴图导航器

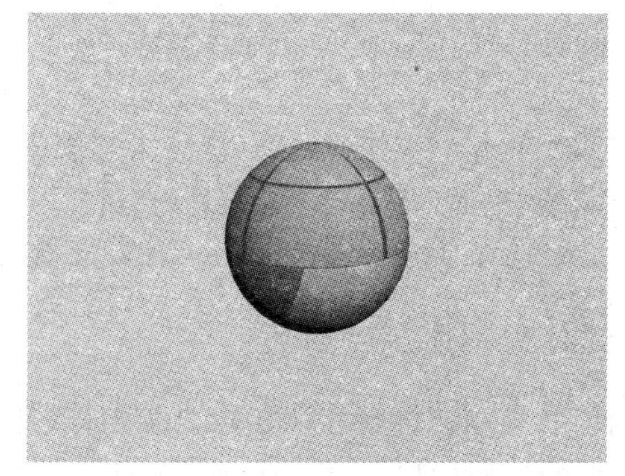

图 8-50 使用“顶/底”材质的球体

8.4.4 “多维/子对象”材质

使用“多维/子对象”材质可以采用几何体的子对象级别分配不同的材质。创建多维材质，将其指定给对象并使用网格选择修改器选中面，然后选择多维材质中的子材质指定给选中的面。

(1) 选择“应用程序”菜单→[重置]，重置系统。

(2) 在“透视”视口中建立一个圆柱体 Cylinder01，设置“高度分段”为 10。

(3) 打开“材质编辑器”窗口，激活一个示例窗。单击将材质指定给 Cylinder01。

(4) 单击材质名称栏后的“类型按钮”，在弹出的“材质/图片浏览器”对话框中双击选择“多维/子对象”。

(5) 在随后出现的“替换材质”对话框中，选择“丢弃旧材质”选项，然后单击“确定”。

(6)一现在“材质编辑器”面板内容变为“多维/子对象”卷展栏，如图 8-51 所示。

(7) 默认的子材质有 10 种，可以根据需要设置数目。单击“设置数量”按钮，设置为 5。

(8) 单击 ID1 后的按钮，设置“漫反射”颜色为红色。

(9) 单击“材质/贴图导航器”按钮，在“材质/贴图导航器”窗口，依次进入 ID2,3,4,5

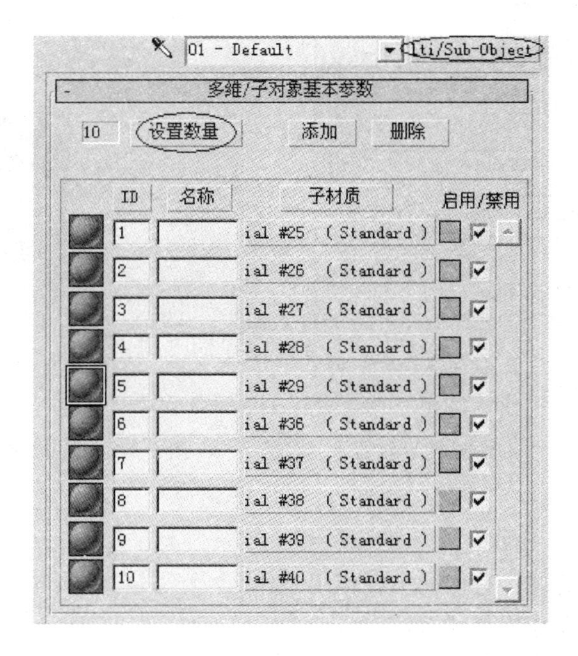

图 8-51 “多维/子对象”卷展栏

子材质，分别设为黄色、绿色、蓝色、紫色。由于圆柱体还未分配 ID，所以效果还不对。

(10) 选择[修改器]→[网格编辑]→[编辑网格]，对圆柱体施加“编辑网格”修改器。

(11) 启用“多边形”次级对象，在“前”视口选择最上面两段圆柱体面。滚动面板，在“曲面属性”卷展栏中，设置 ID 为 1。依次选择下面的各两段圆柱体面，分别指定 ID 为 2,3,4,5，结果如图 8-52 所示。

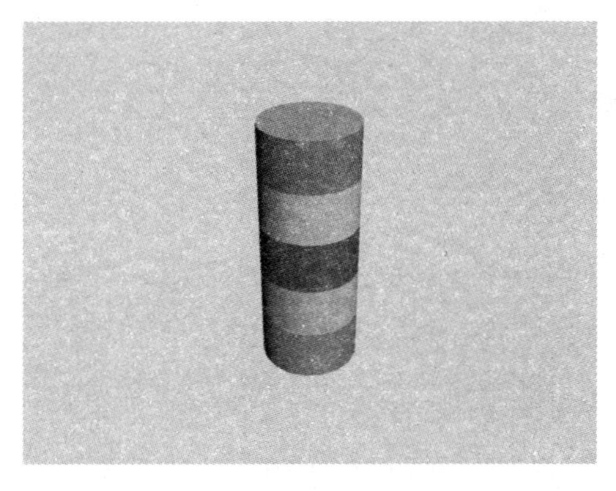

图 8-52 使用“多维/子对象”材质

(12) 在子材质中可以尝试使用贴图及其他设置。进入 ID1 子材质，在“贴图”卷展展览中，设置“漫反射”贴图为“棋盘格”。在“材质/贴图导航器”窗口中可以看到该贴图，如图 8-53 所示。在“坐标”卷展栏中，设置“平铺”U 为 5、V 为 10。

(13) 进入 ID5 子材质，在“明暗器基本参数”卷展栏中，启用“线框”、“双面”，在“扩展参数”卷展栏中，设置线框“大小”为 2，并启用“按单位”。

(14) 单击 “快速渲染(产品级)”按钮，结果如图 8-54 所示。

(15) 选择“应用程序”菜单→[保存]，命名“练习 08_多维材质.max”保存。

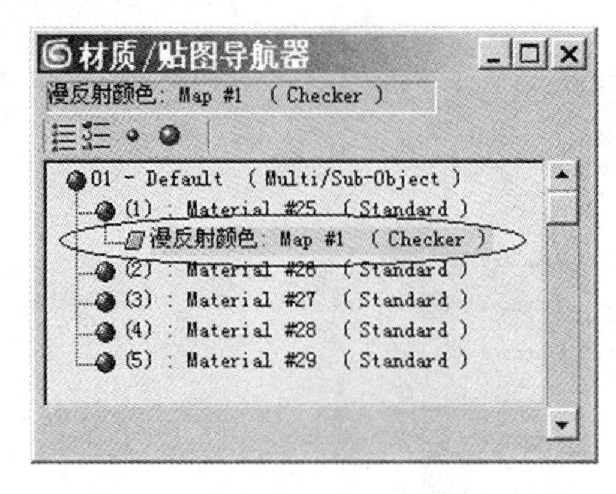

图 8-53　顶底材质时的材质/贴图导航器

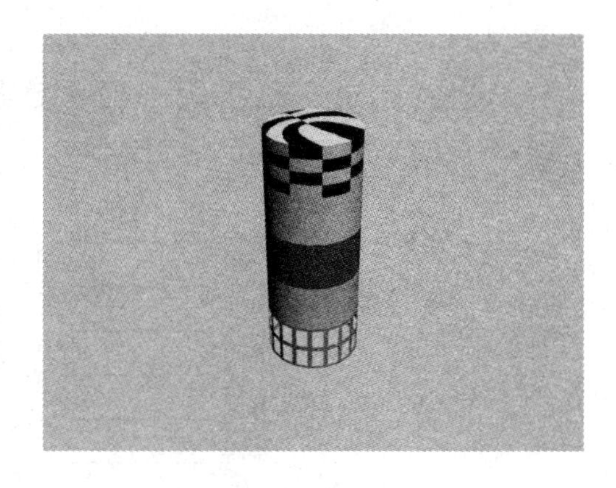

图 8-54　使用“顶/底”材质的球体

【思考与练习】

1. 贴图的类型有哪些？它们的主要作用是什么？
2. 贴图坐标类型及作用是什么？
3. 常用的复合材质有哪些？

第 9 章　摄影机、灯光及渲染

学习目标

☆　了解摄影机、灯光及渲染的主要功能。

☆　理解灯光、摄影机及渲染设置对最后效果制作的重要作用。

☆　掌握摄影机、灯光及渲染工具中主要功能面板的使用。

☆　灯光是场景对象中质感再现的主要控制参数之一，摄影机的正确使用则可以更好地模拟真实世界中的透视效果，渲染参数的良好控制则最终决定产品的效果好坏，这些都是必须掌握的功能。

3ds Max 提供了摄影机设置，它可以帮助用户更好地控制观察点，同时可以方便地设置摄影机移动的动画。

程序中的灯光为场景对象几何体提供了有效的照明。本章主要介绍标准灯光，其简单易用。另外如光度学灯光更复杂，但可以提供真实世界照明的精确物理模型；而“日光”和“太阳光”可以系统创建室外照明，该照明是基于日、月、年的位置和时间的模拟太阳光的照明。

渲染可以使用所设置的灯光、材质及环境设置（如背景和大气）为场景的几何体着色。使用“渲染设置”对话框，可以渲染图像和动画并将它们保存到文件中。

9.1　摄 影 机

在前面的学习中，系统默认使用“透视”视口来观察三维场景。在使用“透视”视口的过程中，无法定量设置透视的特征，而且在使用一些“视图控制工具”时，常会改变“透视”视口的构图及范围。

3ds Max 提供了“摄影机”工具来模拟真实世界的透视效果。使用“摄影机”视口更直观，更便于控制。

在“创建”面板上，单击“摄影机”按钮，出现创建摄影机面板，如图 9-1 所示。

图 9-1　创建摄影机面板

摄影机包括“目标”摄影机和“自由”摄影机两种类型。

目标摄影机有一个“目标”点和一个摄影机点，可以通过调整目标点或摄影机点来调整摄影机的观察角度，也可以同时选择目标点和视点进行调整。自由摄影机只有一个摄影机点，没有目标点，只能移动或旋转摄影机来调整观察区域和观察角度。在静止场景中，一般常使用目标摄影机。

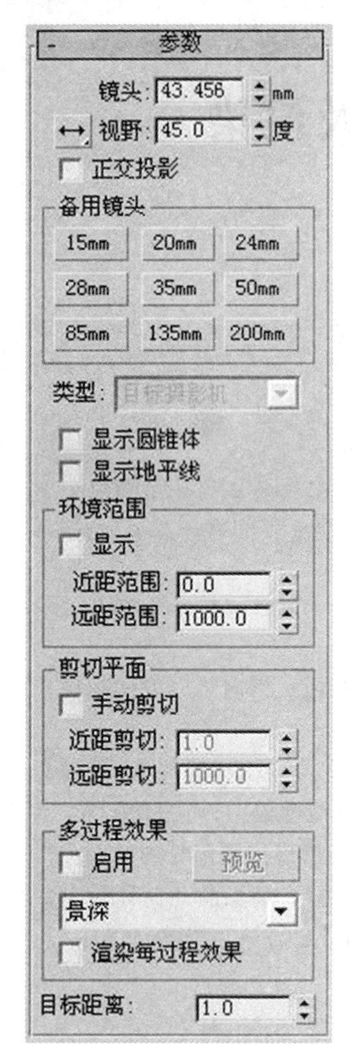

图 9-2　摄影机参数

9.1.1　摄影机的参数

摄像机包括“参数”卷展栏和“景深参数”卷展栏。下面介绍最常用的“参数”卷展栏的内容。目标摄影机和自由摄影机使用公用的“参数”卷展栏，如图 9-2 所示。

（1）镜头：以毫米为单位设置摄影机的焦距。

（2）视野：摄影机观察区域的宽度。以度为单位进行测量。

- 水平视野：水平应用视野。默认设置，是设置和测量视野(FOV)的标准方法。
- 垂直视野：应用垂直视野。
- 对角线视野：应用对角线视野。

（3）正交投影：启用此选项后，摄影机视图看起来就像“用户”视图。

（4）“备用镜头”组：预设摄影机的焦距。包括从 15mm 的广角到 200mm 的长焦镜头。

（5）类型：可以变更摄影机类型。

（6）显示圆锥体：显示摄影机视野定义的锥形区域（实际上是一个四棱锥）。锥形区域出现在其他非摄影机视口中。

（7）显示地平线：在摄影机视口中显示出一条深灰色的地平线。

（8）“环境范围”组。

- 显示：显示“近距范围”和“远距范围”的设置。
- 近距范围、远距范围：用来确定在“环境”面板上设置的大气效果的近距范围和远距范围限制。

（9）“剪切平面”组：设置选项来定义剪切平面。在视口中，剪切平面在摄影机锥形区域内显示为红色的矩形（带有对角线）。

- 手动剪切：启用该选项可定义剪切平面。
- 近距剪切、远距剪切：设置近距和远距剪切平面。在其范围外的场景将不被看到。

（10）“多过程效果”组：使用这些控件可以指定摄影机的景深或运动模糊效果。它们会增加渲染时间。

（11）目标距离：当使用自由摄影机时，将目标点设置为不可见的。当使用目标摄影机，表示摄影机与其目标点之间的距离。

9.1.2　摄影机调节工具

3ds Max 专门为摄影机提供了摄影机视口。当激活摄影机视口时，界面右下角的视口控制工具切换成摄影机控制工具，如图 9-3 所示。

摄影机视口调节工具的功能如下。

(1) 推拉摄影机：将摄影机点移向或移离目标点。

图 9-3 摄影机视口调节工具

• 推拉目标：按下"推拉摄影机"按钮，弹出的第 2 个按钮。将目标点移近和远离摄影机。在摄影机视口看不到变化，除非将目标点推拉到摄影机的另一侧，摄影机视图将会发生翻转。

• 推拉摄影机+目标：按下"推拉摄影机"按钮，弹出的第 3 个按钮。同时将目标和摄影机移近或远离对象。

(2) 透视：执行"视野"和"推拉"的组合。改变透视夹角的同时保持场景的构图。

(3) 侧滚摄影机：围绕摄影机主轴旋转摄影机。

(4) 视野：调整视口中可见的场景范围和透视张角量。更改视野的效果与更改摄影机上的镜头类似。视野越大，就可以看到更多的场景，而透视会扭曲，与广角镜头相似。视野越小，看到的场景就越少，而透视会展平，与长焦镜头类似。

(5) 平移摄影机：沿着平行于视图平面的方向移动摄影机。

(6) 环游摄影机：摄影机点围绕目标点旋转。

摇移摄影机——按下"环游摄影机"，弹出的第 2 个按钮。目标点围绕摄影机旋转。

9.1.3 使用摄影机

前面已经介绍了摄像机的参数卷展栏和调节工具按钮，下面通过一个简单的练习来学习使用摄影机的步骤与方法。

(1) 启动或重置 3ds Max。选择[文件]→[打开]，打开"练习 7_材质 05. max"文件。

(2) 单击"缩放所有视图"按钮，在任意视口中按住鼠标左键拖曳，所有视口中的场景缩小。

(3) 在创建面板上依次单击"摄影机"、"目标"按钮。在"顶"视口的左下角按下左键并拖曳到中场景对象的中间，松开鼠标就创建一个摄影机 Camera01。

(4) 单击"所有视图最大化显示"按钮，结果如图 9-4 所示。

(5) 激活"透视"视口，按 C 键。透视视口变成了摄影机 Camera01 视口。由于新建立的摄影机及目标点均在 XY 平面上，所以效果如图 9-5 所示。

(6) 单击"选择并移动"按钮，在"顶"、"前"、"左"视图中移动摄影机，调整 Camera01 视口的透视构图。

(7) 确认摄影机被选中，单击"修改"按钮，进入摄影机修改面板。尝试调整"参数"卷展栏中的"镜头"、"视野"以及"备用镜头"等选项。

(8) 确认 Camera01 视口为当前视口，尝试使用各种摄影机视口控制工具调整 Camera01

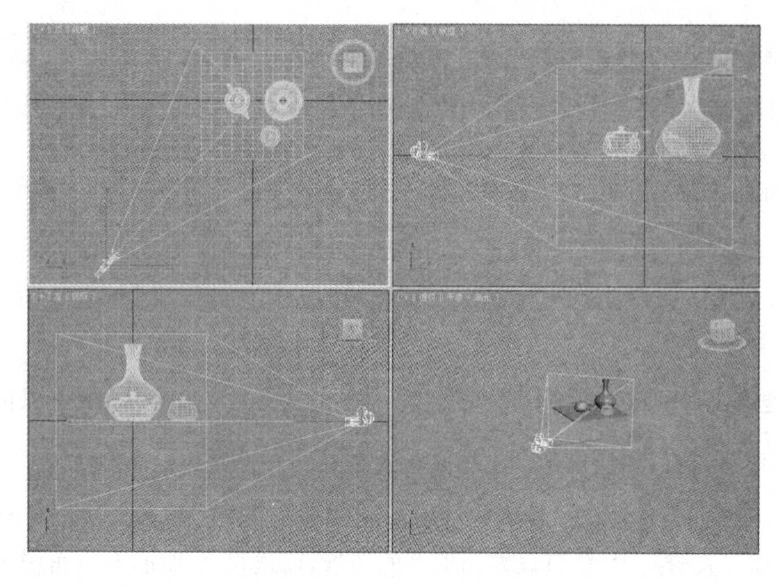

图 9-4　建立一个目标摄影机

图 9-5　Camera01 视口

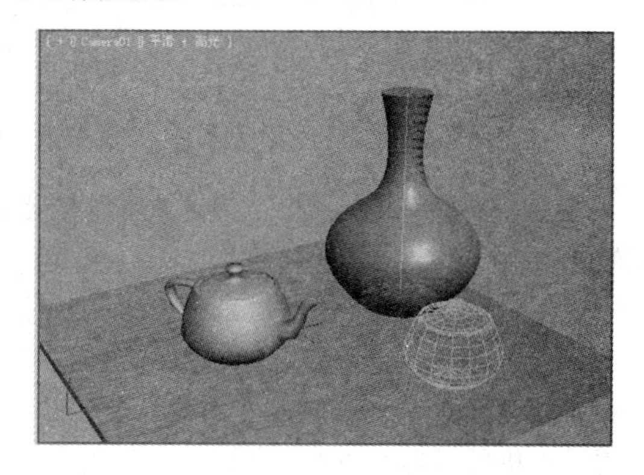

图 9-6　调整后的 Camera01 视口

图 9-7　Camera01 视口的渲染效果

视口，使 Camera01 视口的最终结果如图 9-6 所示。

（9）选择[渲染]→[环境]，在“环境与效果”对话框中，把背景颜色改为灰色（R200，G200，B200）。

（10）单击 “渲染产品”按钮，渲染结果如图 9-7 所示。

（11）选择[文件]→[保存]，更新保存“练习 9_摄影机.max”文件。

9.2 灯　光

9.2.1 灯光概述

使用灯光可以使场景更逼真，灯光增强了场景的清晰度和三维效果。

在开始创建对象时，3ds Max 提供默认的照明。当创建了一个灯光时，默认的照明就被禁用了。若删除了场景中所有的灯光，默认照明又会被重新启用。

在使用灯光时，要注意场景中灯光的数目并不是越多越好。

3ds Max 提供两大类的灯光："标准"灯光和"光度学"灯光。

(1) 标准灯光：标准灯光是基于计算机的对象，它可以模拟灯光设备和太阳光。不同种类的灯光对象采用不同的方式投射灯光，它可以模拟真实世界不同种类的光源。与光度学灯光不同，标准灯光不具有基于物理的强度值。

(2) 光度学灯光：使用光度学(光能)值，通过这些值可以更精确地定义灯光，就像在真实世界一样。

本节主要介绍常用的标准灯光。

单击"创建"面板的"灯光"按钮，出现创建灯光面板内容，如图 9-8 所示。默认的"标准"灯光包括：目标聚光灯、自由聚光灯、目标平行灯光、自由平行灯光、泛光灯、天光、区域泛光灯、区域聚光灯等 8 类。

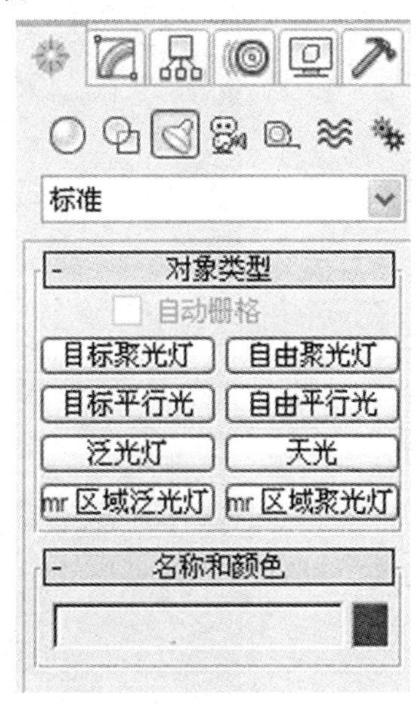

图 9-8　创建灯光面板

9.2.2 泛光灯

"泛光灯"是点光源，它以 360°向各个方向投射光线。泛光灯主要用于辅助照明或模拟点光源，它是 3ds Max 场景中最常用的光源之一。

1. 创建泛光灯

可以通过菜单或命令面板建立泛光灯。下面通过简单的练习了解泛光灯的创建方法。

(1) 重置 3ds Max。

(2) 在"透视"视口中建立一个茶壶 Teapot01。

(3) 选择[创建]→[灯光]→[标准灯光]→[泛光灯]，在"顶"视口中球体的左前方创建一盏泛光灯 Omni01，在右后侧创建另一盏泛光灯 Omni02。

(4) 单击"所有视图最大化显示"按钮，结果如图 9-9 所示。

2. 调整泛光灯位置

灯光必须放置在场景中适当的位置上，才能发挥出特有的效果。做下面练习，学习使用不同的方法调整泛光灯位置。

(1) 单击"选择并移动"按钮，在 3 个正投影视口移动球体前的泛光灯 Omni01，调整

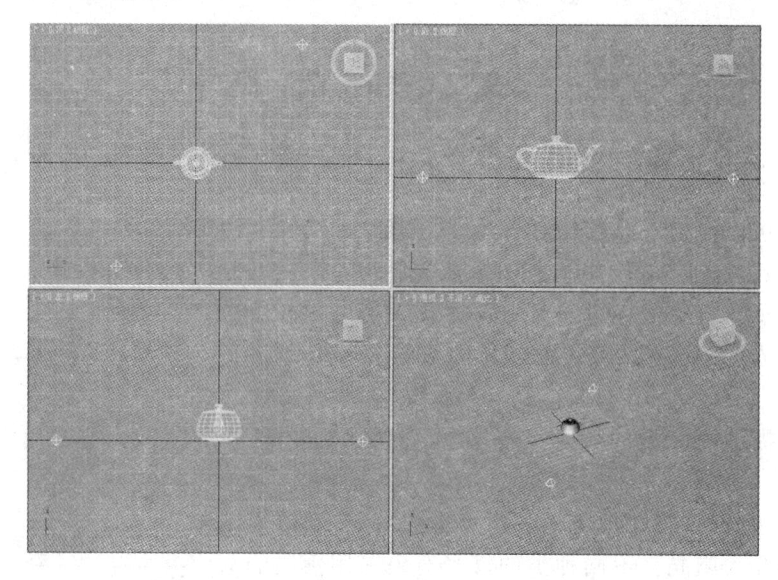

图 9-9 创建泛光灯

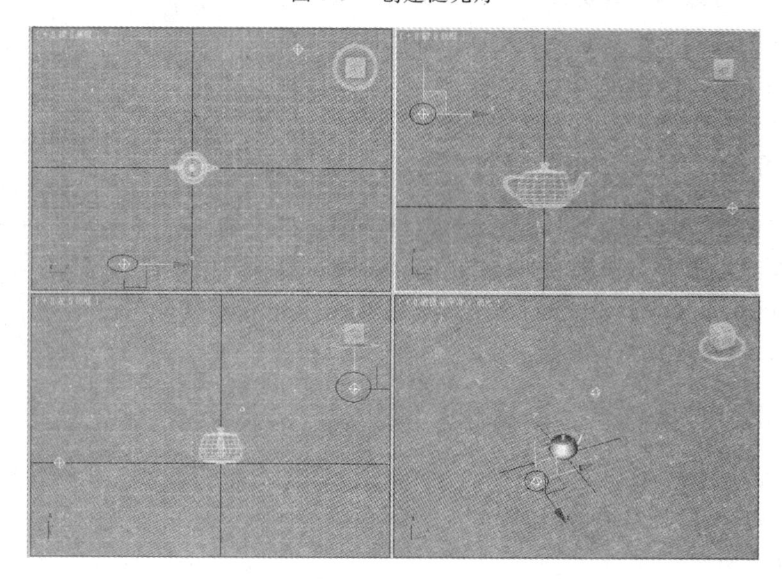

图 9-10 移动泛光灯 Omni01

“透视”视口的观察角度，观察壶体光亮的变化，结果如图 9-10 所示。

(2) 选择泛光灯 Omni02，然后在主工具栏的 “对齐”按钮上按下左键，在弹出的按钮中选择“放置高光”。

(3) 在“透视”视口中，按下左键让光标在茶壶上游走，发现茶壶的光亮发生变化，同时泛光灯 Omni02 的空间位置也发生改变。把光标移到壶盖顶部，松开鼠标，泛光灯 Omni02 的位置就确定了，如图 9-11 所示。

9.2.3 聚光灯

聚光灯是投射聚焦的光束，它按照一定锥体角度投射光线。聚光灯是具有方向的点光源，

它分为“目标”聚光灯和“自由”聚光灯两种。

“目标”聚光灯是具有投射目标点的聚光灯，是一般场景中常用的。“自由”聚光灯是一种没有投射目标点的聚光灯，通常用于动画的路径控制中。

图 9-11 调整泛光灯 Omni02 的位置

1. 创建聚光灯

(1) 单击“缩放所有视图”按钮，在“前”视口中按下左键向下拖曳鼠标，视图显示的场景对象缩小。

(2) 在创建面板上依次单击“灯光”、“目标聚光灯”按钮。

(3) 在“前”视口的茶壶上方按下左键不放，向右下方拖曳光标至茶壶，松开左键后聚光灯 Spot01 就建立了。这时发现，茶壶非常亮，这是由于场景中有多盏灯的缘故。

(4) 选择泛光灯 Omni01，单击面板上“修改”按钮，进入修改面板。在“常用参数”卷展栏中，取消“灯光类型”组中的“启用”选项。泛光灯 Omni01 被关闭。使用同样方法关闭泛光灯 Omni02，这时场景中的光线就不那么亮了。

(5) 选择聚光灯 Spot01，使用“选择并移动”调整一下它的位置。

(6) 单击“所有视图最大化显示”按钮，如图 9-12 所示。

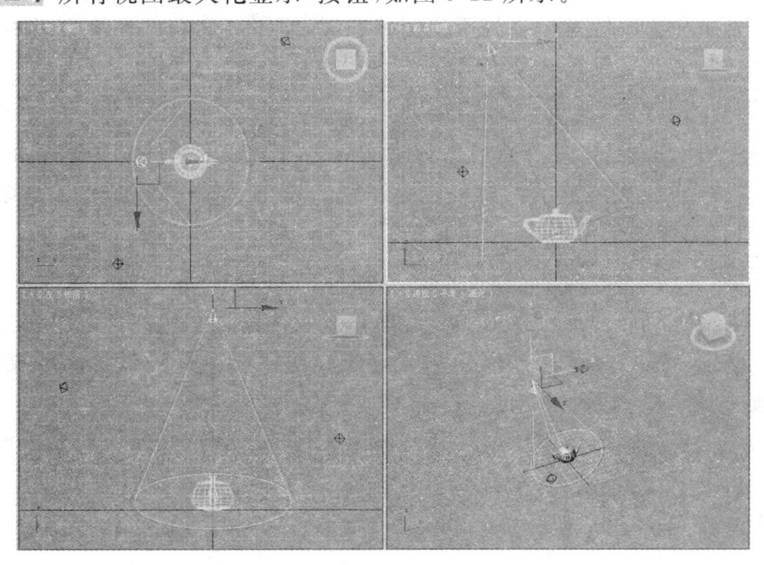

图 9-12 创建目标聚光灯 Spot01

2. 聚光灯的调节工具

为了方便调节聚光灯的角度和位置，3ds Max 提供聚光灯视口和对应的调节工具按钮。

(1) 激活“透视”视口，按 $ 键，“透视”视口变为 Spot01 视口，如图 9-13 所示。

(2) 这时 3ds Max 界面右下角的视图控制按钮变成了聚光灯调节工具按钮。

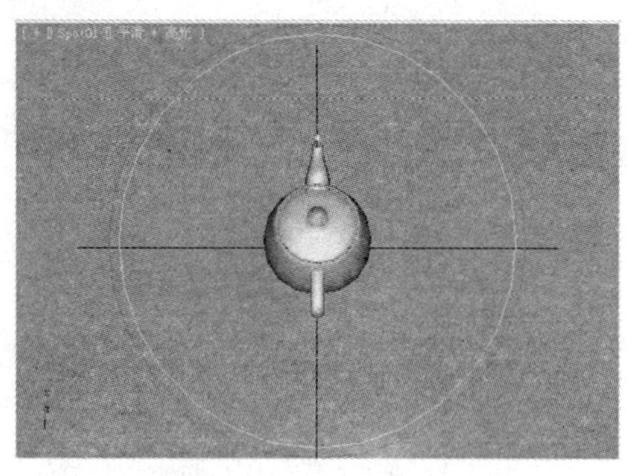

图 9-13　Spot01 视口

图 9-14　“常规参数”卷展栏

9.2.4　标准灯光的常用参数

标准灯光拥有“常规参数”、“强度/颜色/衰减”、“高级效果”、“阴影参数”、“mental ray 间接照明”等 5 个通用的参数卷展栏。聚光灯还拥有“聚光灯参数”卷展栏，平行光还拥有“平行光参数”卷展栏。此外，在参数面板还有一些控制阴影特性的参数卷展栏。

1. “常规参数”卷展栏

选择目标聚光灯，单击“修改”按钮，进入灯光修改面板。图 9-14 为标准灯光的“常规参数”卷展栏，它是各类灯光的通用的参数栏。

1）“灯光类型”组

（1）启用：启用和禁用灯光。当处于启用状态时，使用灯光着色和渲染以照亮场景。当处于禁用状态时，进行着色或渲染时不使用该灯光。默认设置为启用。

（2）灯光类型列表：在此可以更改灯光的类型。

（3）目标：启用该选项后，灯光将成为目标。灯光与其目标之间的距离显示在复选框的右侧。对于自由灯光，可以设置该值。对于目标灯光，可以通过禁用该复选框或移动灯光或灯光的目标对象对其进行更改。

2）“阴影”组

（1）启用：决定当前灯光是否投射阴影。默认设置为禁用。

（2）使用全局设置：启用此选项以使用该灯光投射阴影的全局设置。如果未选择使用全局设置，则必须选择渲染器使用哪种方法来生成特定灯光的阴影。

（3）阴影方法下拉列表：决定渲染器是否使用“阴影贴图”、“光线跟踪阴影”、“高级光线跟踪阴影”或“区域阴影”生成该灯光的阴影。

（4）排除：单击此按钮可以显示“排除/包含”对话框，用于选定排除于灯光效果之外的对象。

2. “强度/颜色/衰减”卷展栏

“强度/颜色/衰减”卷展栏在“常规参数”卷展栏下，如图 9-15 所示。它也是标准灯光公用的参数栏。

（1）倍增：将灯光的功率放大一个正或负的倍数。

（2）色样：显示灯光的颜色。单击色样按钮将显示“颜色选择器”窗口，用于选择灯光的

颜色。

(3) “衰退”组。

- 类型:选择要使用的衰退计算类型。有“无”、“反向”、“平方反比”3 种类型。
- 开始:使用衰退开始计算的位置距离。
- 显示:在视口中显示衰退开始的位置。

(4) “近距离衰减”组。

- 使用:启用近距离衰减的开关。
- 显示:在视口中显示近距衰减范围设置。
- 开始:设置灯光开始淡入的距离。
- 结束:设置灯光达到其全值的距离。

(5) “远距离衰减”组。

- 使用:启用远距离衰减的开关。
- 显示:在视口中显示远距衰减范围设置。
- 开始:设置灯光开始淡出的距离。
- 结束:设置灯光减为 0 的距离。

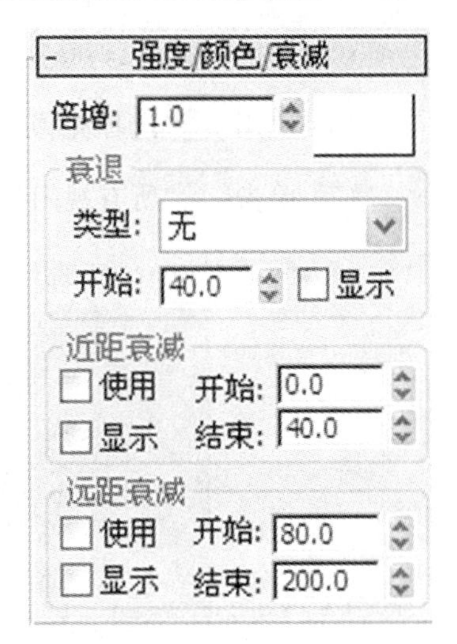

图 9-15 “强度/颜色/衰减”

3. “聚光灯参数”卷展栏

“聚光灯参数”卷展栏是聚光灯专用的参数栏,如图 9-16 所示。

“锥形光线”组——这些参数用于控制聚光灯的“聚光区/衰减区”。

- 显示圆锥体:启用或禁用圆锥体的显示。它控制聚光灯未被选中时的显示与否。
- 泛光化:灯光将向 360°各个方向投射。但是,投影和阴影还只发生在其衰减圆锥体内。

图 9-16 “聚光灯参数”卷展栏

- 聚光区/光束:调整灯光圆锥体的角度,以度为单位。默认设置为 43.0。
- 衰减区/区域:调整灯光衰减区的角度。默认设置为 45.0。
- 圆/矩形:确定聚光区和衰减区的形状。
- 纵横比:当聚光区和衰减区的形状为矩形时,设置矩形光束的纵横比。
- 位图拟合:如果灯光的投影为矩形,通过此按钮可以指定特定的位图匹配纵横比。

9.2.5 灯光练习

通过下面简单的练习,直观了解灯光的基本特性。

1. 建立灯光场景

(1) 选择[文件]→[重置],重置系统。

(2) 选择[文件]→[最近打开],打开“练习 9_摄影机.max”文件。

(3) 选择[文件]→[另存为],命名为“练习 9_灯光.max”文件保存。

(4) 激活“顶”视口,在场景对象的右侧建立一盏泛光灯 Omni01。此时场景变暗了,因为默认的照明被关闭。

(5) 激活"前"视口,在场景对象的上面建立一盏聚光灯 Spot01。

(6) 使用"选择并移动"工具,在"顶"、"前"、"左"视口中调整泛光灯和聚光灯的位置。

(7) 单击"所有视图最大化显示"按钮,调整好的视图如图 9-17 所示。

(8) 激活 Camara01 视口,单击"渲染产品",渲染的效果如图 9-18 所示。

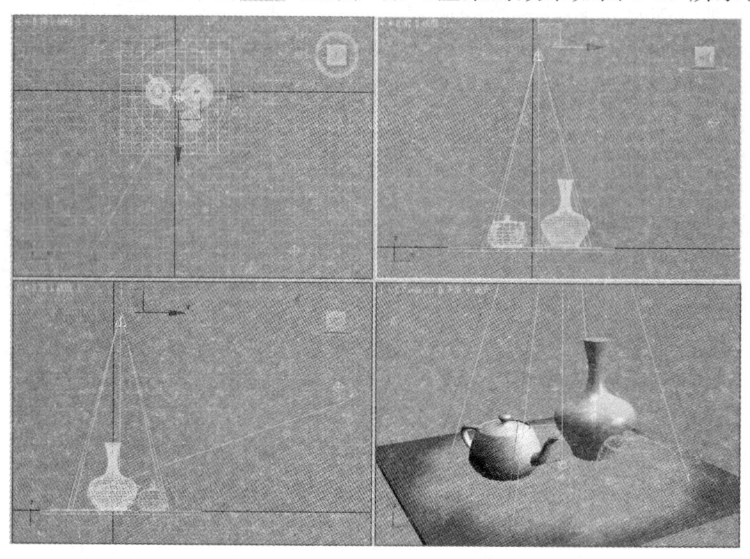

图 9-17　建立灯光场景

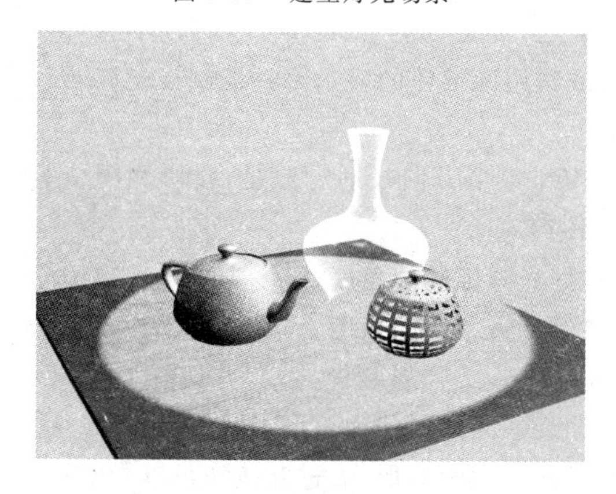

图 9-18　使用灯光后渲染效果

2. 设置灯光颜色

默认灯光的颜色是白色,通过下面的步骤可以改变灯光的颜色。

(1) 选择泛光灯 Omni01。

(2) 进入修改面板,展开"强度/颜色/衰减"卷展栏。单击"色样"按钮,在颜色"选择器"中设置颜色为紫色(R220,G180,B220)。

(3) 使用"渲染产品"工具渲染 Camara01 视口,对象上面有了紫色的光照效果,如图 9-19 所示。

图 9-19　使用紫色的泛光灯后效果

3. 使用倍增

(1) 把泛光灯 Omni01 的颜色重新设置为白色。

(2) 在“强度/颜色/衰减”卷展栏中，设置“倍增”为 2。

(3) 渲染 Camara01 视口，效果如图 9-20 所示。来自强烈的光照，使对象高光部分有烧灼的感觉。

(4) 设置“倍增”为－1。再次渲染 Camara01 视口，效果如图 9-21 所示。泛光灯影响的地方反而变暗了。

图 9-20　设置倍增为 2 的效果

图 9-21　设置倍增为－1 的效果

4. 使用阴影

(1) 把泛光灯 Omni01 的“倍增”重新设置为 1。

(2) 选择聚光灯 Spot01，进入修改面板。

(3) 展开“常规参数”卷展栏，启用“阴影”选项。

(4) 渲染 Camara01 视口，效果如图 9-22 所示。被聚光灯照到的对象都产生了阴影。但注意玻璃材质的透明性没有反映出来。

(5) 在“阴影方法下拉列表”中选择“光影跟踪方式”。

(6) 再次渲染 Camara01 视口，效果如图 9-23 所示。这次花费的时间明显比刚才长，但玻璃材质的透明阴影特性显示出来了(阴影没有那么暗了)。

图 9-22　使用默认阴影方式的效果

图 9-23　使用光影跟踪方式的阴影效果

5. 设置聚光灯的聚光区

(1) 展开“聚光灯参数”卷展栏，设置“聚光区/光束”的角度为 30。设置“聚光区/范围”的角度为 50。

(2) 渲染 Camara01 视口，效果如图 9-24 所示。聚光灯的范围变大，但边缘变得模糊。当“聚光区/光束”与“聚光区/范围”的角度差较大时，边缘就会变模糊。

图 9-24　改变聚光灯的聚光区

6. 聚光灯泛光化

(1) 把“聚光区/范围”设为 30，“聚光区/光束”角度自动变为 28。默认设置二者之间相差 2°。

(2) 渲染 Camara01 视口，效果如图 9-25 所示。注意，不在“聚光区/范围”内的部分没有阴影。

(3) 启用“泛光化”。渲染 Camara01 视口，结果如图 9-26 所示。聚光灯已经没有了范围限制，但阴影生成仍然受“聚光区/范围”设置的影响。

7. 排除照射对象

(1) 把“聚光区/光束”角度设为 40，“聚光区/范围”自动变为 42。

(2) 在“常规参数”卷展栏中，单击“排除”按钮。出现“排除/包含”对话框，如图 9-27 所示。

(3) 在左侧列表中，双击选择代表茶壶的 Teapot01，其进入到右侧列表框中。

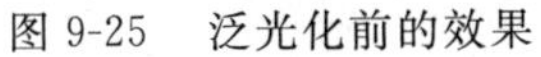

图 9-25　泛光化前的效果

图 9-26　泛光化后的效果

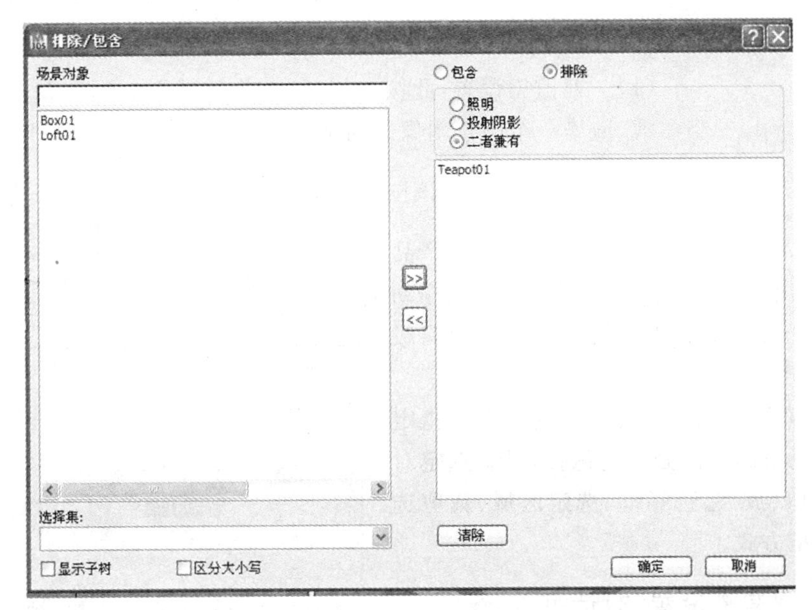

图 9-27　“排除/包含”对话框

（4）单击“确定”退出对话框。

（5）渲染 Camara01 视口，结果如图 9-28 所示。Teapot01 对象变暗，而且没有了阴影，因为它被排除在聚光灯的照射外。

（6）再次进入“排除/包含”对话框，单击“清除”按钮，取消 Teapot01 的“排除”特性。

（7）选择[文件]→[保存]，更新保存“练习 9_灯光. max”文件。

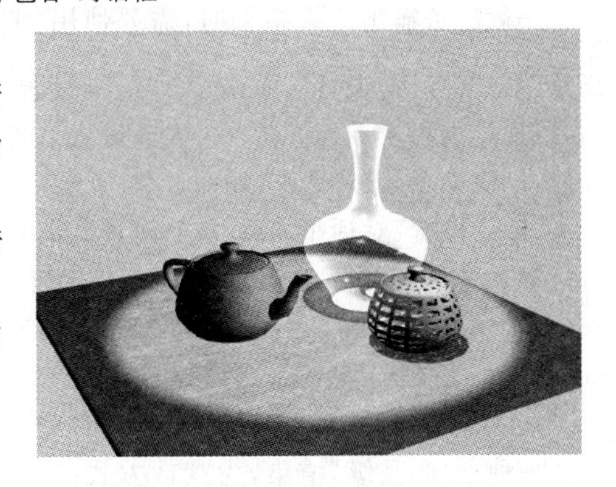

图 9-28　Teapot01 被排除在聚光灯的照射范围外

9.3 渲　染

使用渲染可以创建基于3D场景的图像或动画。渲染使用所设置的灯光、所应用的材质及环境设置为场景的几何体着色。

3ds Max提供了灵活的渲染方法,最简单的方法就是单击工具栏的渲染按钮,在此之前多次使用的"渲染产品"按钮就是其中的一例。如果需要设置较复杂的渲染选项,就需要使用"渲染场景"对话框。

9.3.1 渲染工具按钮

图9-29 渲染工具

在主工具栏内,包含着3个与渲染有关的按钮,如图9-29所示。

(1) 渲染设置:此按钮打开"渲染场景"对话框,从中可以设置渲染参数,渲染一个静止图像或动画。

(2) 渲染产品:该按钮使用当前产品级渲染设置来渲染场景。

迭代渲染——按下"快速渲染(产品级)"按钮,弹出第2个按钮。使用它可以在浮动窗口中创建迭代渲染。通常其精确性比产品级渲染低,但速度较快。

(3) "渲染类型"下拉表:在此列表可以指定将要渲染的场景的一部分。它包括视图、选定对象、区域、裁剪、放大、选择框、选定区域、裁剪选定对象等类型方式。

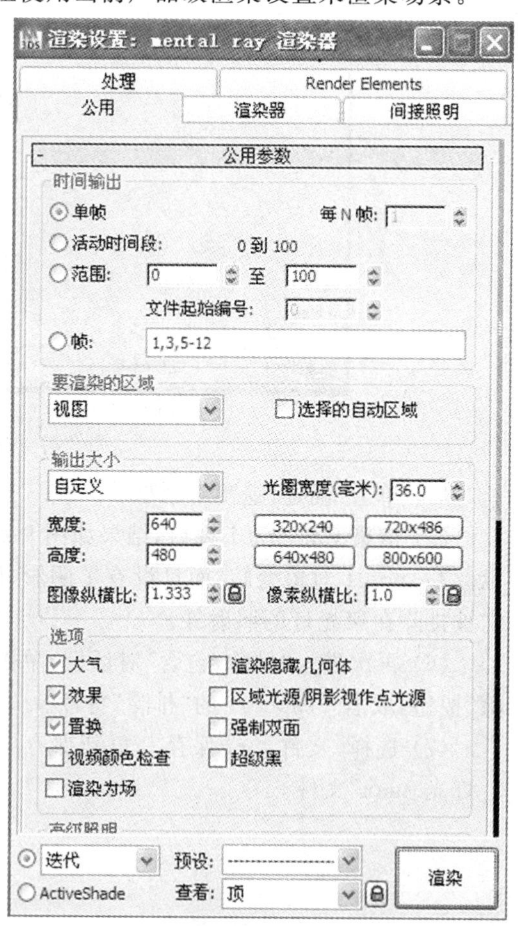

图9-30 "渲染场景"对话框

9.3.2 "渲染设置"对话框

一般准备输出渲染结果时,需要使用"渲染场景"对话框进行设置。单击"渲染设置"按钮,或通过选择菜单[渲染]→[渲染设置],都可以打开"渲染场景"对话框,如图9-30所示。

"渲染设置"对话框具有多个面板。面板的数量和名称因使用渲染器的不同而有所不同。3ds Max带有3种渲染器:默认扫描线渲染器、mental ray渲染器、VUE文件渲染器。

在3ds Max中,有两种不同类型的渲染方式。一种是"产品级"渲染,为默认方式,通常用于最终的渲染。产品级渲染可以使用上述3种渲染器之一。第2种渲染类型称为迭代渲染。它使用默认的扫描线渲染器来创建预览渲染,迭

代渲染的精确性通常比产品级渲染要低。

在使用默认扫描线渲染器时，“渲染场景”对话框包括 5 个面板：公用、渲染器、Render Element、光线跟踪器、高级照明。

9.3.3 “公用”面板

“公用”面板是最常使用的面板，本小节主要介绍它的内容。

“公用”面板的界面如图 9-31 所示，在它最下面的选项功能如下。

(1) “产品级”或迭代单选按钮：选择使用的渲染类型。默认为产品级。

(2) 预设：选择、加载或保存预设渲染参数设置。

(3) 视口：选择要渲染的视口。默认情况下就是活动视口。

(4) 渲染：单击此按钮，开始渲染场景。

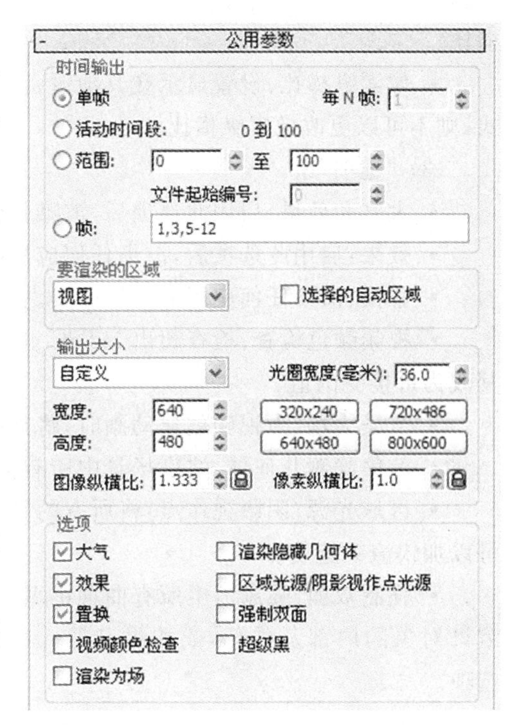

图 9-31 “公用参数”卷展栏

1. “公用参数”卷展栏

“公用参数”卷展栏用来设置所有渲染器的公用参数，其内容如图 9-31 所示。

(1) “时间输出”组：在该组中设置要渲染的帧。

- 单帧：仅渲染当前帧。
- 活动时间段：显示在时间滑块内的当前帧范围。
- 范围：指定两个数字之间(包括这两个数)的所有帧。
- 帧：可以指定非连续帧，帧与帧之间用逗号隔开(如 2,5)或连续的帧范围，用连字符相连(如 0-5)。
- 文件起始编号：指定起始文件编号，从这个编号开始递增文件名。只用于“活动时间段”和“范围”输出选项时。
- 每 N 帧：帧的规则采样。例如，输入 8 则每隔 8 帧渲染一次。只用于“活动时间段”和“范围”输出选项时。

(2) “输出大小”组：选择输出图像的大小(以像素为单位)。

- 下拉列表：下拉列表中可以选择多个标准的电影和视频分辨率以及纵横比。
- 光圈宽度(mm)：指定用于创建渲染输出的摄影机光圈宽度。更改此值将更改摄影机的镜头值。这将影响镜头值和 FOV 值之间的关系，但不会更改摄影机场景的视图。
- 宽度和高度：以像素为单位指定图像的宽度和高度，从而设置输出图像的分辨率。使用自定义格式，可以分别单独设置这两个微调器。对于其他格式，两个微调器将锁定为指定的纵横比，因此更改一个另一个也将改变。
- 预设分辨率按钮 ：单击这些按钮之一，可以选择一个预设分辨率。
- 图像纵横比：设置图像的纵横比。使用标准格式而非自定义格式时，不可以更改纵横比。

• 像素纵横比：设置显示在其他设备上的像素纵横比。如果使用标准格式而非自定义格式，则不可以更改像素纵横比。

(3)"选项"组。

• 大气和效果：启用此选项后，渲染任何应用的大气效果，如体积雾。

• 效果：启用此选项后，渲染任何应用的渲染效果，如模糊等。

• 置换：渲染任何应用的置换贴图。

• 视频颜色检查：检查超出 NTSC 或 PAL 安全阈值的像素颜色，标记这些像素颜色并将其改为可接受的值。

• 渲染为场：为视频创建动画时，将视频渲染为场，而不是渲染为帧。

• 渲染隐藏几何体：渲染场景中所有的几何体对象，包括隐藏的对象。

• 区域光源/阴影视作点：将所有的区域光源或阴影当作从点对象发出的进行渲染，这样可以加快渲染速度。

• 强制双面：强制渲染所有曲面的两个面。通常，这会大大增加渲染工作量。如果需要渲染对象的内部及外部，或如果已导入面法线未正确统一的复杂几何体，则可能要启用此选项。

• 超级黑：超级黑渲染限制用于视频组合的渲染几何体的暗度。除非确实需要此选项，否则将其禁用

(4)"高级照明"组。

• 使用高级照明：启用此选项后，软件在渲染过程中提供光能传递解决方案或光跟踪。

• 需要时计算高级照明：启用此选项后，当需要逐帧处理时，软件计算光能传递。

(5)"渲染输出"组。

• 保存文件：启用此选项后，软件将渲染后的图像或动画保存到磁盘。使用"文件"按钮指定输出文件之后，该按钮才可用。

• 文件：打开"渲染输出文件"对话框，指定输出文件名、格式以及路径。

• 使用设备：将渲染输出到设备上，如录像机。首先单击"设备"按钮指定设备，设备上必须安装相应的驱动程序。

• 渲染帧窗口：在"渲染帧窗口"中显示渲染输出。

• 网络渲染：启用网络渲染。如果启用"网络渲染"，在渲染时将看到"网络作业分配"对话框。

• 跳过现有图像：启用此选项且启用"保存文件"后，渲染器将跳过序列中已经渲染到磁盘中的图像。

2. "电子邮件通知"和"指定渲染器"卷展栏

图 9-32 为"电子邮件通知"卷展栏，使用它可以设置在进行或完成渲染时发送电子邮件通知，如网络渲染那样。如果启动冗长的渲染(如动画)，并且不需要在系统上花费所有时间，这种通知非常有用。

图 9-33 为"指定渲染器"卷展栏，通过它可以显示并选择指定给产品级和迭代类别的渲染器，也显示"材质编辑器"中的示例窗。

电子邮件通知
启用通知
类别
通知进度(P)　每 N 帧: 1
通知故障(F)
通知完成(C)
电子邮件选项
发件人:
收件人:
SMTP 服务器:

图 9-32　“电子邮件通知”卷展栏

图 9-33　“指定渲染器”卷展栏

9.3.4　渲染练习

(1) 选择[文件]→[最近打开]，打开“练习 9_灯光.max”文件。

(2) 选择[文件]→[另存为]，命名为“练习 9_渲染.max”文件保存。

(3) 单击“渲染设置”按钮，打开“渲染设置”对话框。

(4) 在“输出大小”组中，设置图像大小为“800×600”。

(5) 在“选项”组中，启用“强制双面”选项。这可以解决茶壶渲染时的背面遗漏。一般情况下，建议在材质编辑时使用双面，这样可以节省资源。

(6) 在“渲染输出”组中，单击“文件”按钮，启用“保存文件”选项，文件命名为“练习 9_渲染 01.jpg”。

(7) 设置渲染类型为“产品级”，“视口”为 Camera01。

(8) 单击“渲染”按钮，渲染结果如图 9-34 所示。

(9) 在“渲染输出”组中，取消“保存文件”选项，关闭“渲染场景”对话框。之所以要取消“保存文件”选项，是因为如若不然，以后一旦使用“渲染产品”渲染时，就会出现“文件存在”提示窗口，如图 9-35 所示。可能会错误地覆盖已有文件。

图 9-34　渲染结果

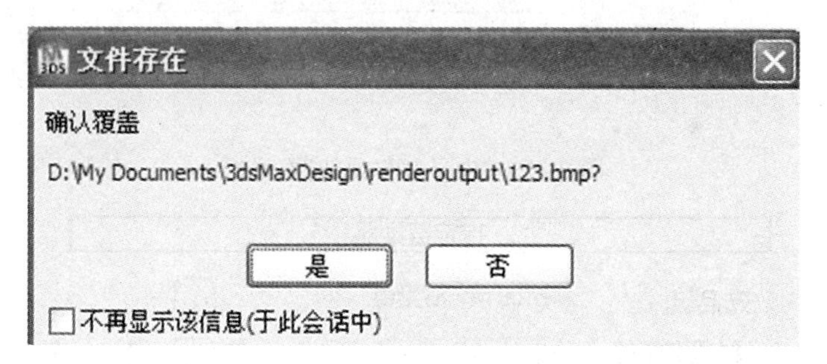

图 9-35　“文件存在”提示窗口

(10) 选择[文件]→[保存],更新保存“练习 9_渲染.max”文件。

【思考与练习】

1. 摄影机有哪几种类型？它们的常用控制参数是哪些？
2. 激活摄影机视图时,视图导航控制工具按钮的功能有了哪些变化？
3. 常用的灯光类型有哪些？泛光灯与聚光灯有哪些不同？
4. 渲染的主要工具按钮是哪些？渲染公用参数的主要作用有哪些？

第 10 章　基础动画技术

学习目标

☆　了解动画的概念。

☆　理解在 3ds Max 中制作动画的方式。

☆　掌握物体对象的空间位置、旋转缩放等基础动画的设置方法，学习动画控制视图窗口的功能。

☆　动画制作是 3ds Max 软件最重要的功能之一，通过实例练习，快速掌握 3ds Max 中基础动画的制作过程。

使用 3ds Max 可以为各种应用创建 3D 计算机动画。设置动画的基本方式非常简单。可以设置任何对象变换参数的动画，以随着时间改变其位置、旋转和缩放。启用“自动关键点”按钮，然后移动时间滑块到需要的时段，随后针对选定对象所做的更改将在视口中创建动画。

动画可以贯穿于整个 3ds Max。可以设置对象位置、旋转和缩放的动画，以及影响对象形状和曲面的任何参数设置的动画。可以使用正向和反向运动学链接层次动画的对象，并且可以在轨迹视图中编辑动画。

本章将通过制作一个弹跳的小球来介绍 3ds Max 中基础动画制作技术。

10.1　动画的概念

动画以人类视觉的原理为基础。如果快速查看一系列相关的静态图像，那么就会感觉到这是一个连续的运动。这其中的每一个单独图像称之为“帧”。

传统手工方式创建动画的主要难点在于动画师必须制作大量帧。1 分钟的动画大概需要 720 到 1800 个单独图像，这取决于动画的质量。用手来绘制图像是一项艰巨的任务，因此出现了一种称之为关键帧的技术。

动画中的大多数帧都是例程，从上一帧直接向一些目标不断增加变化。传统动画工作室提高工作效率的方法是让主要艺术家只绘制重要的帧，称为关键帧。然后助手再计算出关键帧之间需要的帧。填充在关键帧中的帧称为中间帧。

画出了所有关键帧和中间帧之后，需要链接或渲染图像以产生最终图像。即使在今天，传统动画的制作过程通常都需要数百名艺术家生成上千个图像。

3ds Max 程序仿佛是动画助手。作为首席动画师，首先创建记录每个动画序列起点和终点的关键帧。这些关键帧的值称为关键点。该软件将计算每个关键点值之间的插补值，从而生成完整动画。

10.2 创建小球

10.2.1 建立一个球体

(1) 启动或重置 3ds Max。

(2) 选择“应用程序”菜单→[保存],命名为“练习 08_弹跳球体 01.max”文件保存。

(3) 在默认的“创建”、“几何体”面板上,单击“球体”按钮。

(4) 在“顶”视口的中央建立一个半径为 30、分段数为 64 的球体 Sphere01。默认的球体球心位置在 XY 平面上,需要把球体移高一些。

(5) 激活“前”视口,选择球体 Sphere01,单击右键,在弹出的快捷菜单中选择“移动”选项。

(6) 单击 F12 键,出现“移动变换输入”对话框,如图 10-1 所示。在“绝对:世界”组中,将 Z 值改为 100,这样球体 Sphere01 世界坐标 Z 轴值变为 100。球体底端现在离开 XY 的距离为 70。

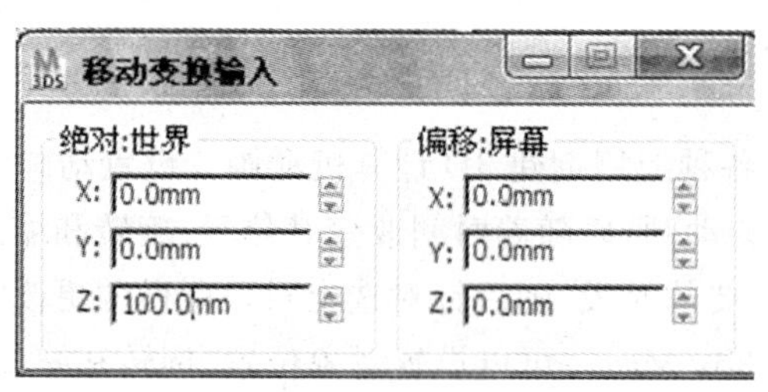

图 10-1 “移动变换输入”对话框移动球体

10.2.2 建立摄影机

(1) 关闭“移动变换输入”对话框。

(2) 然后依次单击“创建”、“摄影机”、“目标”按钮。

(3) 在“顶”视口的左下部位,按下左键并拖曳鼠标到球体中央,这样就建立一个“目标”摄影机 Camera01。

(4) 激活“透视”视口,键 C 键,视口变成了 Camera01 视口。

(5) 右键单击 Camera01 标签,在弹出的菜单中取消“显示栅格”选项,Camera01 视口中的栅格消失了。

(6) 在视图控制工具栏中,交替使用“推拉摄影机”、“平移摄影机”、“环游摄影机”等工具按钮,调整摄影机位置到合适为止。

(7) 单击“所有视图最大化显示”按钮,视图显示如图 10-2 所示。

(8) 单击面板上的“显示”按钮,进入显示控制面板,如图 10-3 所示。

(9) 展开“按类别隐藏”卷展栏,选择“摄影机”选项。这样,视图中的摄影机就被隐藏起来了。

(10) 选择“应用程序”菜单→[保存],更新保存“练习 10_弹跳球体 01.max”文件。

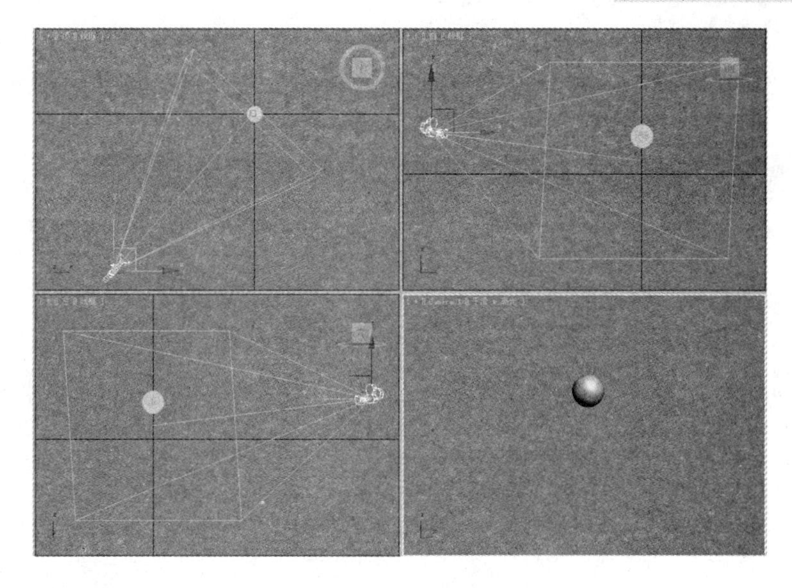

图 10-2　建立球体及摄影机

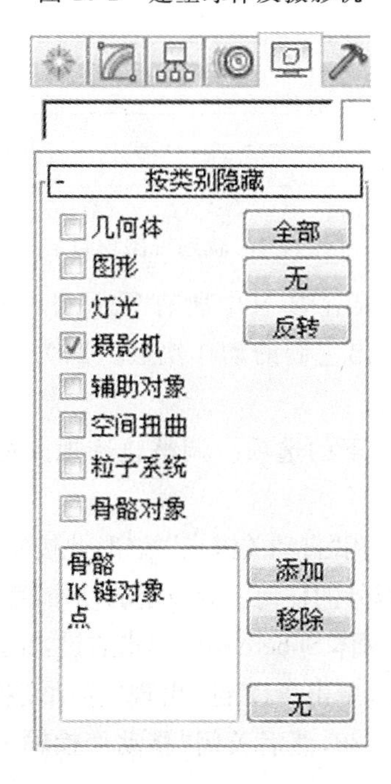

图 10-3　“显示”面板

10.3　制作球体的位置动画

球体建立好了，下面设置球体在位置方面的动作，并将它记录为动画。

10.3.1　设置第一个动作

假设球体从 0 帧开始下落，在第 10 帧时落到了地面。那么，通过下面步骤设置这段动画。

(1) 选择“应用程序”菜单→[另存为],命名为“练习 10_弹跳球体 02. max”文件保存。

(2) 选择主菜单[图形编辑器]→[轨迹视图—摄影表],出现“轨迹视图—摄影表”窗口,如图 10-4 所示。

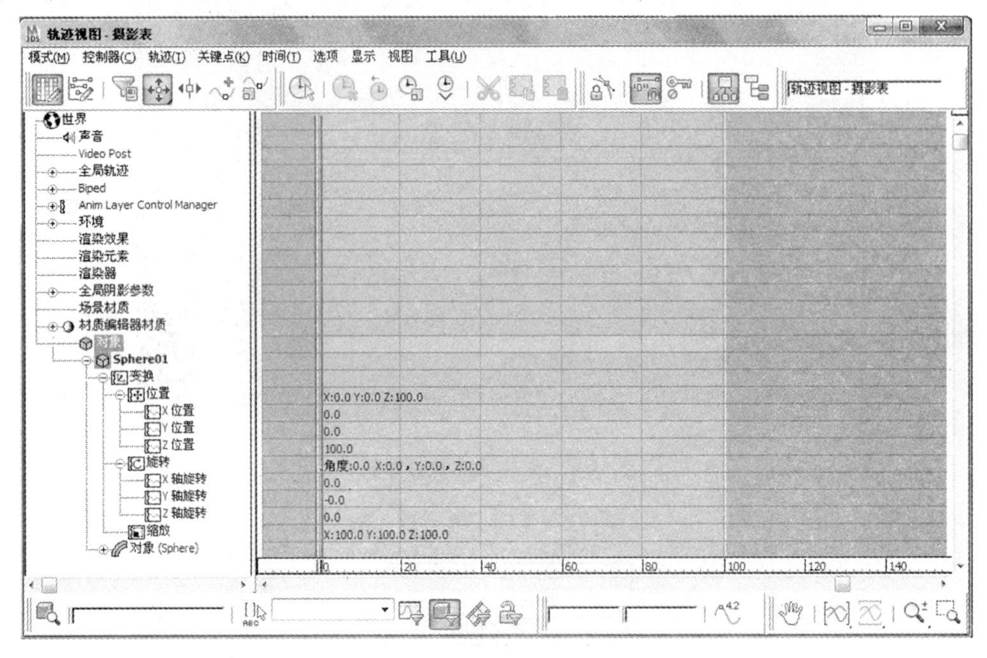

图 10-4 轨迹视图窗口

(3) 在左侧“层次列表”中,包括了场景中所有显示的对象、材质以及可以设置动画的内容。在右侧“编辑视窗”中,则显示出它们的动作轨迹。因为目前没有设置任何动作,所以右侧只能显示出球体 Sphere01 的参数。

(4) 合拢左侧列表“Sphere01”下的选项。调整轨迹视图窗口大小,并把它向上移动,露出“左”视口和 Camera01 视口。

(5) 在动画及时间控制栏中,启用“自动关键点”按钮,此按钮变红,视图边框也变红。这表示系统现在处于动画模式,此时在 0 帧以外的任何一帧设定的动作,系统都将记录下来做成动画。

(6) 激活 Camera01 视口,选中球体 Sphere01 并单击右键,在弹出的菜单中选择“移动”选项。

(7) 拖动时间滑块到第 10 帧,单击 F12 键,出现“移动变换输入”对话框。在对话框的“绝对:世界”组中,把小球的 Z 值改为 30,然后关闭“移动变换输入”对话框。注意,此时球体的移动已经被记录在动画中。

(8) 观看轨迹视图窗口,对应左侧“Sphere01”列表的右侧编辑窗口中的第 0 帧和第 10 帧处出现了关键帧点,如图 10-5 所示。

(9) 拖动时间滑块,看到小球从第 0 帧开始下落,到 10 帧后停止不动。

10.3.2 复制位置关键帧

要建立一个弹跳的动作,必须使球体在第 20 帧弹回到初始的位置。由于第 0 帧的关键点包含了球体初始位置的信息,因此只需要把第 0 帧的关键点复制到第 20 帧就可以完成这个弹回的动作。

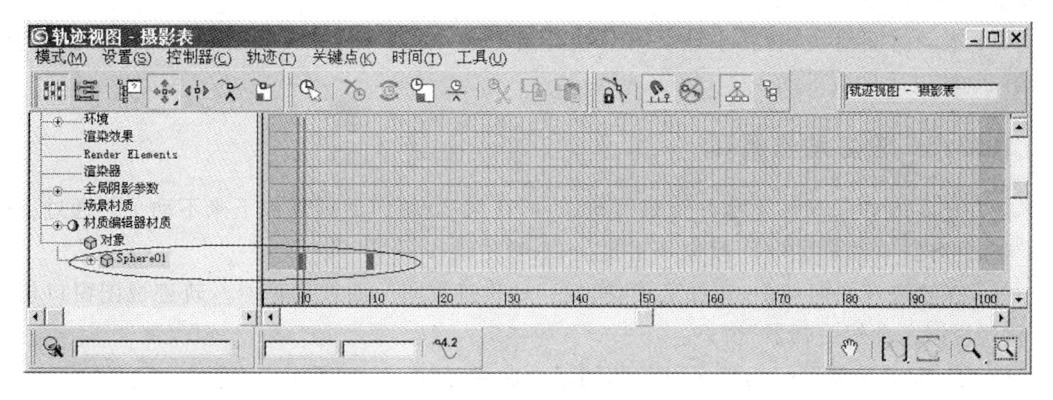

图 10-5　轨迹视图窗口中出现关键帧点

(1) 取消启用“自动关键点”(为了安全起见,此处建议先禁用“自动关键点”)。

(2) 在轨迹视图的左侧列表中,展开 Sphere01 层次。看到“变换”下“位置”对应的右侧编辑区部分出现了关键帧点,表明动画是在“位置”中记录的,如图 10-6 所示。

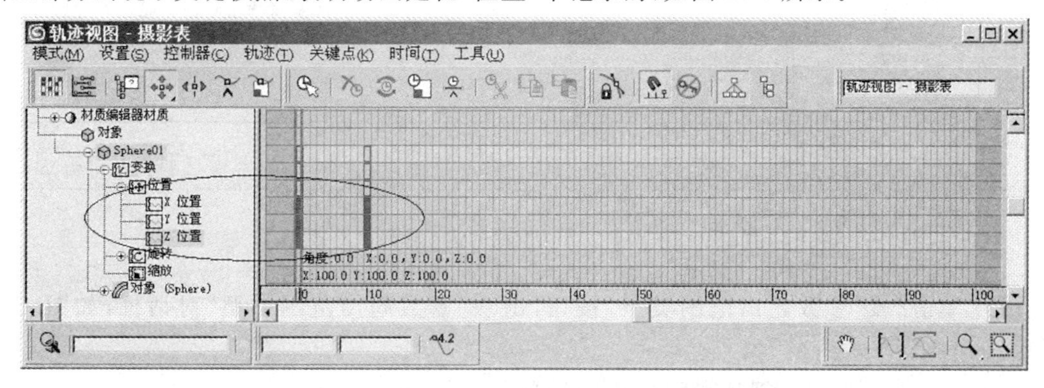

图 10-6　复制关键帧点

(3) 由于球体的动作只发生在 Z 轴,所以可以选择并删除 X、Y 位置的关键帧点,只保留 Z 位置的关键帧点。

(4) 确认“编辑关键点”按钮和“移动关键点”处于激活状态。按住 Shift 键不放,拖动第 0 帧的关键帧点到第 20 帧处。这样,第 0 帧的位置信息就被复制到了第 20 帧,如图 10-7 所示。

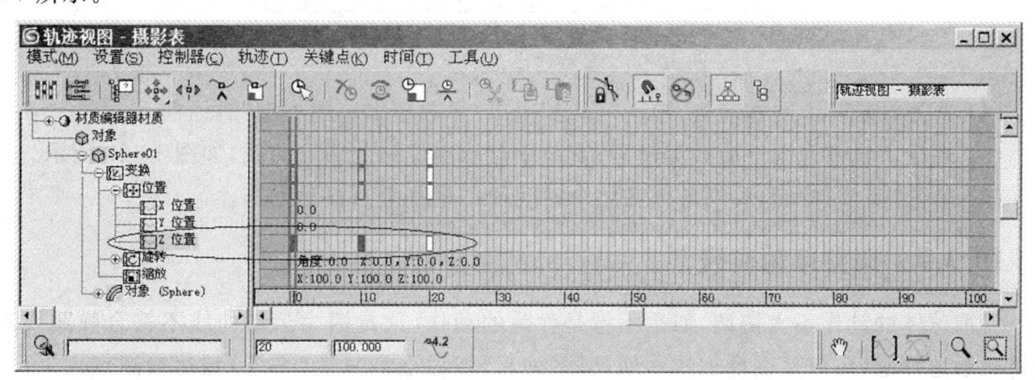

图 10-7　复制关键帧点

（5）拖动时间滑块，看到小球从第 0 帧开始下落，第 10 帧到底，然后在第 20 帧时回到原位，第 20 帧以后停止不动。

10.3.3 设置动作循环

现在已经制作了球体下落并弹起的动作，但在第 20 帧以后球体停下来不动了。通过下面的步骤，让球体在后面的时间段循环重复前 20 帧的动作。

（1）在轨迹视图窗口中，选择菜单[模式]→[轨迹视图—曲线编辑器]，轨迹视图窗口切换为“轨迹视图—曲线编辑器”窗口。

（2）选择“Z 位置”项，出现 Z 轴位移的运动曲线，如图 10-8 所示。

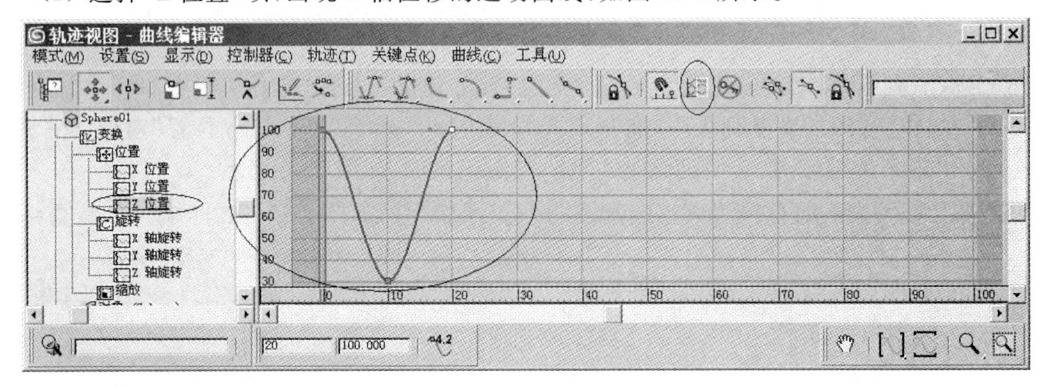

图 10-8 Z 轴位移的运动曲线

（3）单击“参数超出范围类型”按钮，出现“参数超出范围类型”对话框，如图 10-9 所示。

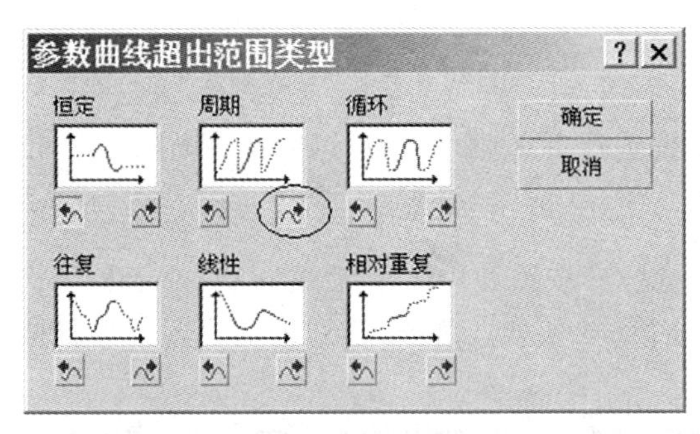

图 10-9 “参数超出范围类型”对话框

（4）选择“周期”下的右箭头，单击“确定”退出“参数超出范围类型”对话框。

（5）现在，“轨迹视图—曲线编辑器”窗口中显示出位移的循环曲线，如图 10-10 所示。

（6）单击“播放”按钮，看到球体在整个时间段中重复上下移动动作。

10.3.4 调整运动曲线

目前球体的动作不太协调，似乎不像是弹跳的动作，这是因为运动曲线不符合弹跳要求。如果是触地弹起，应该是逐渐加快落地，突然弹起，然后逐渐减速（平缓）到达最高点。下面通过调整底部及顶部节点的切线来调整球体的动作。

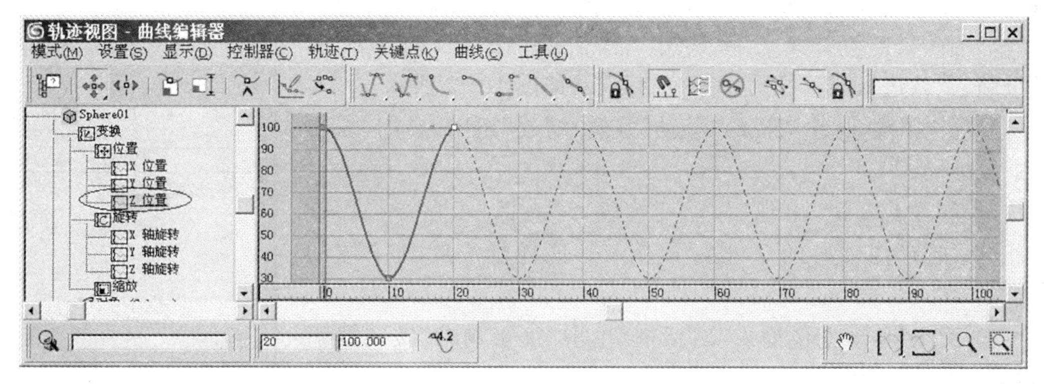

图 10-10　Z 位置运动曲线被设为循环

(1) 选择第 10 帧的关键点(第 2 个关键点),单击“将切线设置为快速”按钮,该点两侧曲线发生变化。底部节点的两侧变得陡峭,这比较接近突然转向的特点。

(2) 分别选择第 0 帧的关键点(第 1 个关键点)和第 20 帧的关键点(第 3 个关键点),单击“将切线设置为慢速”按钮。表示靠近第 0 帧和第 10 帧关键点的位移速度开始变得慢,现在的运动曲线形状如图 10-11 所示。

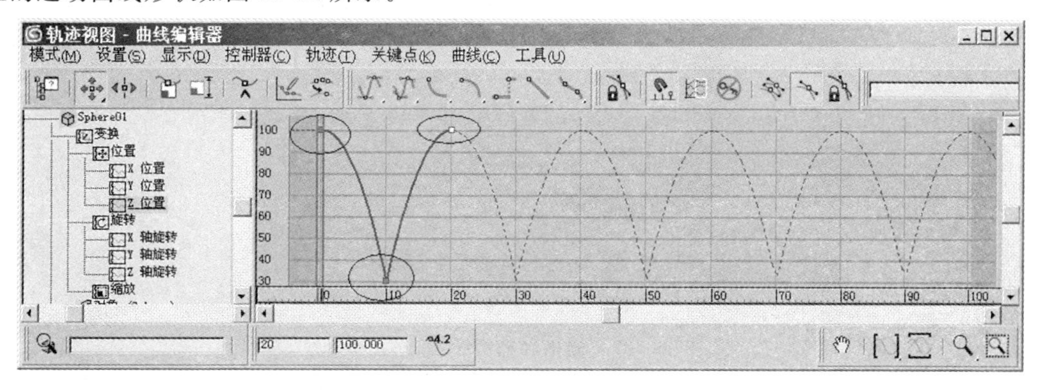

图 10-11　调整运动曲线

(3) 单击“播放”按钮,现在看到球体像在弹跳了。

(4) 选择“应用程序”菜单→[保存],更新保存“练习 10_弹跳球体 02.max”文件。

10.4　制作球体的缩放动画

球体之所以可以弹跳,是因为触地后受到挤压产生的。下面制作球体的挤压缩放动画。

10.4.1　改变球体的轴心位置

挤压缩放是以对象的轴心为基点发生的。球体的默认轴心是球心,所以首先要把轴心移到球体的底部位置。

(1) 选择“应用程序”菜单→[另存为],命名为“练习 10_弹跳球体 03.max”文件保存。

(2) 选择球体 Sphere01。激活“左”视口,单击“选择并移动”按钮。

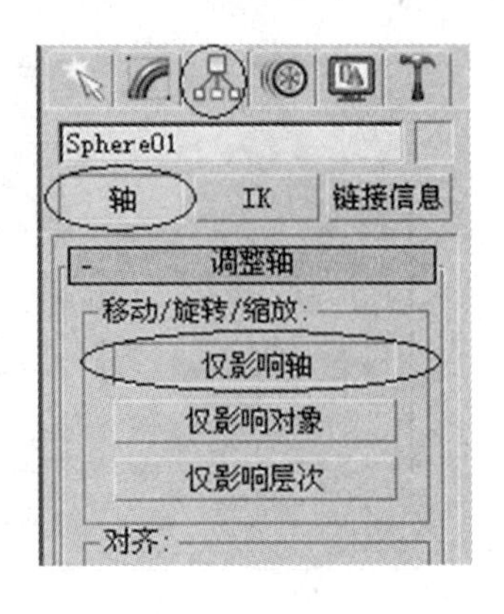

图 10-12　层次面板

(3) 确认“自动关键点”被禁用。单击主界面面板的“层次”按钮,默认进入“层次”的“轴”控制面板,如图 10-12 所示。

(4) 在“调整轴”卷展栏的“移动/旋转/缩放”组中,启用“仅影响轴”按钮。

(5) 单击 F12 键,出现“移动变换输入”对话框,在“绝对:世界”组中,把球体轴心的 Z 坐标改为 70,这样轴心就到了球的底端。

(6) 关闭“移动变换输入”对话框,单击“仅影响轴”按钮取消启用。

10.4.2　挤压缩放球体

(1) 单击“百分比捕捉切换”按钮,出现“栅格和捕捉设置”对话框。设置“百分比”捕捉为 1,如图 10-13 所示。

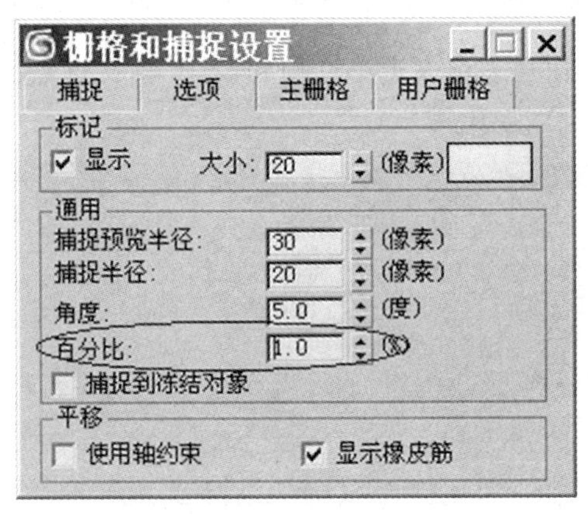

图 10-13　“栅格和捕捉设置”对话框

(2) 关闭“栅格和捕捉设置”对话框,启用百分比捕捉,单击“选择并挤压”按钮。

(3) 启用“自动关键点”按钮,拖动时间滑块到第 10 帧。

(4) 在“透视”视口中,锁定 Z 轴按住鼠标向下为 70,现在球体发生了挤压缩放。把“轨迹视图—曲线编辑器”窗口最小化,视图显示如图 10-14 所示。在 Z 轴上缩小,在 X,Y 轴上放大。

(5) 拖动时间滑块,观察动画。发现挤压动作是从第 0 帧到第 10 帧之间发生的,随后一直保持被压缩状态。

10.4.3　调整缩放关键帧

球体的挤压动作不应该在开始下落时就发生,应该是触底后才发生。现在假设球体从第 0 帧第 8 帧保持原形,第 8 帧到第 10 帧发生挤压,第 10 帧到第 12 帧逐渐恢复原来形状,第 12 帧到第 20 帧保持原形。那么,通过下面的步骤来调整挤压缩放的关键帧。

(1) 禁用“自动关键点”。

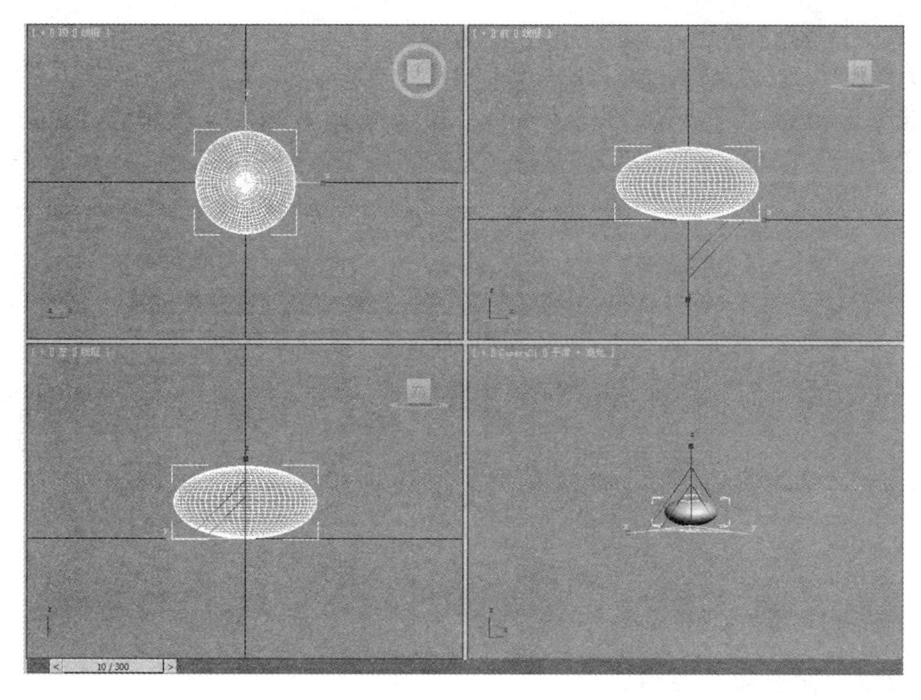

图 10-14　球体被挤压变形

(2) 还原“轨迹视图—曲线编辑器”窗口。在窗口菜单中，选择[模式]→[轨迹视图—摄影表]，窗口切换为“轨迹视图—摄影表”内容。

(3) 展开 Sphere01 下的“变换”层次，找到“缩放”选项。确认“编辑关键点”按钮和“移动关键点”处于激活状态。

(4) 按住 Shift 键不放，拖动第 0 帧的关键帧到第 8、12、20 帧处。这样，第 0 帧的(未发生挤压缩放)信息就被复制到了第 8、12、20 帧，如图 10-15 所示。

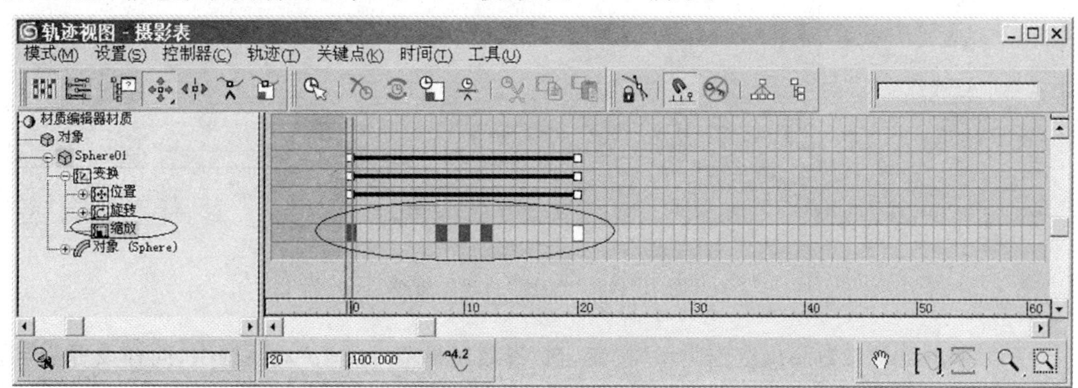

图 10-15　复制缩放关键帧

(5) 拖动时间滑块，观察动画。现在挤压动作正确了，但注意到和位移不同步。

10.4.4　调整位置关键帧

现在需要再次调整位置关键帧。要使球体在第 8 帧时触地，第 8 帧到底 10 帧球体不发生位移，只发生挤压缩放动作。

(1) 展开“位置”层次列表，移动控制 Z 轴的位置关键帧。把第 10 帧的关键点移动到第 8 帧。再按下 Shift 键，把第 8 帧的关键点复制到第 12 帧，结果如图 10-16 所示。

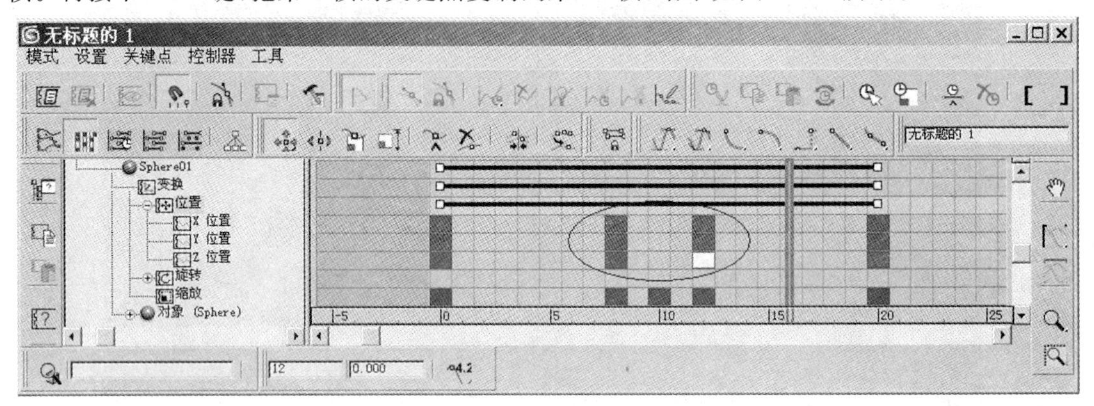

图 10-16 调整位置关键帧

(2) 拖动时间滑块，观察动画。现在“缩放”和“位置”的动作协调了。

10.4.5 使缩放动作循环

(1) 在“轨迹视图—摄影表”窗口菜单中，选择[模式]→[轨迹视图—曲线编辑器]，窗口切换为“轨迹视图—摄影表”内容。

选择“缩放”层次列表，显示出“缩放”的动作曲线。如图 10-17 所示，蓝色表示 Z 轴缩放曲线，表示 X 轴(红色)、Y 轴(绿色)缩放曲线重叠在一起。

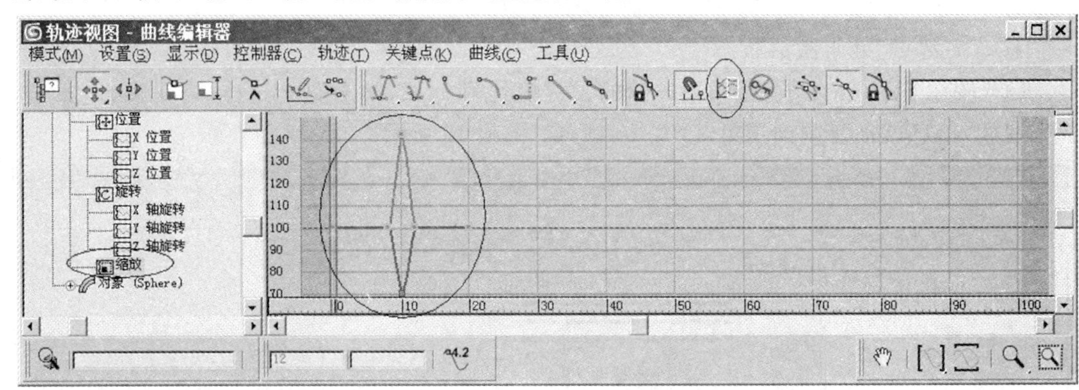

图 10-17 “缩放”的动作曲线

(3) 单击“参数超出范围类型”按钮，在“参数超出范围类型”对话框中，同样设置为“周期”重复类型。单击“确定”关闭对话框。

(4) 在“轨迹视图—曲线编辑器”窗口中同时选中“Z 位置”和“缩放”层次，右侧编辑区域则同时显示出位置和缩放的运动曲线，如图 10-18 所示。

(5) 单击“播放”按钮，播放动画。现在看到球体确实是真的弹跳了。

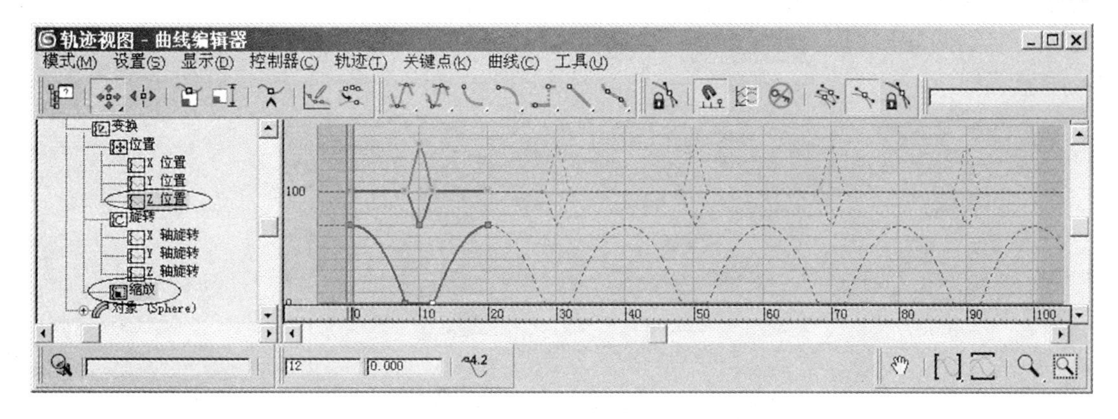

图 10-18 缩放的动作曲线

10.4.6 增长动画时间并制作预览

由于使用的“周期”重复动作，所以在制作动画预览之前，可以把根据需要增长动画时间（注意总长要是 20 帧的整数倍）。

（1）单击“时间配置”按钮，出现“时间配置”对话框，如图 10-19 所示。

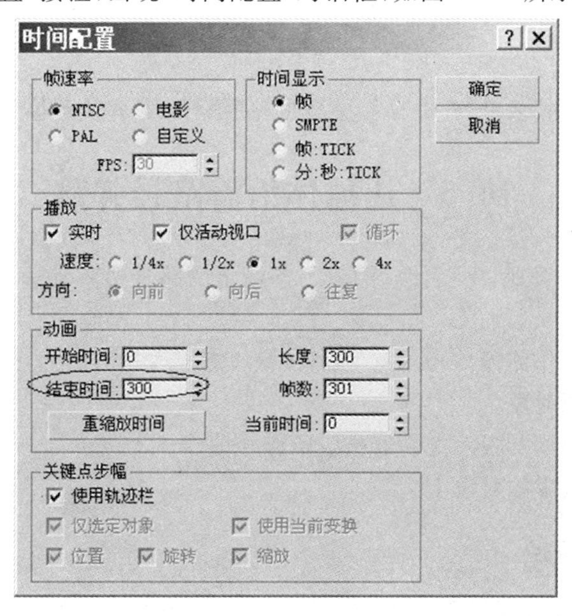

图 10-19 “时间配置”对话框

（2）在“动画”组中，设置“结束时间”为 300。单击“确定”退出对话框。

（3）激活 Camera01 视口，选择主界面菜单[动画]→[生成预览]，出现“生成预览”对话框，如图 10-20 所示。

（4）单击“创建”按钮，对话框关闭，系统开始计算。预览生成后，系统自动调用媒体播放器放映动画预览。

（5）关闭媒体播放器。选择主界面菜单[动画]→[重命名预览]，把默认的“_scene. avi”命名为“弹跳的小球 1. AVI”文件，保存动画预览文件。

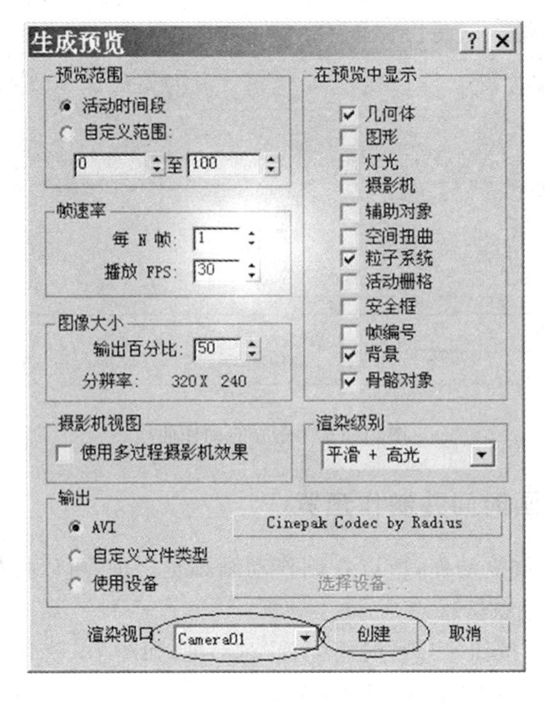

图 10-20 “生成预览”对话框

(6) 选择“应用程序”菜单→[保存],更新保存“练习 10_弹跳球体 03. max”文件。

10.5 让球体沿着路径弹跳

目前球体是在原地弹跳,下面使它沿着一条指定的路径边移动边弹跳。制作这样的动画需要以下步骤。

(1) 建立一条曲线作路径。

(2) 建立一个虚拟对象。

(3) 把虚拟对象使用“路径”控制器指定给路径曲线。

(4) 把球体连接到虚拟对象上。

10.5.1 建立路径

使用“圆”图形来作路径。

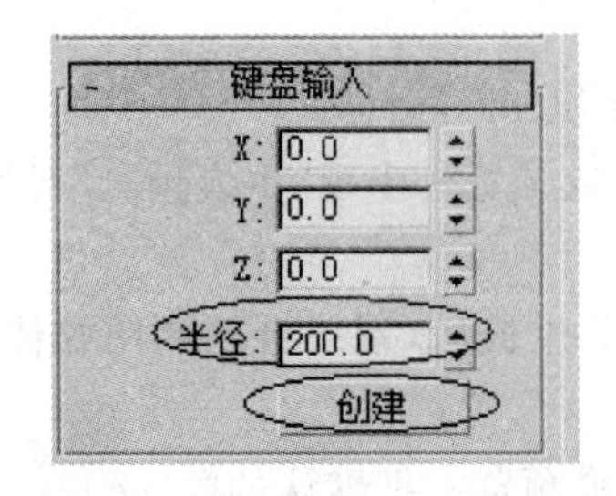

图 10-21 使用“键盘输入”方式创建圆

(1) 选择“应用程序”菜单→[另存为],命名“练习 10_弹跳球体 04. max”文件保存。

(2) 关闭“轨迹视图—曲线编辑器”窗口。

(3) 选择[创建]→[图形]→[圆],在面板上使用“键盘输入”方式创建一个半径为 200 的圆 Circle01,如图 10-21 所示。

(4) 单击 “所有视图最大化显示”按钮,视图显示如图 10-22 所示。

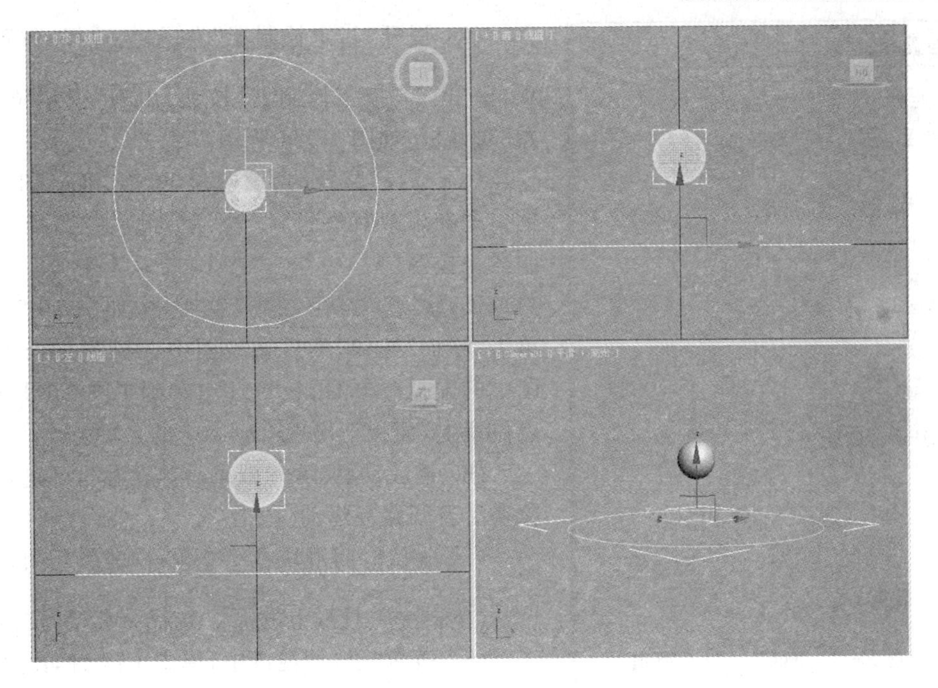

图 10-22　建立圆作路径

10.5.2　使用虚拟对象

(1) 选择[创建]→[辅助对象]→[虚拟对象]，在“顶”视口中任意位置建立一个与球体差不多大小的虚拟对象 Dummy01。

(2) 确认虚拟对象被选中，单击创建面板上 “运动”按钮，进入“运动”面板，如图 10-23 所示。

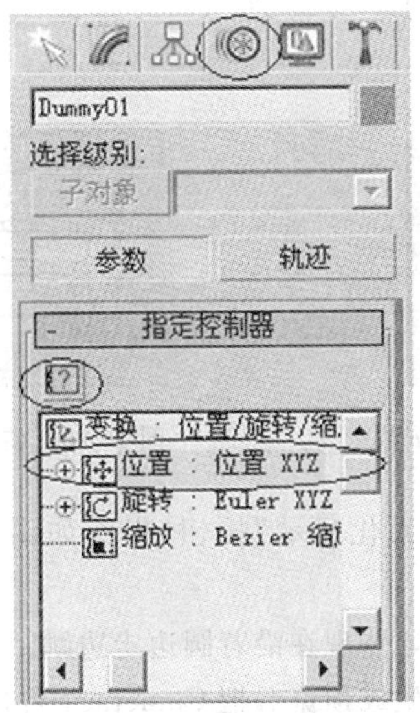

图 10-23　“运动”面板

图 10-24 “指定位置控制器”对话框

(3) 展开“指定控制器”卷展栏，选择“位置”控制项，单击“指定控制器”按钮，出现“指定位置控制器”对话框，如图 10-24 所示。

(4) 选择“路径约束”选项，单击“确定”退出对话框。现在虚拟对象的“位置”运动使用“路径约束”控制器来控制。

(5) 展开“路径参数”卷展栏，如图 10-25 所示。单击“添加”按钮，然后在视图中选择圆 Circle01。视图中的虚拟对象 Dummy01 自动到了圆 Circle01 的起点位置上，面板上出现 Circle01 的名称。

(6) 播放动画，看看效果。球在独自弹跳，虚拟对象在沿着圆路径运动。

(7) 确认时间滑块在第 0 帧，同时禁用“自动关键点”。单击主工具栏上的“选择并移动”按钮。

(8) 激活“透视”视口中，单击 F12 键，出现“移动变换输入”对话框，如图 10-26 所示。在“移动变换输入”对话框中，把“绝对:世界”组下的 X 值变为 200，这样球体 Sphere01 就移动到了虚拟对象的正上方。

(9) 关闭“移动变换输入”对话框。单击主工具栏上的“选择并链接”按钮，在视图中选择球体按住鼠标拖曳到虚拟对象上，松开鼠标，球体 Sphere01 被链接到虚拟对象上 Dummy01。

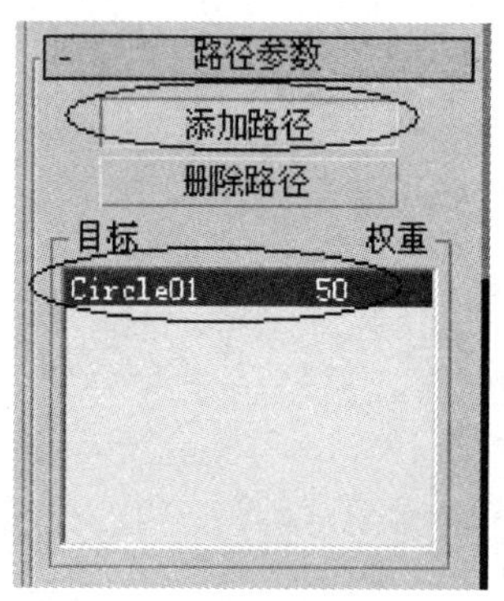

图 10-25 “路径参数”卷展栏

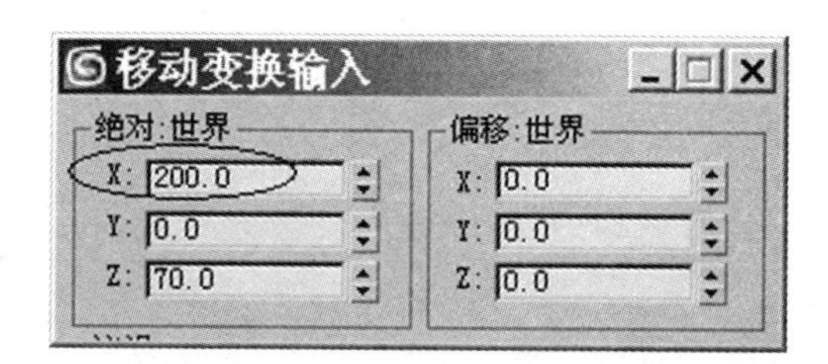

图 10-26 使用“移动变换输入”对话框移动球体

(10) 单击“所有视图最大化显示”按钮，视图如图 10-27 所示(需要的话调整一下 Camera01 视口)。

(11) 播放动画，观看效果。球体现在沿着圆边走边跳。

(12) 选择主菜单[动画]→[生成预览]，把 Camera01 视口制作成动画预览。

(13) 关闭媒体播放器。选择[动画]→[重名命预览]，命名为“弹跳的小球 2. AVI”文件保存动画预览文件。

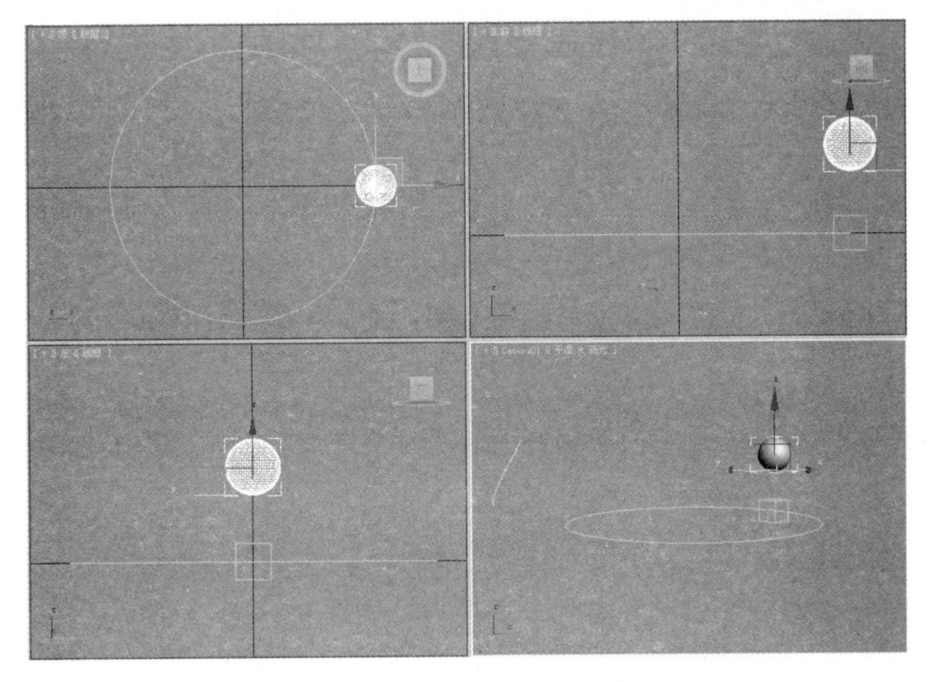

图 10-27　调整好的视图

(14) 选择“应用程序”菜单→[保存],更新保存“练习 10_弹跳球体 04.max”文件。

10.6　为动画配音

动画已经做好,如果电脑有声卡的话,可以通过下面的步骤为动画配上声音效果。

10.6.1　使用节拍器

在 3ds Max 中内置了节拍器,可以为动画配上简单的节拍音效。

(1) 选择“应用程序”菜单→[另存为],命名“练习 10_弹跳球体 05.max”文件保存。

(2) 选择[图标编辑器]→[轨迹视图—摄影表],打开“轨迹视图—摄影表”窗口。滚动到最上面,展开“声音”选项,可以看到“节拍器”选项,如图 10-28 所示。

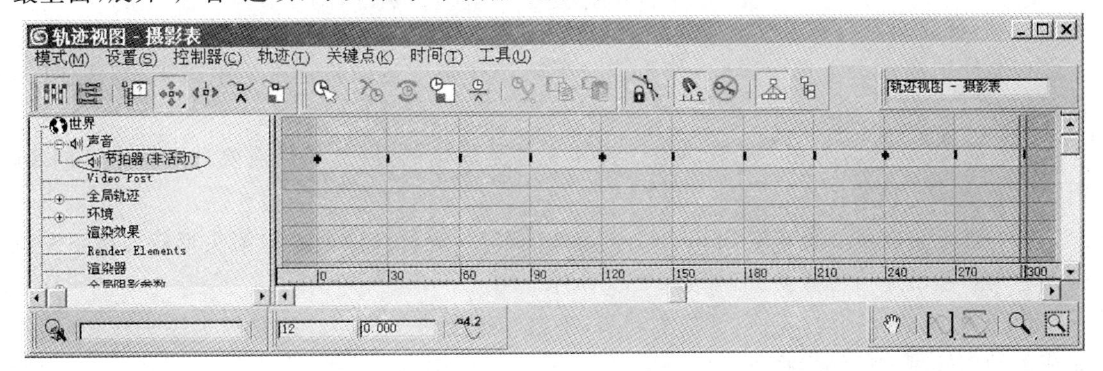

图 10-28　“声音”控制

(3) 右键单击“节拍器”，在出现的菜单中选择“属性”项，出现“声音选项”对话框，如图10-29所示。

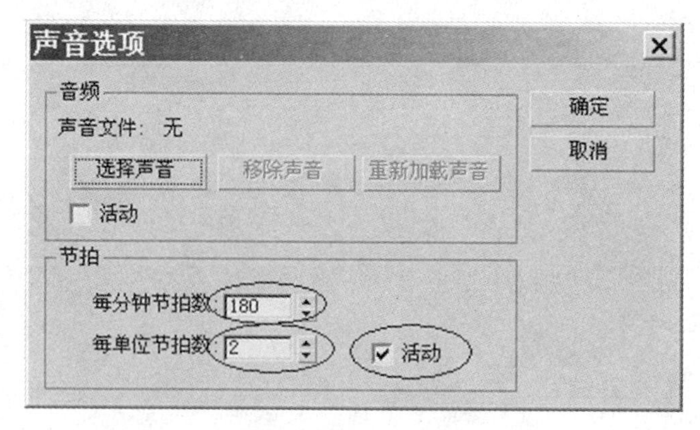

图 10-29 “声音选项”对话框

(4) 在“节拍”组中，启用“活动”。设置“每分钟节拍”为180，“每单位节拍数”为2。单击“确定”退出对话框。

(5) 播放动画。球体现在沿着圆边走边跳，同时配有节拍的声音。

10.6.2 使用声音文件

如果有声音文件的话，可以使用声音文件代替节拍器配音。

(1) 右键单击“节拍器”，在快捷菜单中选择“属性”项，出现“声音选项”对话框。

(2) 在“节拍”组中，禁用“活动”。在“音频”组中，启用“活动”，然后单击“选择声音”按钮，出现“选择声音文件”对话框。

(3) 在电脑系统中找到一个声音文件，如“c:/windows/media”文件夹中的“Windows 登录音”文件(也可以是其他可接受的声音文件)。

(4) 此声音文件出现在“声音选项”对话框中，单击“确定”退出“声音选项”对话框。

(5) 在“轨迹视图—摄影表”窗口中出现所选声音文件的波形。由于“轨迹视图—摄影表”窗口的限制，当前无法同时看到声音和小球的动作轨迹线。

(6) 把光标移到“轨迹视图—摄影表”窗口的右上角，直到它变成下箭头形状。按下左键向下拖动，现在窗口变成了两个部分。

(7) 分别滚动上下两个窗口，使声音波形轨迹和小球运动轨迹都显示出来，如图10-30所示。

(8) 播放动画，动画有了配音。由于声波文件是固定的，因此如果需要动画和声音同步，需要调整下面小球的动作。

(9) 把光标放到下面球体Sphere01轨迹线的最后，光标变成向右单箭头形状。按下左键拖动它与声波的结束位置对齐，如图10-31所示。

(10) 播放动画。动作与声音基本同步，不过动作变慢了许多。这是因为原来在20帧内完成的动作被刚才的编辑拖长。

(11) 由于声音文件可能与动画的总长度(300帧不一致)，因此会在结束的时候出现跳跃。要综合考虑，可能需要调整动画的总时间，才能解决好这方面的问题。

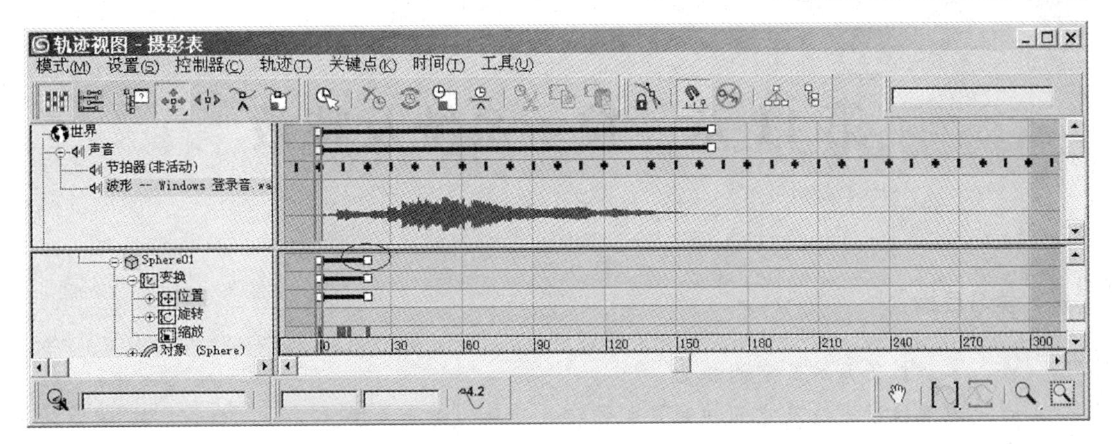

图 10-30　轨迹视图同时显示声音波形轨迹和小球运动轨迹

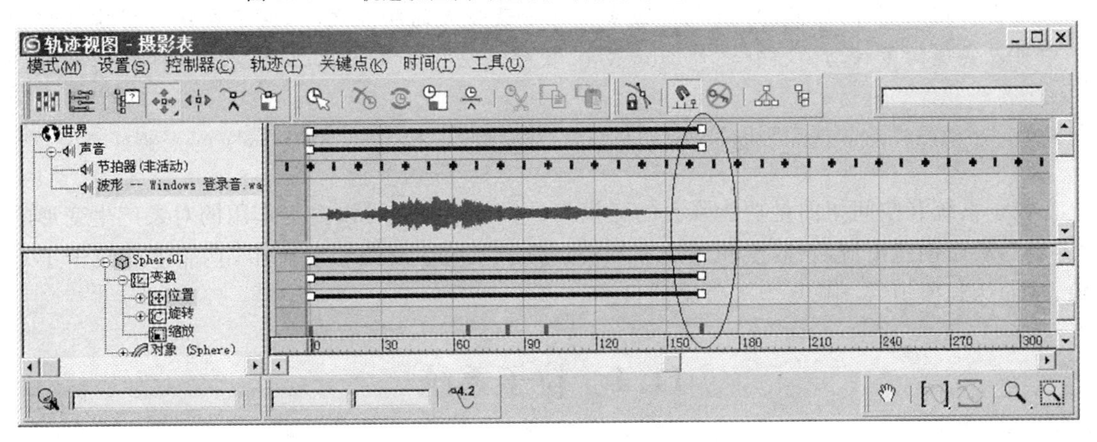

图 10-31　调整球体动作与声音同步

(12) 关闭“轨迹视图—摄影表”窗口。如果有兴趣的话,可以再次制作动画预览。

(13) 选择“应用程序”菜单→[保存],更新保存“练习 10_弹跳球体 05. max”文件。

3ds Max 的动画功能非常强大,并非简单的只言片语就能掌握。由于本书主要针对初学者快速入门,所以仅作以上简单介绍。如果需要进一步了解 3ds Max 的更多功能,请参考软件的用户手册及相关的书籍。

【思考与练习】

1. 动画的基本概念是什么?
2. 使用变换建立关键帧动画的主要步骤是什么?
3. 如何使用轨迹视图工具控制动画?

第 11 章　粒子系统及特效

学习目标

☆　了解粒子系统及空间扭曲。

☆　理解粒子系统及空间扭曲是制作特效动画的重要方法。

☆　掌握几种粒子系统计空间扭曲的设置及参数控制。

☆　动画制作是 3ds Max 软件最重要也是最强大的功能之一，除了在场景创建过程中可以实现的多种动画控制之外，3ds Max 软件还提供了各种工具来创建多样动作和特效。

粒子系统和空间扭曲是功能强大的建模工具。空间扭曲可以对受作用的对象产生变形的“力场”，从而创建出涟漪、波浪和风吹等效果。粒子系统主要用于动画中，它能生成粒子子对象，从而达到模拟雪、雨、灰尘等效果的目的。

11.1　粒子系统

粒子系统用于完成各种动画任务，主要是使用程序方法为大量的小型对象设置动画，例如创建暴风雪、水流或爆炸效果等。3ds Max 中提供了 7 种粒子系统，分别是 PF Source、喷射、雪、暴风雪、粒子云、粒子阵列和超级喷射。

粒子系统通常要与空间扭曲配合使用。无论哪种粒子系统都是从一个目标向另一个目标沿着直线发射粒子，要改变粒子的运动方向就需要借助于空间扭曲。

图 11-1　“粒子系统”面板

在默认的“创建”、“几何体”面板上，从下拉菜单中选择“粒子系统”类型即可打开粒子系统面板，如图 11-1 所示。

创建粒子系统包括以下基本步骤。

(1) 创建粒子发射器。所有粒子系统均需要发射器，有些粒子系统使用粒子系统图标作为发射器，而有些粒子系统则使用从场景中选择的对象作为发射器。

(2) 确定粒子数。设置出生速率和年龄等参数以控制在指定时间可以存在的粒子数。

(3) 设置粒子的形状和大小。可以从许多标准的粒子类型(包括变形球)中选择，也可以选择要作为粒子发射的对象。

(4) 设置初始粒子运动。可以设置粒子在离开发射器时的速度、方向、旋转和随机性。发射器的动画也会影响粒子。

(5) 修改粒子运动。可以通过将粒子系统绑定到“力”组中的某个空间扭曲(如“路径跟随”),进一步修改粒子在离开发射器后的运动,也可以使粒子从“导向板”空间扭曲组中的某个导向板(如“全导向器”)反弹。

11.1.1　喷射粒子系统

喷射粒子系统主要用来模拟飘落的雨滴、喷泉的水珠、水管里喷出的水流等现象。点击[喷射]按钮打开其[参数]卷展栏,如图 11-2 所示。

喷射粒子系统参数卷展栏主要内容如下。

(1) 视口计数:在给定帧处,视口中显示的最大粒子数。

(2) 渲染计数:一个帧在渲染时可以显示的最大粒子数。该选项与粒子系统的计时参数配合使用。如果粒子数达到“渲染计数”的值,粒子创建将暂停,直到有些粒子消亡。消亡了足够的粒子后,粒子创建将恢复,直到再次达到“渲染计数”的值。

(3) 水滴大小:粒子的大小(以活动单位数计)。

(4) 速度:每个粒子离开发射器时的初始速度。粒子以此速度运动,除非受到粒子系统空间扭曲的影响。

(5) 变化:改变粒子的初始速度和方向。“变化”的值越大,喷射越强且范围越广。

(6) 水滴、圆点和十字叉:选择粒子在视口中的显示方式,显示设置不影响粒子的渲染方式。水滴是一些类似雨滴的条纹,圆点是一些点,十字叉是一些小的加号。

(7) 开始:第 1 个出现粒子的帧的编号。

(8) 寿命:每个粒子的寿命(以帧数计)。

(9) 出生速率:每个帧产生的新粒子数。如果此设置小于或等于最大可持续速率,粒子系统将生成均匀的粒子流。如果此设置大于最大速率,粒子系统将生成突发的粒子。

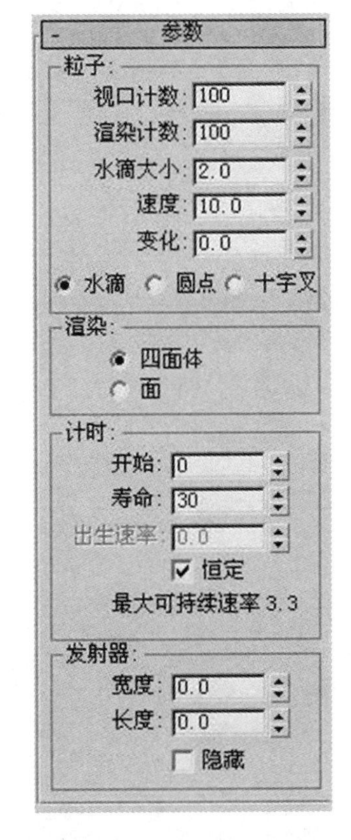

图 11-2　喷射粒子系统参数卷展栏

(10) 宽度和长度:在视口中拖动以创建发射器时,即隐性设置了这两个参数的初始值,可以在卷展栏中调整这些值。

创建下落的雨滴过程如下:

(1) 在“创建”、“几何体”面板上,从下拉菜单中选择“粒子系统”类型,然后在例子系统创建面板中单击“喷射”按钮,在顶视图中拖动鼠标创建一个粒子发射器,如图 11-3 所示。

(2) 打开“修改”面板,在“发射器”区域调节发射器的大小,设定“宽度”值为 50,“长度”值为 150。拖动时间条可以看到喷射的效果。

(3) 在“粒子”选项组中设置粒子对象的属性。设置“视图计数”值为 2000,设置“渲染计数”值为 4000,“水滴大小”设置为 2,“速度”值设为 5,“变化”值为 0.2。拖动时间条可见粒子大小及运动速度都改变了,如图 11-4 所示。

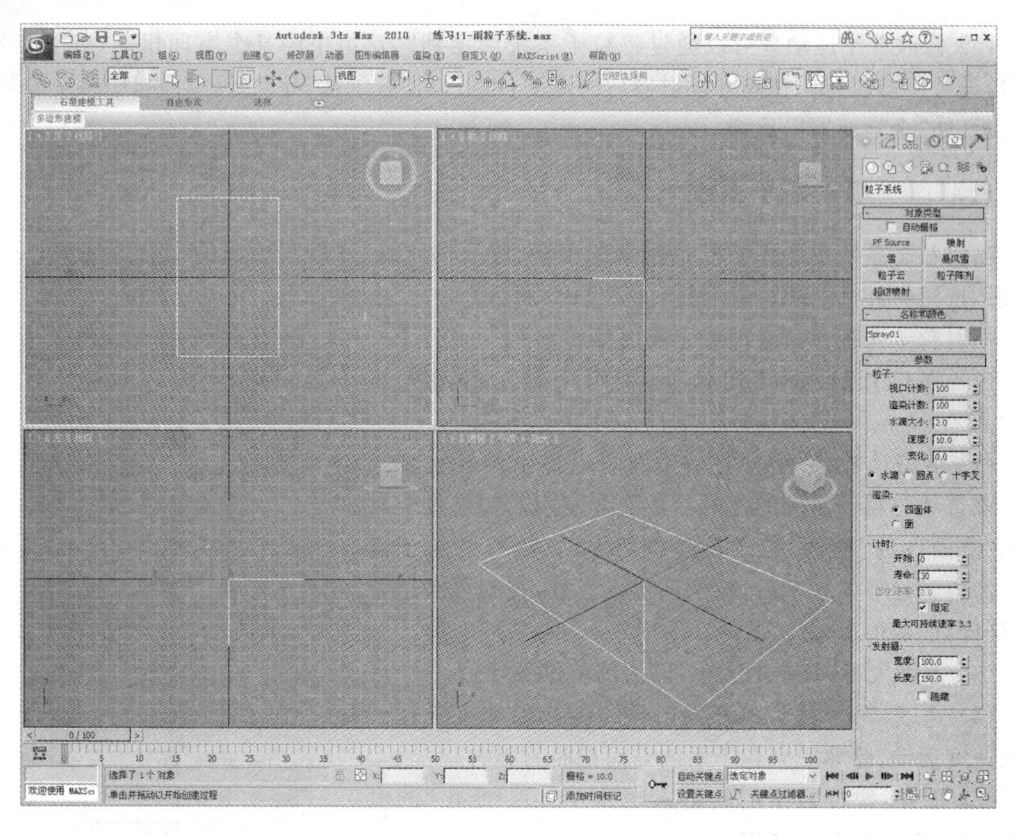

图 11-3 创建粒子发射器

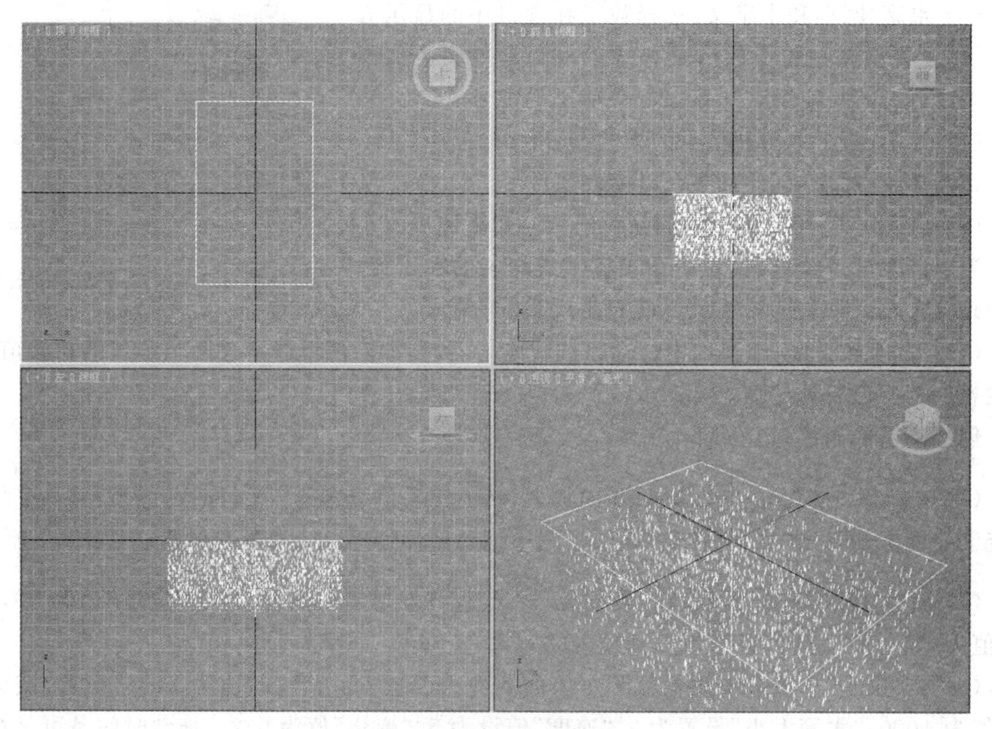

图 11-4 调整粒子参数

(4) 选择“应用程序”菜单→[保存],命名为“练习 11_雨粒子系统.max”。

11.1.2　雪粒子系统

雪粒子系统主要用于模拟下雪和乱飞的纸屑。它与“喷射”相似,只是增加了产生雪花飞舞的参数。点击“雪”按钮,打开其“参数”卷展栏,如图 11-5 所示。

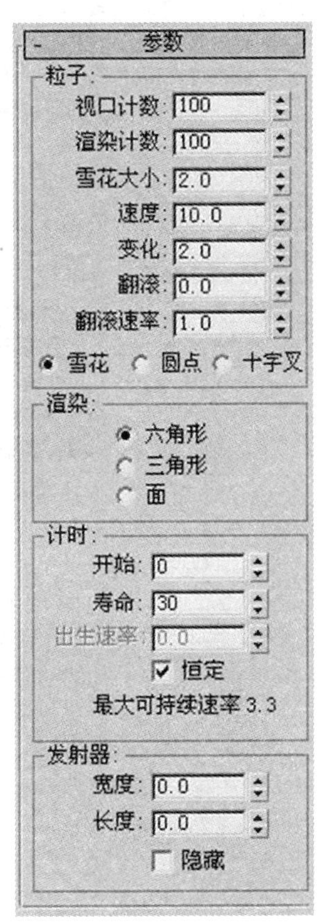

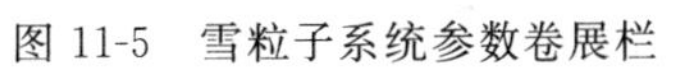
图 11-5　雪粒子系统参数卷展栏

雪粒子系统参数卷展栏主要功能与喷射粒子系统相似,新增加的功能有以下几项。

(1) 雪花大小:粒子的大小(以活动单位数计)。

(2) 翻滚:雪花粒子的随机旋转量。此参数的范围为从 0 到 1。参数为 0 时,雪花不旋转;参数为 1 时,雪花旋转得最快。每个粒子的旋转轴随机生成。

(3) 翻滚速率:雪花的旋转速度。“翻滚速率”的值越大,旋转越快。

(4) 雪花、圆点和十字叉:选择粒子在视口中的显示方式。显示设置不影响粒子的渲染方式。雪花是一些星形的雪花,圆点是一些点,十字叉是一些小的加号。

11.1.3　粒子云

粒子云用于指定一群粒子充满一个容器,它可以模拟天空中一群小鸟、夜晚的星空或者是一队走过的士兵。用立方体、球、圆柱体或者其他的任何可以渲染的对象,可以限制粒子云的边。点击“粒子云”按钮,打开其“参数”卷展栏,如图 11-6 所示。

粒子云参数卷展栏主要功能如下。

(1) 拾取对象:单击此选项,然后选择要作为自定义发射器使用的可渲染网格对象。

(2) 立方体发射器:选择立方体形状的发射器。

(3) 球体发射器:选择球体形状的发射器。

(4) 圆柱体发射器:选择圆柱体形状的发射器。

(5) 基于对象的发射器:选择“基于对象的发射器”组中所选的对象。

(6) 显示图标:用于调整发射器图标的大小。

(7) 速度:设置粒子在出生时沿着法线的速度(以每帧的单位数计)。

(8) 变化:对每个粒子的发射速度应用一个变化百分比。

(9) 随机方向:影响粒子方向的 3 个选项中的一个。此选项沿着随机方向发射粒子。

(10) 方向向量:通过 X、Y 和 Z 3 个微调器定义的向量指定粒子的方向。

(11) 参考对象:沿着指定对象的局部 Z 轴的方向发射粒子。

(12) 变化:在选择“方向向量”或“参考对象”选项时,对方向应用一个变化百分比。如果选择“随机方向”,此微调器不可用并且无效。

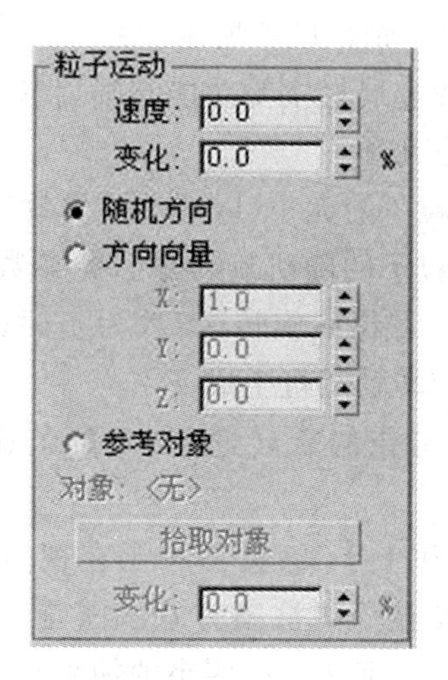

图 11-6　粒子云参数卷展栏

11.2　空间扭曲

空间扭曲是影响其他对象外观的不可渲染对象。空间扭曲能创建使其他对象变形的力场，从而创建出涟漪、波浪和风吹等效果。

空间扭曲的行为方式类似于修改器，只不过空间扭曲影响的是时间空间，而几何体修改器影响的是对象空间。空间扭曲包括力、导向器、几何/可变形、基于修改器、离子和动力学及 reactor 等 6 种类型。

点击“创建”、“空间扭曲”面板，然后在列表中选择与几何体或粒子系统对应的空间扭曲类型，如图 11-7 所示。

图 11-7　“空间扭曲”面板

空间扭曲操作流程如下。

(1) 创建几何体或粒子系统。

(2) 创建空间扭曲，选择列表中的空间扭曲类型。

(3) 把对象和空间扭曲绑定在一起，点击主工具栏上的“绑定到空间扭曲”按钮，然后在空间扭曲和对象之间拖动。

(4) 调整空间扭曲的参数。

(5) 使用“移动”、“旋转”或“缩放”变换空间扭曲。变换操作通常会直接影响绑定的对象。

11.2.1　力空间扭曲

力包括多种用于模拟自然外力的工具，所有类型的力都能够应用到粒子系统中，一部分的力能够在动力系统中应用。

(1) 推力空间扭曲：可以为粒子系统或动力系统增加一个推动力将对象驱散。

(2) 马达空间扭曲：产生一种螺旋推力，能够像发动机旋转一样带动粒子，并且粒子甩向作用力的旋转方向。

(3) 漩涡空间扭曲：用于模拟现实世界中的漩涡效果。它只能作用于粒子系统，可以模拟龙卷风效果。

(4) 阻力空间扭曲：只能作用于粒子系统。它可以在指定范围内降低粒子运动的速率，主要用于模拟风对粒子运动的阻力影响或者模拟在水中运动的粒子效果。

(5) 爆炸空间扭曲：能够将粒子炸开，并且可以设置爆炸发生时间，它主要用于粒子类型为对象碎片的粒子阵列系统。

(6) 路径跟随空间扭曲：可以让粒子沿着一条曲线路径流动，它只能作用于粒子系统。

(7) 重力空间扭曲：用于模拟地心引力对粒子的影响，使粒子沿着重力的方向移动，可以应用于粒子系统和动力系统中。

(8) 风力空间扭曲：将沿着指定的方向吹动粒子产生动态的气流影响。

(9) 置换空间扭曲：以力场的形式推动和重塑对象的几何外形。置换对几何体(可变形对象)和粒子系统都会产生影响。

创建力的效果步骤基本相同，这里以创建风力为例。

(1) 选择"应用程序"菜单→[重置]。

(2) "创建"、"几何体"面板上，从下拉菜单中选择"粒子系统"类型，然后在粒子系统创建面板中单击"雪"按钮，在顶视图中创建一个长 50、宽 150 的粒子发射器，设置"视口计数"和"渲染计数"为 1000。

(3) 在"创建"面板上，点击"空间扭曲"。从列表中选择"力"，然后在"对象类型"卷展栏上单击"风"。

(4) 在视口中拖动鼠标，显示出风力图标。对于平面风力(默认值)，图标是一个一侧外带有方向箭头的方形线框，如图 11-8 所示。对于球形风力，图标是一个球形线框。平面风力的初始方向是沿着执行拖动操作的视口中的活动构建网格的负 Z 轴方向，可以通过旋转风力对象改变其方向，如图 11-9 所示。

(5) 把对象和空间扭曲绑定在一起，点击主工具栏上的"绑定到空间扭曲"按钮，然后在空间扭曲和对象之间拖动。

(6) 拖动时间条，可见风吹动雪的效果如图 11-10 所示。

(7) 选择"应用程序"菜单→[另存为]，命名为"练习 11_风空间扭曲.max"保存。

11.2.2　导向器空间扭曲

导向器的效果主要由其大小及其在场景中相对于和它绑定在一起的粒子系统的方向控制，也可以调整导向器使粒子偏转的程度改变。

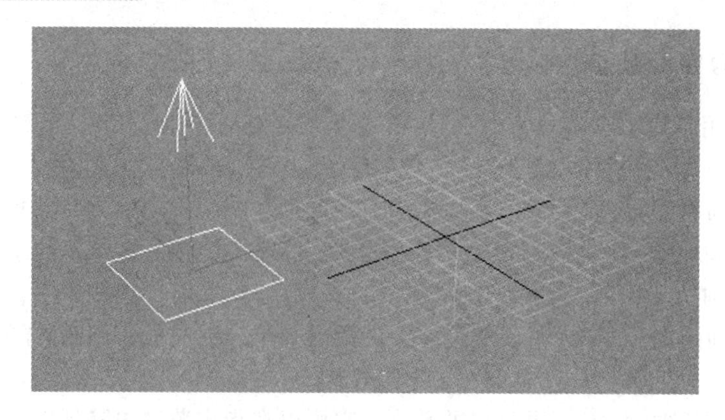

图 11-8　创建风力图标

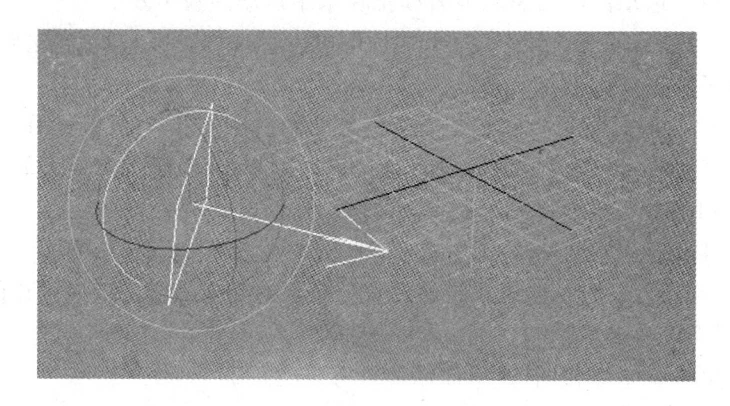

图 11-9　改变风力方向

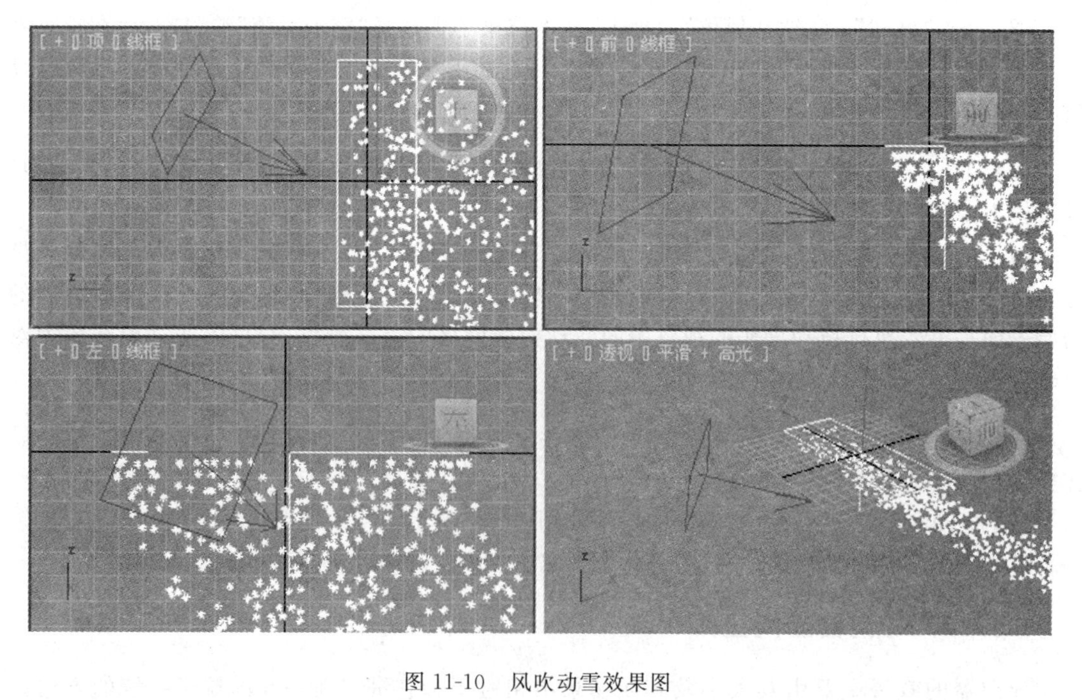

图 11-10　风吹动雪效果图

在“创建”面板上，点击“空间扭曲”。从列表中选择“导向器”，然后在“对象类型”卷展栏上选择导向器类型，如图 11-11 所示。

图 11-11　导向器空间扭曲

(1) 全动力学导向：是一种通用的动力学导向器，利用它可以使用任何对象的表面作为粒子导向器和对粒子碰撞产生动态反应的表面。

(2) 全泛方向导向：提供的选项比原始的“全导向器”更多。该空间扭曲能够用其他任意几何对象作为粒子导向器。导向是精确到面的，所以几何体可以是静态的、动态的，或是随时间变形或扭曲的。

(3) 动力学导向板：动力学导向板(平面动力学导向器)是一种平面动力学导向器，是一种特殊类型的空间扭曲，它能让粒子影响动力学状态下的对象。

(4) 动力学导向球：“动力学导向球”空间扭曲是一种球形动力学导向器。它就像“动力学导向板”扭曲，只不过它是球形的，而且其“显示图标”微调器指定的是图标的“半径”值。

(5) 泛方向导向板：空间扭曲的一种平面泛方向导向器类型。它能提供比原始导向器空间扭曲更强大的功能，包括折射和繁殖能力。

(6) 泛方向导向球：空间扭曲的一种球形泛方向导向器类型。它提供的选项比原始的导向球更多。大多数设置和泛方向导向板中的设置相同，不同之处在于该空间扭曲提供的是一种球形的导向表面而不是平面表面。唯一不同的设置在“显示图标”区域中，这里设置的是“半径”，而不是“宽度”和“高度”。

(7) 全导向器：能使用任意对象作为粒子导向器的全导向器。

(8) 导向球：起着球形粒子导向器的作用。

(9) 导向板：起着平面防护板的作用，它能排斥由粒子系统生成的粒子。将“导向器”空间扭曲和“重力”空间扭曲结合在一起，可以产生瀑布和喷泉效果。

11.3　渲染、特效

对于丰富的三维空间世界来说，基本几何体远远不能满足建模的实际需要。使用“修改器”，可以把简单的几何体改变为样式各异的模型。

11.3.1　渲染输出

1. 渲染简介

在渲染场景时，默认参数往往达不到实际需要的效果，此时需要设置相关参数达到需要的渲染水平。这些渲染参数都放置在[渲染设置]对话框中。此对话框可以通过单击工具栏上的按钮，或者选择菜单栏下的[渲染]→[渲染设置]命令打开，或者按下 F10 快捷键也可以打开[渲染设置]对话框，如图 11-12 所示。

另外，在 3ds Max 中，为了满足不同的渲染需要，系统提供了两种渲染方式，即渲染帧窗口和渲染产品，已在前面的节中介绍了它们。

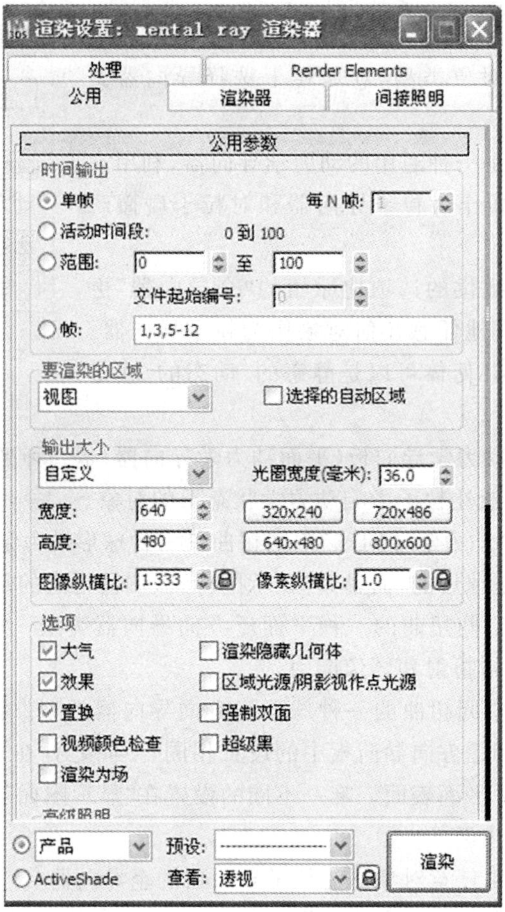

图 11-12　渲染设置对话框

2. 公用参数设置

在渲染过程中，如果用户感觉默认的渲染参数达不到要求的渲染效果时，可以使用[渲染设置]对话框对其进行设置，在工具栏中按下 按钮，打开[渲染设置]对话框。默认情况下这个对话框有 5 个选项卡，随着选择的渲染器以及渲染级别的不同选项卡会相应发生变化。

3. 时间输出

[时间输出]选项区主要用于设置渲染的时间设置，可以设置单帧、活动时间段等时间类型的切换。

(1) 单帧：该选项一般用于渲染单帧的静态图片效果，仅渲染一帧。在渲染动画的时候可以用该参数查看某一帧的效果。

(2) 活动时间段和范围：活动时间段用于渲染动画，使用该选项可以从起始帧一直渲染到结束帧，范围选项允许渲染两个帧之间的一段动画效果。

(3) 帧：渲染选定帧。使用该选项可以直接将需要选定的某些帧输入其右侧的文本框中，系统将自动渲染出这些帧。例如，当用户在其右侧的文本框中输入 1、3、5，则系统将自动渲染第 1 帧、第 3 帧和第 5 帧。

4. 输出大小

输出大小选项区域主要用于设置输出图像的大小，可以使用系统的预设来选择渲染的大小。另外，系统还为用户提供了一些常用的图像尺寸。例如，需要将图像渲染成 640×480 大小的时候，可以单击 640×480 按钮即可。

(1) 光圈宽度：该选项用于创建渲染输出的摄影机光圈宽度。更改此值将更改摄影机的镜头，但不会更改摄影机场景的视图。

(2) 高度和宽度：以像素为单位指定图像的宽度和高度，从而设置输出图像的分辨率。如果锁定了图像纵横比，那么高度和宽度将按照图像纵横比的比例限制其高度和宽度比。

(3) 预设分辨率：系统已经预先设置好的分辨率，用户可以单击[分辨率]按钮来选择需要使用的分辨率，在[分辨率]按钮上单击右键可以弹出[配置预设]对话框。

(4) 图像纵横比和像素纵横比：图像纵横比可以设置图像的纵横比，单击右侧的按钮可以锁定像素的纵横比的比率。图像可能会在显示上出现挤压效果，但将在具有不同形状像素的设备上正确显示，不同像素纵横比的图像在具有同一像素的显示器上将出现拉伸或挤压效果。

5. 选项

该选项区域可以设置是否启用大气的效果，是否渲染隐藏几何体以及是否进行视频颜色检查等。

(1) 大气和效果：启用大气效果复选框后将会渲染所有创建的大气效果，如体积雾。启用[效果]复选框后将会渲染所有创建的效果。

(2) 置换：启用该复选框后，渲染器会渲染所有已经应用的置换贴图。

(3) 视频颜色检查：检查超出 NTSC 或者 PAL 安全阀值的像素颜色，这些安全阀值以外的颜色将不能被 NTSC 或 PAL 显示，而且将会超出阀值以外的颜色改变为可以显示的颜色。

(4) 渲染为场：启用该复选框后，在为视频创建动画效果时，系统会将视频渲染为场，而不是将其渲染为帧。

(5) 渲染隐藏几何体：启用该复选框后会渲染场景中所有的几何体，包括隐藏的几何体。例如，在制作复杂的场景时需要隐藏一些几何体，在渲染的时候启用该复选框可以直接渲染隐藏的几何体，而不用注意显示隐藏对象。

(6) 区域光源/阴影视作为点光源：该选项将所有的区域光源或阴影当做发光点进行渲染，这样可以加速渲染速度。这对草图渲染非常有用，因为点光源的渲染速度比区域光源快得多。

(7) 强制双面：该选项强制所有模型的正面和背面。通常情况下，为了加快渲染速度，不启用该复选框。如果物体的法线不正确，才启用该复选框。

(8) 超级黑：该选项用于视屏组合的渲染几何体的暗度，启用该选项后，背景图像会变成黑色。

- 高级照明：该选项区域控制着是否启用高级照明方式。启用[开启高级照明]复选框后，系统会在渲染过程中启用光追踪或光能传递。启用[需要时计算高级照明]复选框后，系统会根据需要来计算高级光照效果。
- 渲染输出：渲染输出选项区域主要是设置输出的格式和保存输出路径。单击[文件]按钮，在弹出的对话框中选择保存格式和名称，然后单击[保存]按钮即可将渲染的图片和动画保存起来。启用[网络渲染]复选框可以使用多台计算机进行网络渲染，这样可以节省宝贵的渲染时间。

11.3.2 环境特效

环境特效是 3ds Max 中的一个常用效果，它可以模拟出火焰、雾气等生活中常见的效果。在制作爆炸、燃烧等场景中经常使用到这种特效，而且也可以模拟出体积光等光照效果。

在 3ds Max 中，选择[渲染]→[环境]命令，会弹出[环境与效果]对话框，或者直接按下 8 快捷键，也可以打开此对话框，如图 11-13 所示。在该对话框可以设置大气特效和环境特效等。

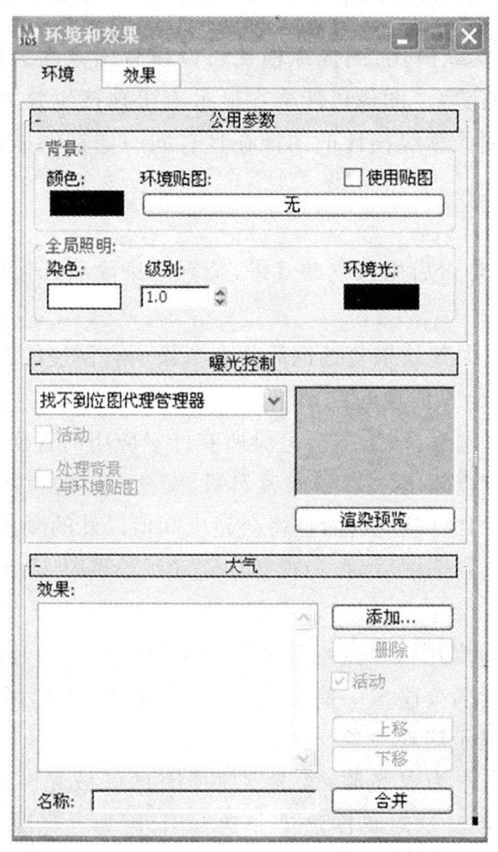

图 11-13　环境与效果对话框

(1) 背景：在[背景]选项组中可以设置背景的效果。其中[颜色]选项可以设置背景中的颜色，[环境贴图]选项可以设置一张贴图作为背景。

(2) 全局照明：该选项区域可以设置场景中灯光的整体照明效果。其中[染色]选项控制着灯光在场景中的颜色效果；[级别]选项控制着灯光的级别设置，值越高，灯光的强度越大；[环境光]选项用于指定环境光的颜色。

(3) 大气：该卷展栏可以设置大气的效果。单击[添加]按钮可以添加需要的效果，添加过的效果都会在效果栏中显示出来。

1. 雾效果

雾效果是用来模仿自然界中常见的雾，有时候也通过雾效果来实现远处场景的虚化，达到更为逼真的效果。通过下面的练习了解它的功能。

(1) 选择[创建]→[几何体]→[平面]，在"顶视图"建立一个长度、宽度均为 2000 的平面，然后[创建]→[几何体]→[茶壶]，通过移动将其放置在平面的前部，通过"Ctrl+V"→[复制]，复制一个茶壶，移动到平面中部。同样的方法，复制一个茶壶，移动到平面的后端。

(2) 单击"所有视图最大化显示"按钮，使场景最大显示，透视图如图 11-14 所示。

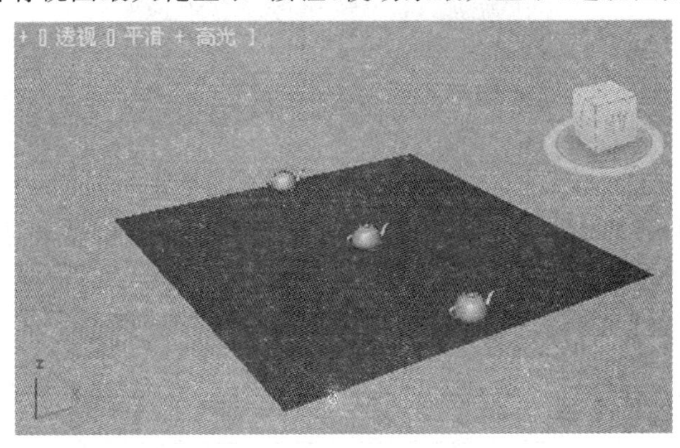

图 11-14　雾效果场景

(3) [创建]→[摄影机]→[目标]，创建摄影机，在透视视图激活状态下按 C 快捷键，将透视视图切换到摄影机视图，利用环绕摄影机，调整摄影机直到如图 11-15 所示的角度。值得注意的是，雾效果只能应用于透视视图和摄影机视图，无法应用于正交视图。

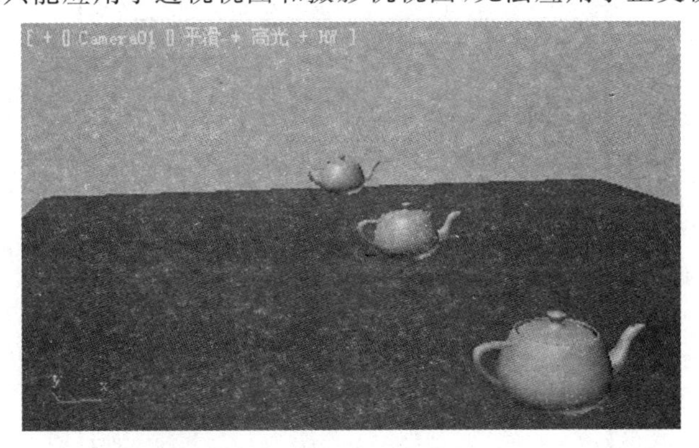

图 11-15　摄影机视图的雾效果场景

(4) 选择摄影机，进入[修改]面板，选择环境范围中的显示，如图 11-16 所示。

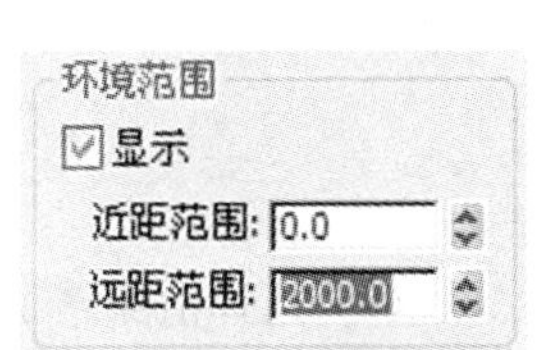

图 11-16　环境范围面板

(5) 调整近距范围和远距范围，注意观察顶视图中投影锥中标志出来两个位置，保证近距范围在第 1 个茶壶和第 2 个茶壶之间，远距范围在第 2 个茶壶和第 3 个茶壶之间。也就是说，第 1 个茶壶不受雾的影响，第 2 个茶壶在雾中，第 3 个茶壶在雾的后面，如图 11-17 所示。

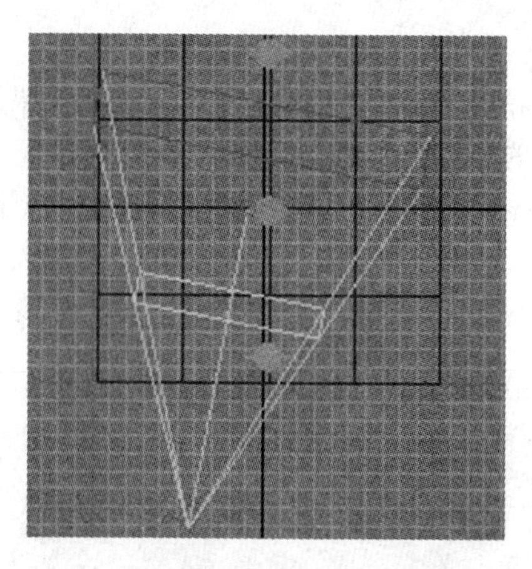

图 11-17　茶壶近距范围和远距范围调整图

(6) 选择[渲染]→[环境]或者按 8 快捷键，在弹出的环境和效果对话框中，大气中添加“雾”效果，如图 11-18 所示。

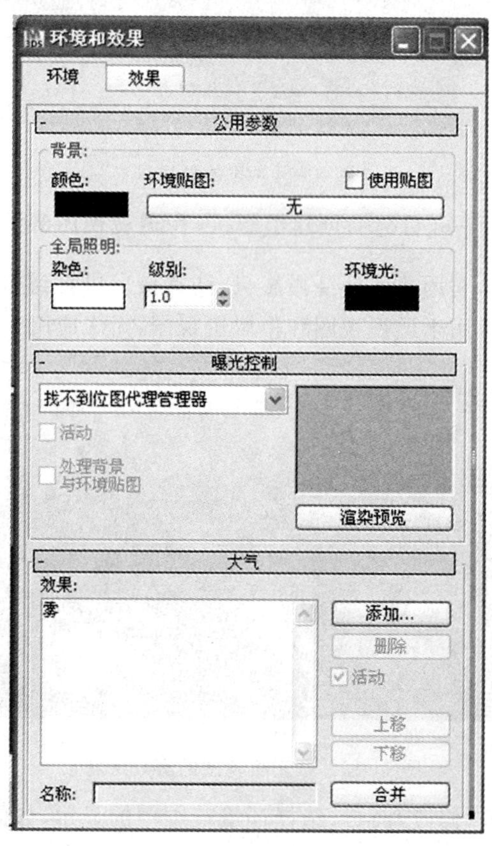

图 11-18　环境和效果对话框

(7) 选择渲染产品，得到图 11-19 所示的渲染图。第 1 个茶壶完全可见，第 2 个茶壶模糊可见，第 3 个茶壶完全不可见。

(8) 选择“应用程序”→[保存]，命名为“练习 11_雾效果.max”文件保存。

图 11-19　雾效果渲染图

2. 体积光

体积光是用来模拟自然中的平行光穿透的效果，类似于大雾中汽车前灯照射路面的场景，黑夜中手电筒射出的光，阳光透过窗户射进屋内的效果。

(1) 选择[创建]→[几何体]→[平面]，在“顶视图”建立一个长度、宽度均为 500 的平面，颜色为湖蓝色。

(2) 选择[创建]→[几何体]→[茶壶]，在“顶视图”中建立一个茶壶，颜色为米黄色。

(3) 选择[创建]→[灯光]→[标准]→[目标聚光灯]，在左视图中建立一个垂直向下的灯光。

(4) 选择渲染产品，结果渲染图如图 11-20 所示，这是没有体积光的情况下的渲染效果。

图 11-20　没有体积光效果

(5) 选择场景中的灯光，点击 进入修改面板，在大气和效果卷展栏中选择添加，选择体积光后，确定，如图 11-21 所示。

(6) 再次选择渲染产品，结果渲染图如图 11-22 所示，这是有体积光的情况下的渲染效果。

图 11-21　大气和效果卷展栏

图 11-22　体积光效果图

(7) 选择[文件]→[保存],命名为“练习 11_体积光.max”文件保存。

【思考与练习】

1. 粒子系统有哪些主要类型?
2. 空间扭曲有哪些主要类型?
3. 如何使用粒子系统与空间扭曲来创建动画?
4. 怎样通过环境效果创建雾和体积光?

参考文献

[1] 侯鹏志，刘芸，郭圣路，等. 3ds Max 2010 中文版从入门到精通[M]. 北京：电子工业出版社，2010.

[2] 王琦，亓鑫辉. Autodesk 3ds Max 2010 标准培训教材 I [M]. 北京：人民邮电出版社，2009.

[3] 黄心渊. 3ds Max7 标准教程[M]. 北京：人民邮电出版社，2005.

参考文献

[1] [illegible]

[2] [illegible]

[3] [illegible]